园艺植物生长发育与生理代谢研究

钟 程 著

天津大学出版社
TIANJIN UNIVERSITY PRESS

图书在版编目（CIP）数据

园艺植物生长发育与生理代谢研究 / 钟程著.
天津 ： 天津大学出版社, 2025. 5. -- ISBN 978-7-5618-8003-6

Ⅰ. S68

中国国家版本馆CIP数据核字第2025XV3516号

出版发行 天津大学出版社
地　　址 天津市卫津路92号天津大学内（邮编：300072）
电　　话 发行部：022-27403647
网　　址 www.tjupress.com.cn
印　　刷 廊坊市海涛印刷有限公司
经　　销 全国各地新华书店
开　　本 787mm×1092mm　1/16
印　　张 18.5
字　　数 349千
版　　次 2025年5月第1版
印　　次 2025年5月第1次
定　　价 69.00元

目　录

四种不同品系白芨生长、生理品质比较

1 前言

1.1 白芨的研究现状

白芨(Bletilla striata)别名:连及草、白给等,属于兰科(Orchidaceae)白芨属(Bletilla Rchb. f.)多年生草本植物。白芨在全世界有多个种群,在国内共有 4 个品系,即白芨小白芨(Bletilla formosana)、黄花白芨(Bletilla ochracea)、华白芨(Bletilla sinensis)。野生白芨生于海拔 100~3 200 米的常绿阔叶林下、路边草丛或岩石缝中。白芨喜温暖、阴湿的环境,广泛分布在长江流域以及云南和贵州。

迄今为止,已从白芨中分离出 90 多种化合物,其主要包括白芨多糖、芪类化合物等。白芨具有多种药用功能,包括活血止血、抗肿瘤,临床应用广泛。同时,白芨是一种重要的工业原料。白芨已从传统的中草药发展为集药用、工业原料、观赏价值于一身的植物,在医药卫生领域的应用范围逐渐扩大。当前,国内的白芨生产已不能适应市场需求,而天然资源的过度开采使得白芨的品质不断恶化退化。人工栽培成为白芨资源保护和利用的重要途径,其方法包括人工育种、组织培养、提高栽培技术、培育白芨优良品系和其他途径。

目前,白芨选育方面的研究主要包括组织培养和选育白芨优良品系。通过组织培养,王丽培育出‘玉霞’;通过白芨优良品系培育,陈利军培育出白芨新品种‘秦白 1 号’和‘秦黄 1 号’,以及张金霞培育出白芨新品种‘贵及 1 号’。选育不仅解决了白芨资源短缺问题,还为大面积生产提供了繁苗的技术支撑。

1.2 研究的目的与意义

为保持和提高白芨的“道地性”,对凯里当地栽培的四个品系白芨:“小白芨”“白芨”“黄花白芨”“华白芨”进行比较试验。通过物候期、外观形态、生理指标等综合评价体系,判断适宜本地栽培的最佳白芨品系,为白芨的后续筛选提供理论依据,推动当地白芨产业的科学化、规模化和产业化。

2 材料与方法

2.1 试验材料

试验材料为“小白芨”“白芨”“黄花白芨”“华白芨”四种品系白芨，于凯里学院卓越农林人才培养基地种植（东经 107° 53′，北纬 26° 31′，海拔 815 m）。将种植地开垦为梯形，并在每列白芨间挖出排水沟，每行种植地安置灌溉胶管。白芨需勤浇水，除雨天外每日浇水。除草要做到见草即拔，以便于观察与减少病虫害。

2.2 供试土壤肥力测定

采用凯氏定氮法、火焰分光光度法等方法测定 pH 值以及有机质、氮、磷、钾含量。这些方法能够准确评估土壤的基本理化性质，为白芨的生长环境提供科学依据，确保试验数据的可靠性和精确性。

2.3 外观形态测定

采用随机取样观察与定株观察测定相结合的方法，在试验田中以“S”字形选择和观测。待白芨幼苗长出后，各个品系随机采集 10 株，每个月不定期观察并记录 1 次株高、主叶长、主叶宽和叶片数。白芨进入花期后，每周观察 2 次植株开花、结荚情况。荚果采收后，测量茎重，并据此分析白芨的生长发育特性。这种方法能够全面、系统地了解白芨在不同生长阶段的发育规律，为后续的选育和栽培提供重要依据。

2.4 植物生理指标测定

本试验分别采用 Bradford 检测法测定白芨茎块蛋白质含量；采用蒽酮-硫酸比色法测定白芨总糖含量；采用硫酸-苯酚比色法测定白芨可溶性糖含量；采用硫代巴比妥酸法测定白芨丙二醛（MDA）含量；采用氮蓝四唑法测定白芨过氧化物酶（SOD）活性；采用愈创木酚比色法测定白芨过氧化氢酶（POD）活性；采用茚三酮比色法测定白芨脯氨酸（Pro）含量。这些测定方法能够全面评估白芨在不同生长阶段的生理代谢状态，为深入了解其生长发育特性及抗逆性提供科学依据。

2.5 数据统计分析

先使用 Excel 2010 对所测数据进行整理，然后用方差分析软件进行差异显著性检验。图中不同小写字母表示处理间差异显著（P<0.05）。最后用 Origin 2017 对数据进

行排版与制图。这一流程确保了数据处理的准确性和图表呈现的科学性，为试验结果的分析与解读提供了可靠的基础。

3 结果与分析

3.1 供试土壤肥力

供试土壤的理化性质如下。

pH 值：7.92。

有机质含量：45.02 g/kg。

全氮含量：5.14 g/kg。

全磷含量：0.20 g/kg。

全钾含量：13.55 g/kg。

碱解氮：51.21 mg/kg。

速效磷：15.61 mg/kg。

速效钾：159.27 mg/kg。

以上数据于 2021 年 10 月 15 至 20 日测量得出。这些指标为白芨生长环境的土壤肥力和适宜性提供了重要参考，为后续试验的顺利开展奠定了基础。

3.2 生物学特性的观察结果

3.2.1 白芨物候期比较

如表 1 所示，四个品系白芨大多在 2 月下旬出芽，3 月上旬开始展叶，4 月中旬及以前达到展叶盛期，其中华白芨出芽和展叶时间晚于另外三个品系白芨。

3 月中旬至 4 月初，小白芨和白芨现蕾，而黄花白芨和华白芨 4 月才现蕾，部分小白芨在 3 月底开花，剩余三个品系白芨在 4 月才开花，其中华白芨在 4 月底才开花。

如图 1 所示，四种品系白芨花不同，小白芨花小，呈淡紫色或粉红色，萼片和花瓣近等，椭圆形，全株开花时间约 20 天；白芨花花大，呈紫红色，萼片和花瓣近等，长椭圆形，全株开花时间约 25 天；黄花白芨花较大，呈黄色或白带淡黄，萼片和花瓣近等，长圆形，全株开花时间约 20 天。华白芨花较小，呈淡紫色，或萼片与花瓣白色，先端为紫红色且急尖，萼片和花瓣近等，披针形，全株开花时间约 15 天。白芨花期时长最长，华白芨花期时长最短且花期最晚，基本都在 5 月。

表 1 四种品系白芨物候期

白芨品系	编号	出芽期	展叶期		现蕾期	开花期			荚果成熟期		黄期	
			展叶始期	展叶盛期		开花始期	开花盛期	开花末期	成熟始期	全熟期	开始变色	完全变色
小白芨	1	3/2	3/10	3/29	3/16	3/29	4/11	4/15	4/15	7/28	9/10	9/27
	2	2/27	3/7	3/24	3/24	4/3	4/11	4/19	4/22	7/28	9/3	9/24
	3	2/27	3/6	4/3	3/29	4/5	4/15	4/19	4/20	8/3	9/7	10/12
	4	3/7	3/16	3/29	4/3	4/9	4/16	4/22	4/20	8/12	9/15	10/3
	5	3/10	3/24	4/9	3/29	4/5	4/11	4/19	4/24	8/10	9/18	10/8
	6	2/24	3/6	3/18	3/24	3/29	4/15	4/22	4/20	8/12	9/7	10/3
	7	2/27	3/16	4/11	4/3	4/11	4/20	4/24	4/24	8/22	9/16	9/27
	8	2/24	3/2	3/24	4/5	4/15	4/23	4/27	4/28	8/10	8/27	9/27
	9	3/2	3/16	4/11	4/5	4/14	4/20	4/26	4/24	9/3	9/18	10/3
	10	2/27	3/16	4/11	4/9	4/17	4/24	4/28	4/28	7/28	9/16	10/6
白芨	1	2/27	3/7	3/20	3/16	4/3	4/15	4/19	4/19	8/10	9/18	10/3
	2	2/24	3/6	3/24	3/29	4/9	4/23	4/26	4/20	8/12	9/23	10/6
	3	2/27	3/7	3/20	4/3	4/14	4/23	4/27	4/22	9/3	9/16	10/8
	4	3/2	3/6	3/16	3/16	4/5	4/17	4/23	4/23	8/22	8/27	10/6
	5	2/24	3/10	4/3	3/24	4/14	4/27	5/2	5/2	8/27	9/24	10/7
	6	2/27	3/7	4/24	4/3	4/11	4/24	4/27	4/24	9/3	9/24	10/12
	7	3/2	3/7	3/29	3/29	4/15	4/24	5/2	5/2	8/27	9/27	10/16
	8	3/2	3/10	4/24	3/24	4/3	4/16	4/22	4/28	8/12	8/27	10/12
	9	2/24	3/10	4/16	3/29	4/11	4/19	4/28	4/24	9/3	9/24	10/3
	10	2/27	3/2	4/10	4/3	4/14	4/20	4/24	4/22	8/10	9/18	10/7
黄花白芨	1	2/24	3/2	4/24	4/20	5/2	5/8	5/12	5/20	7/28	9/10	10/3
	2	2/27	3/7	3/29	4/9	4/20	4/24	5/2	5/18	8/3	9/3	9/27
	3	2/27	3/2	4/16	4/5	4/17	4/23	4/28	5/14	7/26	9/16	10/6
	4	3/2	3/10	4/16	4/26	4/29	5/2	5/16	5/20	7/28	9/18	10/8
	5	2/24	3/7	3/29	4/3	4/11	4/23	4/27	4/24	7/28	9/7	9/27
	6	3/2	3/7	4/11	4/9	4/20	4/24	5/2	4/23	7/24	9/3	9/24
	7	2/24	3/10	4/16	4/20	5/2	5/8	5/16	5/14	8/12	9/24	10/12
	8	3/2	3/7	3/24	4/3	4/17	4/24	5/8	5/2	8/10	9/23	10/16
	9	2/27	3/10	4/24	4/20	5/6	5/14	5/20	5/14	8/3	9/27	10/21
	10	2/24	3/2	3/29	4/20	5/6	5/18	5/24	5/20	7/24	9/18	10/21

续表

白芨品系	编号	出芽期	展叶期		现蕾期	开花期			荚果成熟期		黄期	
			展叶始期	展叶盛期		开花始期	开花盛期	开花末期	成熟始期	全熟期	开始变色	完全变色
华白芨	1	3/7	3/16	4/11	4/20	4/26	5/8	5/12	5/20	7/24	8/10	10/3
	2	3/7	3/16	4/24	4/26	5/6	5/14	5/16	5/24	7/26	8/16	10/3
	3	3/2	3/20	4/10	5/2	5/8	5/16	5/20	6/3	8/3	8/24	10/7
	4	3/7	3/29	4/3	5/2	5/14	5/16	5/24	5/20	8/12	9/3	9/27
	5	3/10	3/24	4/16	4/26	4/29	5/8	5/16	5/24	7/28	8/27	10/6
	6	2/27	3/10	4/11	4/20	5/2	5/14	5/16	5/20	8/3	9/10	10/6
	7	2/27	3/6	3/29	4/26	5/6	5/8	5/14	5/14	8/12	8/27	9/27
	8	3/7	3/16	4/24	5/8	5/14	5/18	5/22	5/22	7/24	8/10	9/18
	9	3/2	3/20	4/9	4/26	5/6	5/14	5/20	5/22	7/26	8/24	10/3
	10	2/27	3/24	4/16	5/8	5/14	5/18	5/24	6/3	7/24	8/10	9/24

注:表中记录日期为 2020—2021 年,日期格式为月/日。

(a)　(b)　(c)　(d)

图 1　四种白芨花

(a)小白芨 ;(b)白芨;(c)黄花白芨;(d)华白芨

除华白芨在 5 月结荚外,其余三个品系白芨在 4 月均有结荚,四种白芨在 7 月都有果荚全熟,结荚成熟所需时间依次排序是华白芨(约 65 天)、黄花白芨(约 90 天)、小白芨(约 95 天)、白芨(约 110 天)。

叶片最早变黄的是华白芨(8 月 10 日),最晚变黄的是黄花白芨(9 月 3 日),叶片完全变色所用时间依次为华白芨(约 60 天)、白芨(约 40 天)、小白芨(约 20 天)和黄花白芨(约 20 天)。

3.2.2 白芨株高比较

如图 2(a)可知,四种品系白芨株高均呈现先升高后平稳最后急剧下降的趋势。黄花白芨在 7—9 月株高极显著高于其他三种白芨,在 3—6 月黄花白芨与白芨株高显著高于小白芨和华白芨,且华白芨与黄花白芨株高无显著差异。2 月华白芨最低且与其他三种白芨株高差异显著,3 月、5 月、7—9 月小白芨株高显著高于华白芨,4 月小白芨与华白芨株高无显著差异。因此株高大小为:黄花白芨>白芨>小白芨>华白芨。

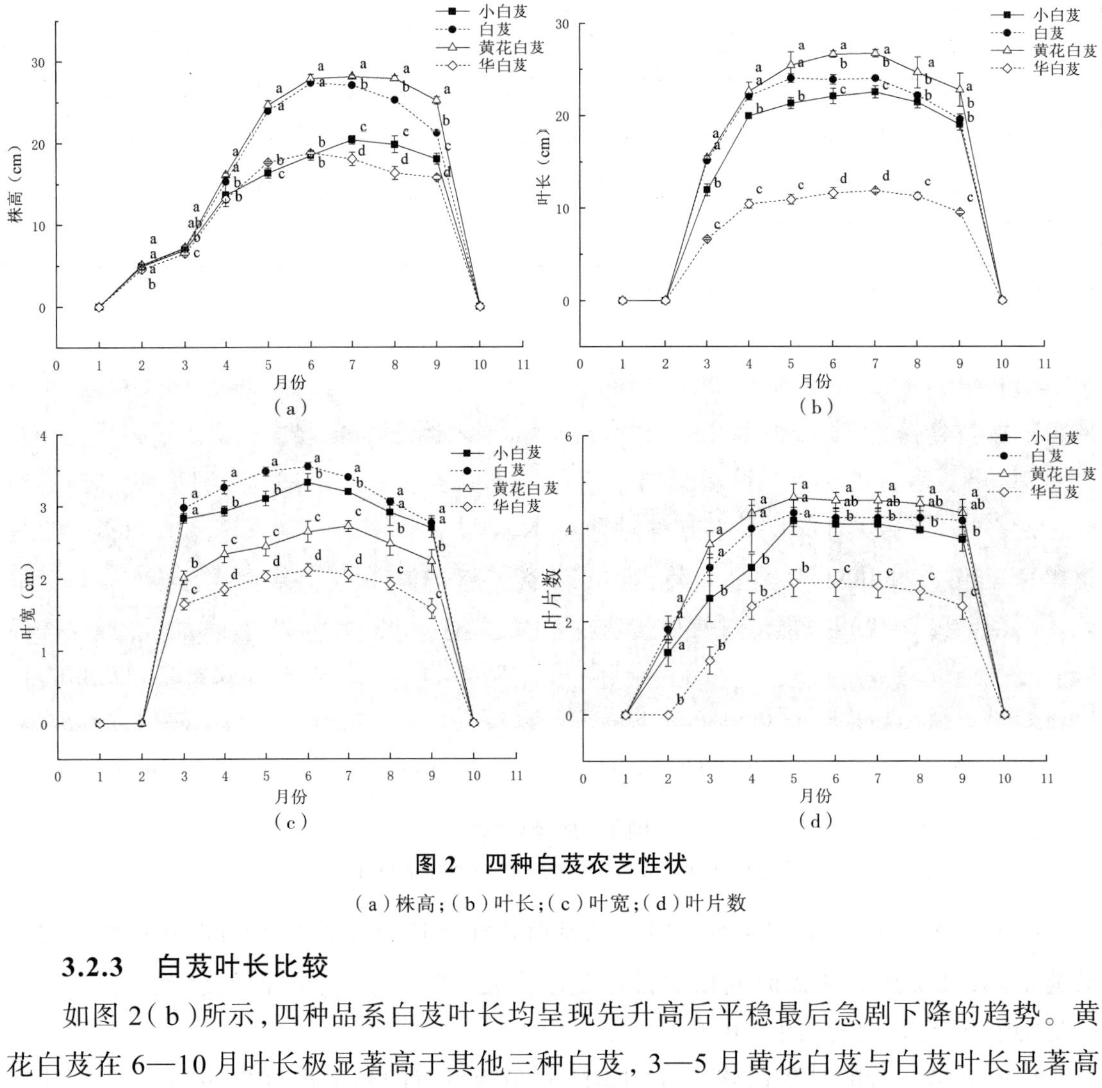

图 2 四种白芨农艺性状

(a)株高;(b)叶长;(c)叶宽;(d)叶片数

3.2.3 白芨叶长比较

如图 2(b)所示,四种品系白芨叶长均呈现先升高后平稳最后急剧下降的趋势。黄花白芨在 6—10 月叶长极显著高于其他三种白芨,3—5 月黄花白芨与白芨叶长显著高于小白芨和华白芨,6—7 月白芨叶长显著高于小白芨和华白芨,3—9 月小白芨叶长显著高于华白芨,白芨与小白芨在 8—10 月叶长无显著差异。因此按叶长大小排序为:黄花白芨>白芨>小白芨>华白芨。

3.2.4 白芨叶宽比较

由图 2(c)可知,四种品系白芨叶宽均呈现先升高后平稳最后急剧下降的趋势。在 4—7 月白芨叶宽极显著高于其他三种白芨,小白芨叶宽显著高于黄花白芨与华白芨,白芨与小白芨在 2 月、8—9 月叶宽显著高于黄花白芨与华白芨, 3—9 月黄花白芨叶宽显著高于华白芨。因此叶宽大小为:白芨>小白芨>黄花白芨>华白芨。

3.2.5 白芨叶片数比较

如图 2(d)可知,四种品系白芨叶片数均呈现先升高后平稳后最后急剧下降的趋势。2 月、5 月华白芨最低且与其他三种白芨叶片数差异显著,3—6 月、7—9 月黄花白芨叶片数显著高于小白芨和白芨,且白芨与黄花白芨叶片数无显著差异,白芨与小白芨叶片数无显著差异。因此叶片数多少为黄花白芨>白芨>小白芨>华白芨。

3.2.6 白芨茎重比较

如图 3 可知,白芨的茎块鲜重显著高于小白芨和华白芨,黄花白芨、小白芨和华白芨三者茎块鲜重无显著差异,黄花白芨与白芨茎块鲜重无显著差异。四种品系白芨茎块干重无显著差异,鲜重和干重差异最大的是白芨(5.792 g),最小的是华白芨(4.141 g)。四种白芨茎块鲜重排序为白芨(11.06 g)>黄花白芨(9.947 g)>华白芨(8.587 g)>小白芨(8.507 g),四种白芨茎块干重排序为黄花白芨(5.629 g)>白芨(5.268 g)>华白芨(4.446 g)>小白芨(4.239 g)。

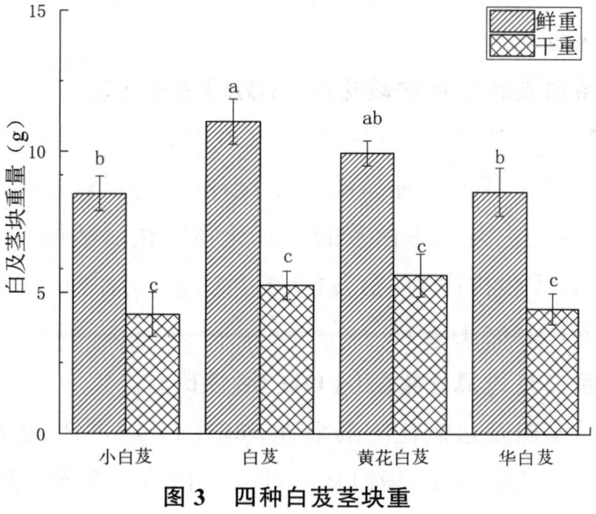

图 3 四种白芨茎块重

3.3 生理指标测定

3.3.1 不同品系白芨蛋白质含量比较

通过对比不同品系白芨蛋白质含量,如图 4(a)可知,黄花白芨的蛋白质含量极显著高于其他三种品系白芨，华白芨的蛋白质含量显著高于小白芨和白芨，小白芨与白芨的蛋白质含量差异不显著。四个品系白芨蛋白质含量排序为：黄花白芨（0.870 mg/g）>华白芨（0.731 mg/g）>小白芨（0.558 mg/g）>白芨（0.509 mg/g）。

3.3.2 不同品系白芨总糖含量比较

通过对比不同品系白芨总糖含量，由图4（d）可知，黄花白芨的总糖含量极显著高于其他三种品系白芨，白芨的总糖含量显著高于小白芨和华白芨，华白芨与小白芨的总糖含量差异不显著。四个品系白芨总糖含量排序为：黄花白芨（39.844%）>白芨（30.580%）>小白芨（21.699%）>华白芨（21.428%）。

3.3.3 不同品系白芨可溶性糖含量比较

通过对比不同品系白芨可溶性糖含量，如图4（c）所示，白芨的可溶性糖含量极显著高于小白芨和华白芨，小白芨的可溶性糖含量显著高于华白芨，白芨与黄花白芨的可溶性糖含量差异不显著。四个品系白芨可溶性糖含量排序为：黄花白芨（50.037%）>白芨（50.009%）>小白芨（39.667%）>华白芨（32.727%）。

3.3.4 不同品系白芨丙二醛（MDA）含量比较

通过对比不同品系白芨MDA含量，如图4（b）所示，白芨的MDA含量极显著高于黄花白芨和华白芨，黄花白芨的MDA含量显著高于华白芨，小白芨与黄花白芨的MDA含量差异不显著，小白芨与白芨的MDA含量差异不显著。四个品系白芨MDA含量排序为：白芨（9.805 μmol/g）>小白芨（9.310 μmol/g）>黄花白芨（8.891 μmol/g）>华白芨（6.755 μmol/g）。

3.3.5 不同品系白芨超氧化物歧化酶（SOD）活性比较

通过对比不同品系白芨超氧化物歧化酶活性对比，如图4（e）所示，白芨的超氧化物歧化酶活性极显著高于其他三种品系白芨，小白芨的超氧化物歧化酶活性显著高于黄花白芨和华白芨，黄花白芨与华白芨的超氧化物歧化酶活性差异不显著。四个品系白芨超氧化物歧化酶活性排序为：白芨（7.011 U/g）>小白芨（6.202 U/g）>黄花白芨（3.684 U/g）>华白芨（3.505 U/g）。

3.3.6 不同品系白芨过氧化物酶（POD）活性比较

通过对比不同品系白芨过氧化物酶活性，如图4（g）可知，小白芨的过氧化物酶活性极显著高于其他三种品系白芨，华白芨的过氧化物酶活性显著高于黄花白芨和白芨，黄花白芨的过氧化物酶活性显著高于白芨。四个品系白芨过氧化物酶活性排序为：小白芨（67.833 U/（g·min））>华白芨（59.767 U/（g·min））>黄花白芨（41.433 U/（g·min））>白芨（22.672 U/（g·min））。

3.3.7 不同品系白芨脯氨酸(Pro)含量比较

通过对比不同品系白芨脯氨酸含量，如图 4（ f ）所示，黄花白芨的脯氨酸含量极显著高于其他三种品系白芨，白芨的脯氨酸含量显著高于小白芨和华白芨，小白芨的脯氨酸含量显著高于华白芨。四个品系白芨脯氨酸含量排序为：黄花白芨(34.114 mg/g)>白芨(31.322 mg/g)>小白芨(27.046 mg/g)>华白芨(21.209 mg/g)。

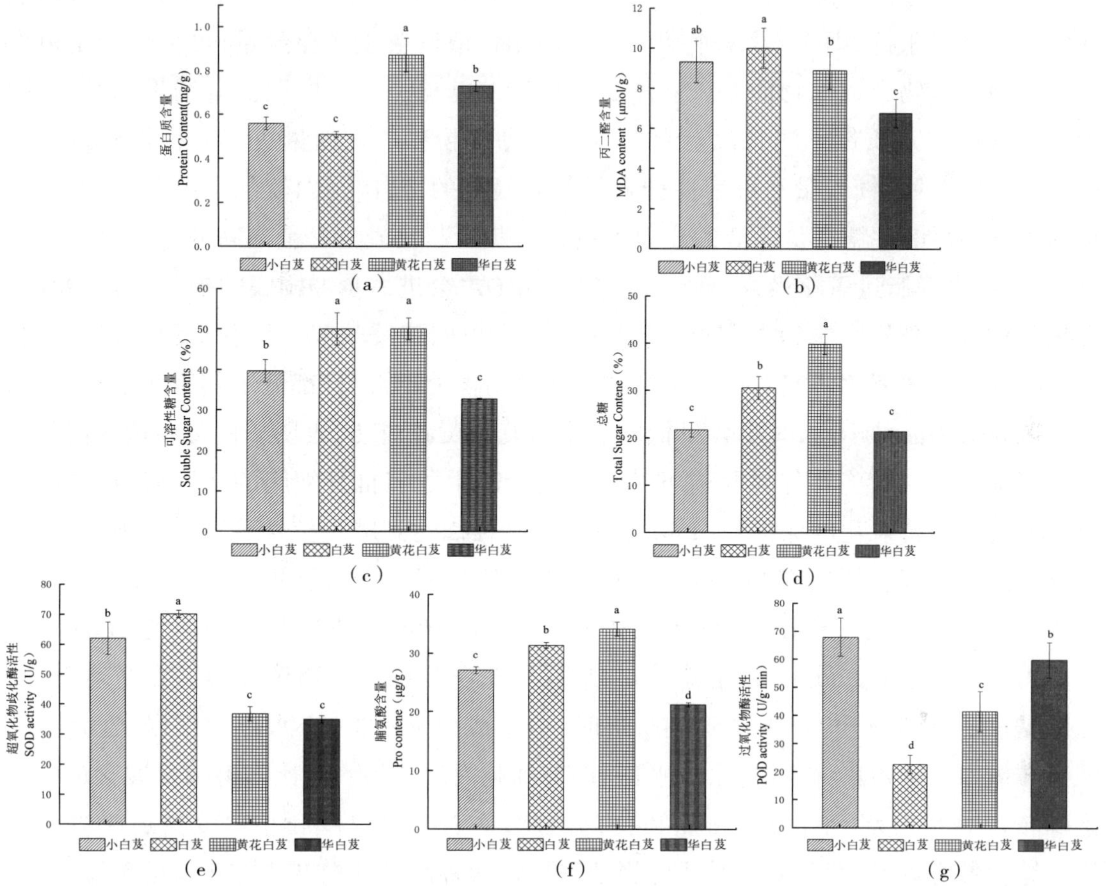

图 4 四种白芨生理指标

（a）蛋白质含量；（b）丙二醛含量；（c）可溶性糖含量；（d）总糖含量；（e）超氧化物歧化酶活性；（f）氧化物酶活性；（g）脯氨酸含量

4 结论与讨论

生物学特性观察得出的数据与黄珊测量无遮阴数据相近，和陈娅娅研究结果相似，说明植株在无遮挡环境良好生长。从植株大小来看，黄花白芨无论是株高、叶长、叶宽、叶片树数都是四种品系中最大的，原因可能是基因问题，也可能是与当地环境相匹配。

白芨的地上及地下部分营养器官，生长主要集中在3—8月，其中4月初至6月底为植株生长的旺盛期，此阶段地上部分生长迅速，至7月下旬地上部分不再变化，8月植株叶片逐渐枯黄，地下部分生长开始减慢，直到10月植株地上部分枯黄地下部分停止生长，待第二年2、3月再出苗，研究表明白芨栽种后第四年才能采挖，但采收期不同，白芨的品质相差很大。白芨的采收和加工研究表明，立秋前后为采收最佳时期，即白芨种子完全成熟的时间。此与本试验所观测结果一致，本实验生理指标测量白芨茎块均达到生长最佳时采摘，即10月底采摘。白芨药用价值取决于多糖含量，可溶性糖是植物体内多糖化合物合成的物质基础。本试验所测多糖均小于李国明测量结果，原因可能为测量称取白芨质量不同且没有对白芨进行彻底粉碎。含糖量决定了植株药效的水平，黄花白芨的总糖含量和可溶性糖含量都是最高的，其次是白芨和小白芨，华白芨的总糖含量和可溶性糖都是最低的。因此黄花白芨为药效成分含量最高的。

MDA是膜脂过氧化最终产物之一，产生MDA会进一步加剧膜的损伤，因此MDA含量是抗性生理研究中的常用指标，MDA含量可间接反映膜系统受损程度以及植物的抗逆性。与程邵丽研究对比知道所测量MDA含量正常，且都低于其所测量结果，原因为试验采用品种不同，其中含量低的是华白芨和黄花白芨，表明华白芨和黄花白芨更适应当地环境。植物在外界胁迫下植株体内会产生危害自身细胞的活性氧，在逆境中可以通过提高抗氧化的保护酶（POD、SOD）活性以达到减少植株受到的伤害，维持细胞膜稳定。与熊淼所研究POD与SOD结果对比相似，表明试验材料不是在通常环境生长。对比四种品系白芨POD活性和SOD活性知道，黄花白芨和华白芨SOD活性低，白芨和黄花白芨POD活性低，结合来看黄花白芨更适应当地环境。在逆境下，脯氨酸是渗透调节物质，植物受到盐胁迫时，会造成渗透胁迫，吸水进程缓慢，这时脯氨酸会在体内大量积累，以维持水分平衡、调节细胞内渗透势。对比知道脯氨酸含量由低至高依次是华白芨、小白芨、白芨和黄花白芨，这表明华白芨和小白芨更适应当地环境。综合考虑可得，黄花白芨最适应当地环境。四种品系的白芨均在正常的环境生长，与他人的试验对比没有出现显著的差异，差异的出现均出于正常原因，除上述原因外还有种植和试验环境不同。

综上所述黄花白芨的农艺性状、药效成分表现为最好，且相对晚熟可以避免早春的极端天气，MDA含量和POD含量虽不是最低的，但也是较低的，茎块的块头也较大，唯有Pro含量表现过高。建议贵州以黄花白芨为主要培育品系。

参考文献

[1] 中国植物志编纂委员会. 中国植物志：第十八卷·兰科（二）[M]. 北京：科学出版

社，1999.
[2] 李伟平. 新型白芨组培快繁体系的建立及总酚含量测定研究[D]. 杭州：浙江中医药大学，2013.
[3] 余林生. 浅析中草药白芨的栽培技术[J]. 南方农业，2019，13(5)：29-30.
[4] 成岁明，王凡，王娟. 白芨规范化高产栽培技术[J]. 基层农技推广，2018，6(8)：76-77.
[5] 仰莲. 白芨芪类化学成分及其抗人肺癌细胞 A549 活性研究[D]. 成都：成都中医药大学，2016.
[6] 吕洪乐，张同华，李倩. 白芨多糖药理作用的研究进展[J]. 中国药房，2015，26(28)：4014-4016.
[7] 李伟平，何良艳，丁志山. 白芨的应用及资源现状[J]. 中华中医药学刊，2012，30(1)：158-160.
[8] 仇硕，赵健，唐凤鸾，等. 白芨产业的发展现状、存在问题及展望[J]. 贵州农业科学，2017，45(4)：96-98.
[9] 李伟平，田莎莎，鲁光耀，等. 利用人工种子技术快速繁殖白芨[J]. 中国中药杂志，2012，37(22)：3386-3390.
[10] 邢凤琴. 白芨的种子组织培养及种植技术探讨[J]. 绿色科技，2019(9)：130-131.
[11] 徐助华. 浅论白芨的种植前景与高效栽培技术[J]. 农村经济与科技，2019，30(2)：33,32.
[12] 王跃华，陈燕，刘曼，等. 培育优质白芨苗条件筛选研究[J]. 江苏农业科学，2018，46(20)：165-167.
[13] 张永为，蒋福升，王寅，等. 白芨产业现状及可持续发展的探讨[J]. 中华中医药学刊，2012，30(10)：2264-2267.
[14] 王丽，苏智良，杨利华，等. 白芨新品种“玉霞”的选育[J]. 内蒙古林业调查设计，2017，40(5)：28-30.
[15] 陈利军，刘帅，王世强，等. 白芨新品种“秦白 1 号”和黄花白芨新品种“秦黄 1 号”的选育研究[J]. 陕西师范大学学报(自然科学版)，2021，49(3)：117-124.
[16] 张金霞，杨丽丽，刘海，等. 白芨新品种“贵芨 1 号”[J]. 园艺学报，2021，48(3)：1-2.
[17] 郝耀鹏，吴昌娟，郭淑红，等. 药材道地性分析方法的研究进展[J]. 山西农业科学，2020，48(6)：994-996,1000.
[18] 汪欣，向兆，李策，等. 全自动凯氏定氮仪测定土壤全氮含量方法的优化探索[J].

山东农业大学学报（自然科学版），2020，51（3）：438-440,446.
[19] 鲍士旦. 土壤农化分析[M]. 3版. 北京：中国农业出版社，2000.
[20] 王祖文，张玉方，卢进，等. 白花前胡主要生物学特性及生长发育规律研究[J]. 中国中药杂志，2007，32（2）：145-146.
[21] 萧浪涛，王三根. 植物生理学[M]. 北京：中国农业出版社，2005.
[22] 丁雪梅，张晓君，赵云，等. 蒽酮比色法测定可溶性糖含量的试验方法改进[J]. 黑龙江畜牧兽医，2014（23）：230-233.
[23] 戴洁，周子明，刘敬. 苯酚-硫酸比色法检测白芨多糖含量的分析[J]. 中国处方药，2021，19（3）：33-35.
[24] 普红梅，李宏，王海丹，等. 四种蔬菜氧化酶、过氧化物酶活性测定及其抑制研究[J]. 食品科技，2021，46（12）：281-287.
[25] 黄珊，武文军，孙亚东，等. 白芨对光的生物学响应研究[J]. 中药材，2020，43（8）：1801-1805.
[26] 陈娅娅，杨琳，吴明开. 白芨生长发育特性分析[J]. 湖北农业科学，2013，52（7）：1593-1595.
[27] 占国，刘贤旺. 白芨研究进展[J]. 江西林业科技，2002（5）：42-43.
[28] 李道济. 白芨的采集与加工[J]. 中国中药杂志，1990，15（11）：29.
[29] 吕洪乐，张同华，李倩. 白芨多糖药理作用的研究进展[J]. 中国药房，2015，26（28）：4014-4016.
[30] 李国明，张丽萍，戴余波，等. 苯酚-硫酸比色法测定瑞丽白芨多糖含量[J]. 热带农业科学，2018，38（10）：62-67.
[31] 任海，张诺，华智杰，等. 甲醛对鲫血清抗氧化酶活性和丙二醛含量的影响[J]. 水产学杂志，2019，32（6）：36-40.
[32] 程邵丽. 温度对白芨光合特性及生理生化指标的影响[D]. 郑州：郑州大学，2019.
[33] 刘锦春. 重庆石岩地区柏木幼苗对水分胁迫的生理生态适应性研究[D]. 重庆：西南大学，2008.
[34] 熊淼. 遮荫对两种白芨生理特性的影响[D]. 成都：四川农业大学，2019.

不同白芨染色体核型和基因组大小的鉴定

1 前言

1.1 白芨研究现状

白芨是兰科白芨属多年生草本植物。中国主要分布在贵州、云南和四川等地区。我国有 4 个种群，分别为白芨、小白芨、华白芨、黄花白芨。白芨不仅观赏价值高，具有止血、消肿生肌、清热利湿、美白防皱、抗菌、消炎、调节免疫等作用，也是酿酒、化妆品工业和医药工业的重要原材料。

目前在萱草属的金娃娃、金针和鸡心，安息香属的芬芳安息香、越南安息香和赛山梅，百合科的洋葱、大蒜、小根蒜、耐寒铁岭葱王，金银花，兰科的五唇兰 、盆距兰和鹿角兰等多种植物的染色体核型核型均有报道。王永等的研究发现自然界中的白芨为二倍体，体细胞染色体数 $2n$=32，8 个不同居群的野生白芨染色体类型有 m、sm 和 st，相对长度系数在 60.12 %~63.99 %，核型类型有 2B 和 2 C 两种，大多数为 2B 核型。但关于本研究中的四种白芨染色体核型未见报道。

基因是染色体上具有控制生物性状的 DNA 片段。基因组大小也称 C 值，是指体细胞核中染色体的 DNA 含量。目前在许多植物上都有基因组大小的报道，核桃基因组在（520.8 ± 38.5）与（543.2 ± 35.7）Mb 之间、兰州百合二倍体基因组为 64.9 Gbp 以及兰州百合四倍体基因组为 128.7 Gbp、黄精属二倍体植物基因组在 9 311~14 083 Mb、茉莉的基因组 1 C 值在 0.592 6 ~ 0.809 5 pg，兰科的金线莲基因组 2 C 值为（6.83 ± 0.067）pg、莲瓣兰的基因组 2 C 值为（8.15 ± 0.34）pg 以及墨兰的基因组 2 C 值为（8.34 ± 0.36）pg。但有关于白芨基因组大小的鉴定未见报道。

1.2 研究的目的与意义

对四种白芨进行染色体核型分析和基因组大小鉴定，为物种进化、亲缘关系、培育改良及新品种的创制提供参考和理论依据。

2 材料与方法

2.1 试验材料

本次试验材料为种植在凯里学院卓越农林人才培养实训基地的白芨、小白芨、华白芨和黄花白芨，选取的是生长健壮、长势一致、植株正常的植株根尖（图 1）。以纯种二倍体番茄为参照材料，其 2 *C* 值为 0.92pg。

(a) (b) (c) (d)

图 1 四种白芨材料图

(a)白芨；(b)小白芨；(c)华白芨；(d)黄花白芨

2.2 试验方法

2.2.1 染色体核型分析

早上 9—11 点剪取 510 mm 长的根尖，洗去泥土放入 0.002% mol/L 8-羟基喹啉溶液中浸泡处理 24 h；洗净，卡诺氏液固定液（乙醇：冰乙酸=3：1）固定 24 h；洗净，再经 95%、85%乙醇中各浸泡 30 min，保存于 70%乙醇中于 4 ℃冰箱中保存备用；取出根尖洗净，用 1 $mol \cdot L^{-1}$ 盐酸在 60 ℃恒温水浴锅中解离 1 520 min，取出浸泡 5 min，用吸水纸将根尖多余的水分吸去，把根尖放在擦干净的载玻片上，切取分生区乳白色部分，捣碎，滴上改良卡宝品红溶液后避光染色 25~30 min，盖上盖玻片，用筷子头轻轻敲打盖玻片数次，使得细胞内的染色体分散开，便于计数测量；镜检参考王永等的方法。核型分析参照李懋学等的标准化进行分析；核型不对称系数根据 Aarno 的方法计算；染色体核型分类按照 Stebbins 的方法划分；染色体相对长度、臂比值参照 Levan 等的方法计算。

2.2.2 染色体基因组大小鉴定

采取四种白芨幼嫩的根尖，洗净后放入冰盒带回试验室，用预冷的清水再次洗净，并用吸水纸吸去水分备用。

材料细胞样液的制备：取每个品种少许根尖，试验用量取根尖 2~3 mm（5~6 个）即可。把吸去水分的材料放入干净的塑料培养皿中，加入 1 mL 细胞裂解液。再用无菌刀片快速切碎根尖直至成匀浆，切碎时间控制在 1~2 min。制成匀浆后，用 400 目过滤网过滤收集到样品管中，收集的细胞核悬液不可超过样品管总容量的 2/3，上机检测。本试验采用外标法进行检测，即指参照样品与待测样品所制成的细胞核悬液分开检测。估测所用的仪器为 Sysmex Cyflow® Cube 8 流式细胞仪（Sysmex Partec GmbH）。四种白芨制成不同样品细胞核悬液通过 488 nm 蓝光激发，每个样品重复 3 次并且每次检测收集不少于 10 000 个细胞颗粒，要求变异系数 $CV<5\%$。

参考李春牛等的计算方法：

$$\text{待测样品 DNA 含量} = \text{参照样品 DNA 含量} \times \frac{\text{待测样品的荧光强度}}{\text{参照样品的荧光强度}}$$

2.2.3 数据分析

选取在生物显微镜（MB1000）10 × 40 倍下观察到的分散细胞染色体，利用 Photoshop CS 6 进行图片处理，用 Motic Images Plus 3.0 测量染色体长、短臂，建立核型模式图。用 ModFit 5.0 分析流式细胞仪得到的流式样品图。

3 结果与分析

3.1 四种白芨染色体数目及核型分析

由表 1、表 2 和图 2、图 3 可得白芨染色体基数 $x=16$，染色体数目 $2n=2x=32$，核型公式 $2n=2x=10$ m（1 sat）+6 sm，为 2B 核型。其中 sm 类型染色体是 4、6、7、10、12、16 号染色体，其余染色体类型为 m，2 号染色体伴有 1 条随体，随体位于短臂上。最长染色体比最短染色体为 3.10，臂比值在 1.08~2.65，臂比大于 2 的占 12.5%，染色体相对长度统计可得在 5.07%~15.72%，核型不对称系数为 59.52%。

由表 1、表 2 和图 2、图 3 可得，小白芨染色体基数为 16，染色体数目 $2n=32$，核型公式 $2n=2x=13$ m（2 sat）+3 sm，为 2B 核型。其中 12、15、16 号染色体类型为 sm，其余染色体类型均为 m，占 81.25%。6 号中的两条染色体各伴有 1 条随体，随体均位于短臂上。最长染色体比最短染色体的值为 2.09，臂比值介于 1.02~2.46，臂比大于 2 的占 12.5%。染色体相对长度范围经统计在 6.80%~14.32%，核型不对称系数为

56.99%。

由表 1、表 2 和图 2、图 3 可得，华白芨染色体基数为 16，染色体数目 $2n=2x=32$，核型公式 $2n=2x=12$ m+3 sm+1 st，为 2B 核型。其中大多数染色体类型为 m 型，占比为 75.00%，2、13、15 号染色体类型为 sm，14 号染色体类型为 st，没有随体。最长染色体比最短染色体为 2.45，臂比在 1.16~4.58 之间，臂比大于 2 的占 18.75%。染色体相对长度范围为 4.33%~10.61%，核型不对称系数为 61%。

由表 1、表 2 和图 2、图 3 可得，黄花白芨染色体基数为 16，染色体数为 32 条，核型公式 $2n=2x=10$ m+5 sm+1 st，为 2B 核型。其中染色体类型为 sm 的有 2、3、4、11、13 号染色体，15 号染色体类型为 st，其余染色体类型均为 m，占 62.50%，无随体。最长染色体比最短染色体的值为 2.15，臂比值介于 1.12~5.53，臂比大于 2 的占 25%。染色体相对长度范围为 6.87%~12.60%，核型不对称系数为 62.12%。

表 1　四种白芨染色体参数

品种	染色体序号	相对长度（%） 长臂+短臂=全长	臂比	类型
白芨	1	8.68+7.04=15.72	1.23	m
	2	7.52+6.95（4.36）=14.47	1.08	m
	3	7.24+6.36=13.60	1.14	m
	4	8.16+4.50=12.66	1.81	sm
	5	5.89+4.44=10.33	1.33	m
	6	6.70+3.42=10.12	1.96	sm
	7	7.01+2.85=9.86	2.46	sm
	8	5.37+4.20=9.57	1.28	m
	9	5.00+4.13=9.13	1.21	m
	10	5.89+3.14=9.03	1.88	sm
	11	4.84+3.56=8.40	1.36	m
	12	5.08+2.61=7.69	1.95	sm
	13	4.25+3.37=7.62	1.26	m
	14	4.46+2.74=7.20	1.63	m
	15	3.94+3.03=6.97	1.30	m
	16	3.68+1.39=5.07	2.65	sm

续表

品种	染色体序号	相对长度(%) 长臂+短臂=全长	臂比	类型
小白芨	1	7.54+6.78=14.32	1.11	m
	2	6.32+5.50=11.82	1.15	m
	3	6.38+5.01=11.39	1.27	m
	4	6.33+5.00=11.33	1.27	m
	5	6.24+4.89=11.13	1.28	m
	6	5.78+5.31(2.44)=11.09	1.09	m
	7	5.74+4.55=10.29	1.26	m
	8	6.45+3.82=10.27	1.69	m
	9	5.05+4.94=9.99	1.02	m
	10	5.30+4.59=9.89	1.15	m
	11	5.30+4.37=9.67	1.21	m
	12	5.89+3.20=9.09	1.84	sm
	13	5.44+3.62=9.06	1.50	m
	14	4.25+3.37=7.62	1.26	m
	15	4.92+2.35=7.27	2.09	sm
	16	4.88+1.98=6.80	2.46	sm
华白芨	1	5.82+4.79=10.61	1.22	m
	2	6.12+3.17=9.29	1.93	sm
	3	4.72+3.49=8.21	1.35	m
	4	4.54+2.97=7.51	1.53	m
	5	3.84+2.93=6.77	1.31	m
	6	3.61+3.03=6.64	1.19	m
	7	3.68+2.72=6.40	1.35	m
	8	3.50+2.54=6.04	1.38	m
	9	3.44+2.60=6.04	1.32	m
	10	3.06+2.39=5.45	1.28	m
	11	2.85+2.46=5.31	1.16	m
	12	3.19+2.06=5.25	1.55	m
	13	4.15+1.06=5.21	3.92	sm
	14	4.12+0.90=5.02	4.58	st
	15	3.41+1.25=4.66	2.73	sm
	16	2.62+1.71=4.33	1.53	m

续表

品种	染色体序号	相对长度（%） 长臂+短臂=全长	臂比	类型
黄花白芨	1	6.74+5.86=12.60	1.15	m
	2	7.03+3.84=10.87	1.83	sm
	3	8.49+2.23=10.72	3.81	sm
	4	6.83+3.34=10.17	2.04	sm
	5	5.39+4.21=9.60	1.28	m
	6	5.35+3.84=9.19	1.39	m
	7	5.26+3.85=9.11	1.37	m
	8	5.12+3.63=8.75	1.41	m
	9	4.19+3.75=7.94	1.12	m
	10	4.40+3.15=7.55	1.40	m
	11	4.85+2.52=7.37	1.92	sm
	12	4.12+3.15=7.27	1.31	m
	13	4.81+2.23=7.04	2.16	sm
	14	3.87+2.73=6.60	1.42	m
	15	5.31+0.96=6.27	5.53	st
	16	3.30+2.57=6.87	1.28	m

注：表中数据单位为 μm。下表 2 同。

表 2　四种白芨核型特征

品种	核型公式	最长/最短	核型	不对称系数（%）
白芨	$2n=2x=32=20$ m（1 sat）+12 sm	3.10	2B	59.52
小白芨	$2n=2x=32=26$ m（2 sat）+6 sm	2.09	2B	56.99
华白芨	$2n=2x=32=24$ m+6 sm+2 st	2.45	2B	61.00
黄花白芨	$2n=2x=32=20$ m+10 sm+2 st	2.15	2B	62.12

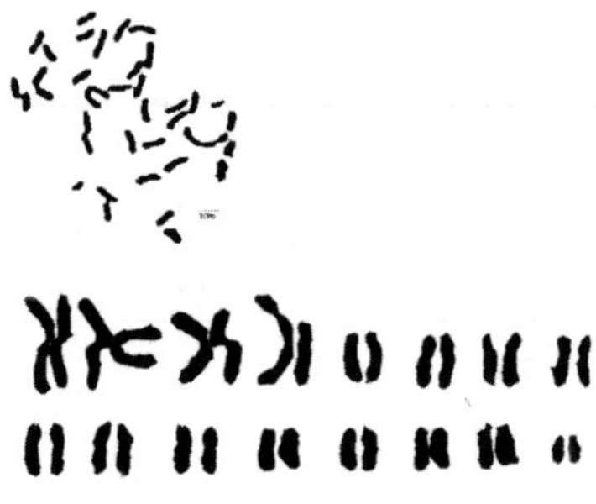

（a）

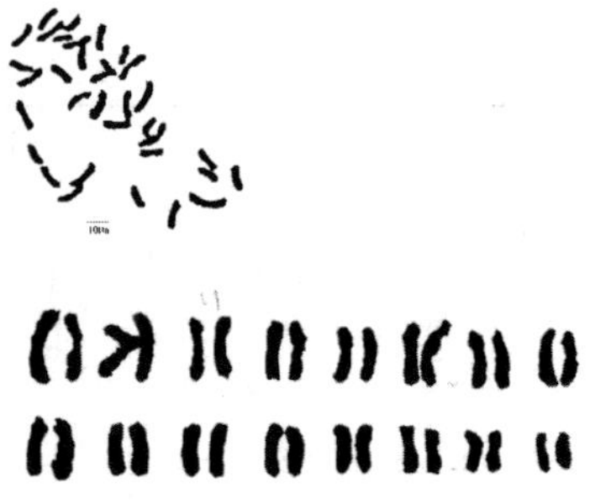

（b）

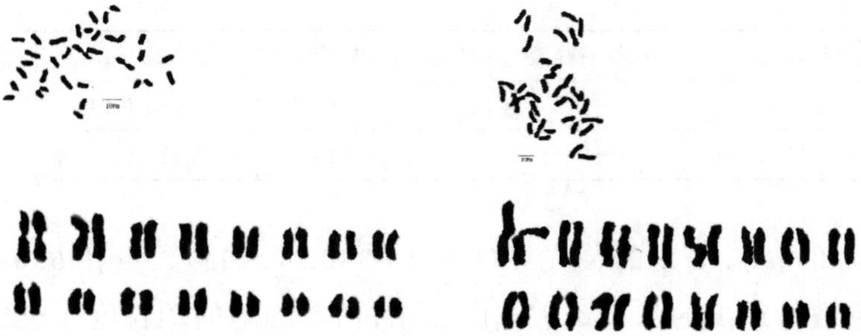

(c) (d)

图 2　四种白芨有丝分裂中期和核型图（*bar*=10 μm）

（a）白芨；（b）小白芨；（c）华白芨；（d）黄花白芨

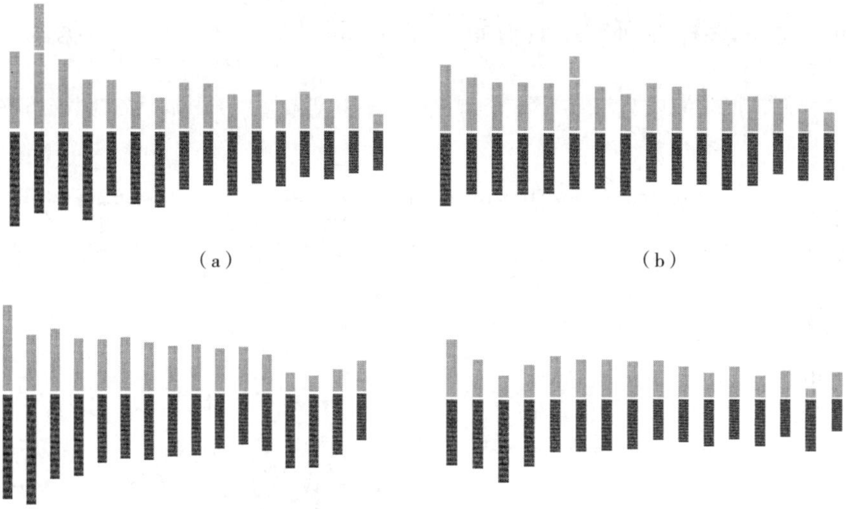

图 3　四种白芨核型模式图

（a）白芨；（b）小白芨；（c）华白芨；（d）黄花白芨

3.2　四种白芨 DNA 含量与基因组大小

对四种白芨品种和番茄进行 DNA 含量与基因组大小测定，变异系数（*CV*）均小于 5%，说明所测得的数据具有较高的可靠性。根据番茄与四种白芨图的峰值计算，得到表 3 的结果。

表 3　四种白芨 DNA 含量和基因组大小

品种	待测样品峰值	参照样品峰值	待测峰值/参照峰值	2*C* 值（pg）	基因组大小（Mb）
番茄	—	5368.99 ± 1015.89	—	0.92	—
白芨	19 380.57 ± 658.43	—	3.61 ± 0.12	3.32 ± 0.11	1 623.95 ± 55.17
小白芨	19 563.57 ± 896.94	—	3.64 ± 0.17	3.35 ± 0.15	1 639.28 ± 75.17

续表

品种	待测样品峰值	参照样品峰值	待测峰值/参照峰值	2*C* 值（pg）	基因组大小（Mb）
华白芨	17 459.10 ± 828.77	—	3.25 ± 0.15	2.99 ± 0.14	1 462.94 ± 69.44
黄花白芨	17 695.99 ± 1178.81	—	3.30 ± 0.22	3.03 ± 0.20	1 482.79 ± 98.77

由图 4 直方图可得，白芨的荧光峰值为 19 380.57，细胞数量在 600~650 个之间，是检测到的细胞数量最少的品种。散点图显示，白芨细胞的颗粒度介于华白芨和黄花白芨之间，复杂程度与颗粒度一致，细胞大小大于黄花白芨但小于华白芨。由表 3 可知，2 *C* 值通过番茄和白芨的平均荧光峰值计算得到（3.32 ± 0.11）pg，基因组大小通过核 DNA 含量换算（1 pg=978 Mb）可得（1 623.95 ± 55.17）Mb。这一结果表明，白芨的基因组大小在遗传多样性研究中具有重要意义，同时进一步验证了数据的可靠性和精确性。

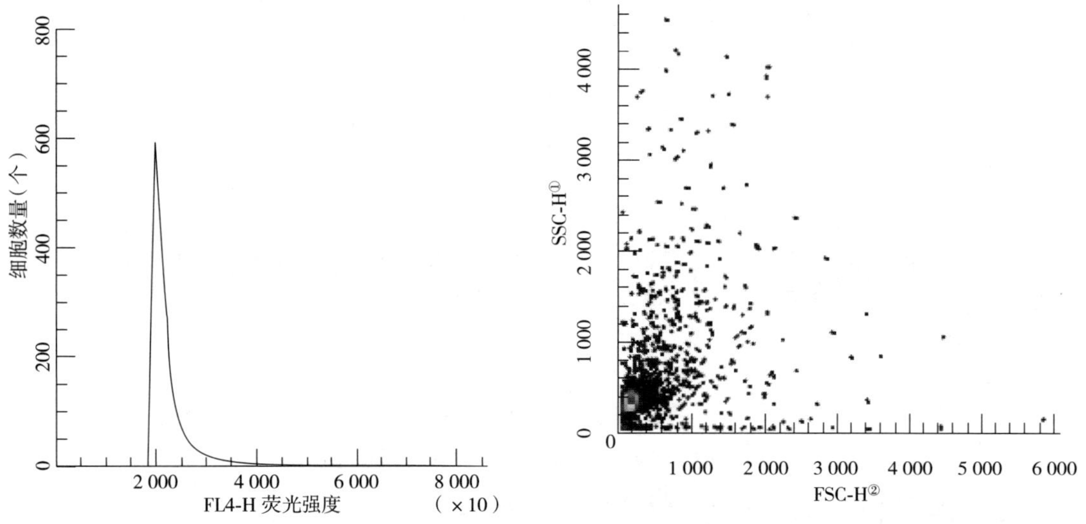

图 4　白芨样本流式检测图

（a）直方图；（b）散点图

由图 5 直方图可得，小白芨的荧光峰值为 19 563.57，细胞数量在 800 个左右，检测到的细胞数量比白芨多，但比黄花白芨少。散点图显示，小白芨细胞的颗粒度是四种白芨中最小的，复杂程度也最低，细胞尺寸是四种白芨中最小的。由表 3 可知，2 *C* 值为（3.35 ± 0.15）pg，基因组大小通过换算（1 pg=978 Mb）得到（1 639.28 ± 75.17）Mb，是四种白芨中最大的。

① SSC：侧向散射光，代表细胞颗粒度，反映细胞复杂程度。

② FSC：前向散射光，反映细胞大小。

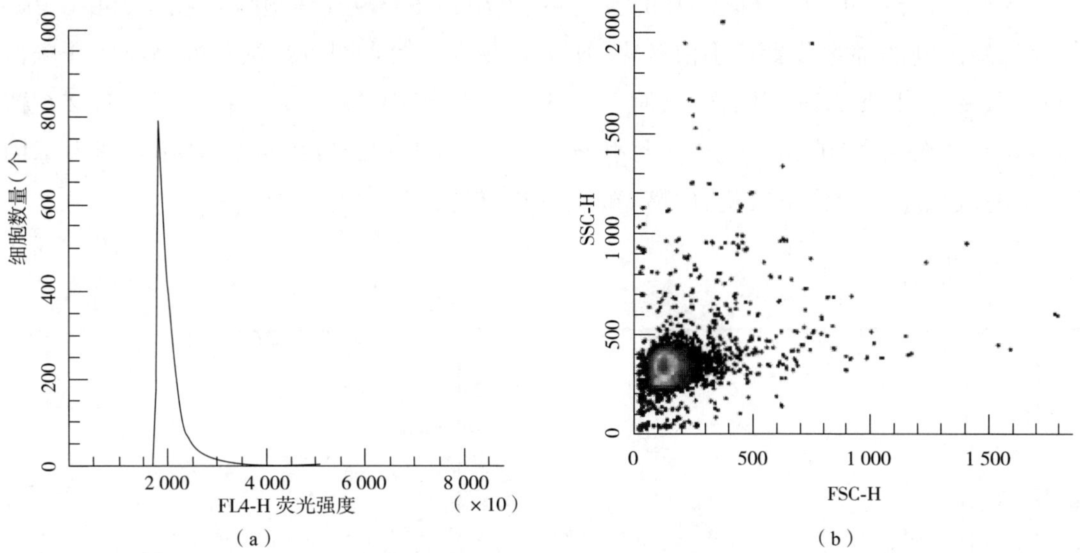

图 5　小白芨样本流式检测图

(a)直方图;(b)散点图

由图 6 直方图可得,华白芨的荧光峰值为 17 459.10,细胞数量在 9 000~10 000 之间,检测到的细胞数量是四种白芨中最多的。散点图显示,华白芨细胞的颗粒度是四种白芨中最大的,复杂程度也最高,细胞尺寸是四种白芨中最大的。由表 3 可知,2 C 平均值为(2.99 ± 0.14)pg,基因组大小通过换算(1 pg=978 Mb)得到(1 462.94 ± 69.44)Mb,是四种白芨中最小的。

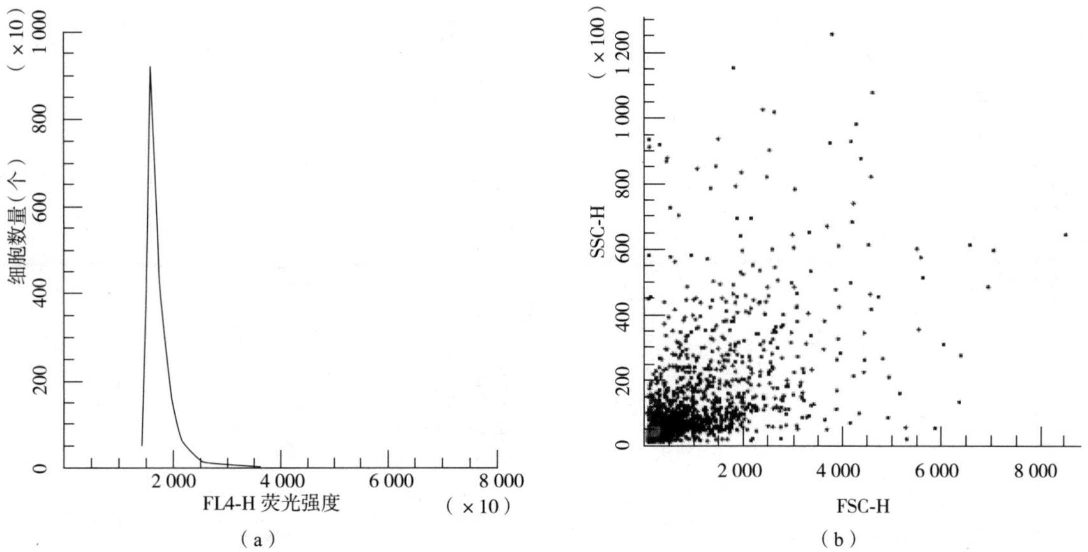

图 6　华白芨样本流式检测图

(a)直方图;(b)散点图

由图 7 直方图可得,黄花白芨的荧光峰值为 17 695.99,细胞数量在 1 200~1 300 个之间,检测到的细胞数量比小白芨多,比华白芨少。散点图可知细胞的颗粒度介于白芨和小白芨之间,复杂程度同样,细胞大小比小白芨大,比白芨小。由表 3 可知, 2 *C* 值计算可得(3.03 ± 0.20)pg,基因组大小通过计算得(1 482.79 ± 98.77)Mb。其中基因组大小高低顺序分别为小白芨、白芨、黄花白芨、华白芨。

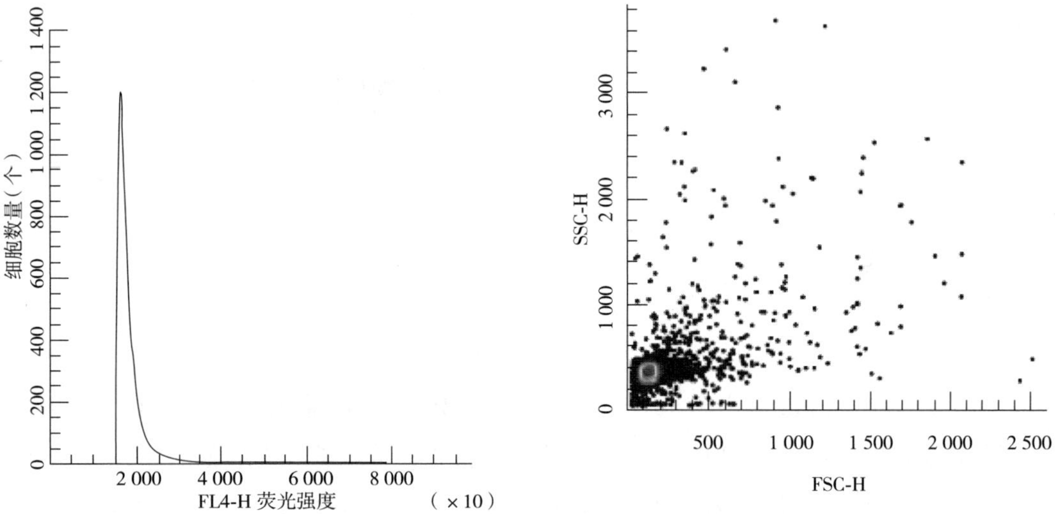

图 7 黄花白芨样本流式检测图

由图 8 可得番茄的荧光峰值为 5 368.99,检测到的细胞数量在 6 000~7 000 个之间。由图 4 到图 8 可知四种白芨和番茄的荧光峰值分散较开,没有重叠,且图峰尖而细,说明所测结果准确性较高。

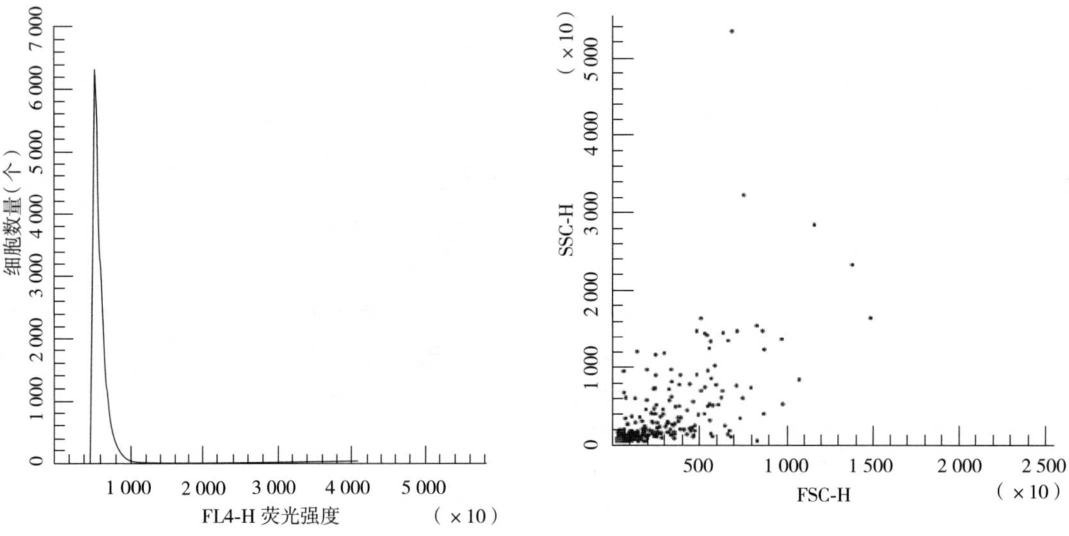

图 8 番茄流式检测图

4 结论与讨论

本研究结果显示观察到的四种白芨均为二倍体，染色体数目为 $2n=2x=32$，与王永等的报道一致，表明白芨染色体倍性与数目相对稳定。其染色体着丝点大部分靠近中部（m），少部分靠近近中部（sm），极少部分或没有靠近近端部（st）。白芨和小白芨发现有随体，均位于短臂上，而华白芨和黄花白芨无随体。四种白芨的染色体核型存在一定的差异性，着丝点位置也不尽相同，如白芨仅具有中部着丝粒染色体和近中部着丝粒染色体，而其他还具有近端部着丝粒染色体，造成这种差异的原因可能是在观察和测量时存在误差，但主要原因还是材料本身的不同。根据 Stebbins 的观点，不对称性程度越高的生物，其染色体变异越大，进化程度越高；而 A 类的对称性最高，进化程度最低，D 类进化程度最高。王永等的报道中白芨的核型有 2B 和 2C 型，而本研究只出现了 2B 型，根据前人的报道发现地理位置对白芨染色体遗传多样性有着重要影响，这可能是本研究中没有出现 2B 型的原因；四种白芨染色体核型均为 2B 型说明四种白芨进化程度相似，亲缘关系相近。根据核型不对称系数由高至低分别为黄花白芨（62.12%）>华白芨（61.00%）>白芨（59.52%）>小白芨（56.99%），进化程度由高至低分别为黄花白芨>华白芨>白芨>小白芨，黄花白芨是四种白芨中不对称性最高、染色体变异最大、进化程度最高的，而小白芨是最原始的。

基因组大小的测定发现四种白芨的 2 *C* 值在 2.99~3.35 pg 之间，彼此差异不明显，而前人报道兰科兰属植物莲瓣兰的 2 *C* 值为（8.15 ± 0.34）pg、墨兰基因组 DNA 的 2 *C* 值为（8.34 ± 0.36）pg，根据四种白芨和兰属的莲瓣兰和墨兰 2 *C* 值来看，可以看出白芨与兰科兰属植物 2 *C* 值相差 5 pg 左右，表明了不同种属之间的 DNA 含量有明显差异。研究得到四种白芨的基因组大小在 1 462.94~1 639.28 Mb 之间，其中白芨的基因组大小为 1 623.95 Mb，小白芨的为 1 639.28 Mb，华白芨的为 1 462.94 Mb，黄花白芨的为 1 482.79 Mb，发现白芨和小白芨的基因组大小相近，而华白芨和黄花白芨的基因组大小相近，四种白芨的基因组由高至低分别为小白芨>白芨>黄花白芨>华白芨，彼此之间有差异，最高与最低的基因组相差 177 Mb 左右。前人研究表明：在某些特定的条件下，基因组大小的差异可能与基因的重复或丢失有关。本研究结果表明，白芨属植物变异丰富，遗传多样性高，种间杂交频繁，过渡种繁多，种的界限相对模糊。因此，四种白芨基因组大小存在差异的主要原因可能是该属内丰富的变异或种间杂交而导致种间或种内重复序列的变化。

以核型分析来看，四种白芨的核型都为 2B 核型，只能判断四种白芨的亲缘关系相近，无法判断四种白芨之间亲缘关系的远近。因此，关于四种白芨之间具体真实亲缘关系远近还有待探索。可根据亲缘关系的远近来选择品种，从而进行培育改良和新品种的创制。本研究首次完成对四种白芨基因组大小鉴定，研究结果为基因库做了增补。研究白芨染色体核型和基因组大小为后续研究育种、遗传改良等方面提供了参考依据。

参考文献

[1] 吴桃生，周涛，肖承鸿，等. 贵州栽培白芨表型性状相关性[J]. 北方园艺，2021（21）：109-116.

[2] 刘有菊，尹国梅. 保山市野生小白芨资源调查与人工栽培的可行性分析[J]. 保山学院学报，2014，33（5）：25-27.

[3] 石丽敏，卢华兵，胡贤女. 白芨的研究现状[J]. 农业科技通讯，2016（5）：6-8.

[4] 熊灿霞，丁铃，钟媛媛，等. 珍稀药用植物白芨研究综述[J]. 黑龙江科学，2021，12（24）：49-52.

[5] 赵垚，曹小勇，杨国鹏，等. 白芨种子在 3 种介质上萌发及生长比较[J]. 江苏农业科学，2021，49（4）：87-92.

[6] 李永平，贾民隆，梁峥，等. 3 种萱草属植物染色体核型分析[J]. 山西农业科学，2020，48（1）：32-34，86.

[7] 石从广，高燕会，柳新红，等. 3 种安息香属植物的根尖染色体核型分析[J]. 浙江林业科技，2017，37（3）：23-27.

[8] 李国泰. 百合科四种植物染色体的核型比较[J]. 中国林副特产，2017（6）：21-25.

[9] 张力鹏，郑书行，徐仲凯，等. 六个金银花栽培品种的核型分析[J]. 北方园艺，2017（6）：103-107.

[10] 莫饶，冷青云，黄明忠，等. 兰科 11 属 1 四种植物核型分析[J]. 云南植物研究，2009，31（6）：504-508.

[11] 王永，熊鹏飞，郑听，等. 药用植物白芨种质资源核型分析[J]. 种子，2021，40（2）：20-25，34.

[12] 段登文，许彬，孟静. 6 种食用玫瑰染色体核型分析及基因组大小测定[J]. 湖南农业科学，2021（8）：1-5.

[13] 黄星，李唯奇，贾艳霞，等. 6 种核桃基因组大小测定[J]. 云南农业大学学报（自然科学），2020，35（4）：688-692，707.

[14] 李淑洁，张金文，裴怀弟，等. 兰州百合同源四倍体诱导及其基因组大小估算[J]. 草业学报，2020，29（3）：190-196.

[15] 张苏炯，叶碧欢，陈友吾，等. 四种黄精属植物的基因组大小比较分析[J]. 森林

与环境学报，2022，42(2)：193-198.

[16] 齐香玉，陈双双，冯景，等. 3种瓣型茉莉基因组大小测定与比较[J]. 江苏农业科学，2020，48(19)：40-44.

[17] 林瀚，王晶晶，黄华星，等. 利用流式细胞技术测定和评估金线莲基因组大小[J]. 福建农林大学学报(自然科学版)，2020，49(6)：766-771.

[18] 林瀚，韩晓文，兰思仁，等. 基于流式细胞技术两种兰属植物基因组大小的测定[J]. 森林与环境学报，2019，39(6)：616-620.

[19] THE TOMATO GENOME CONSORTIUM. The tomato genome sequence provides insights into fleshy fruit evolution[J]. Nature，2012，485(7400)：635-641.

[20] 周建金，罗晓锋，江金兰，等. 中国部分野生黄精属植物的染色体核型分析[J]. 西北植物学报，2020，40(5)：795-810.

[21] 李懋学，陈瑞阳. 关于植物核型分析的标准化问题[J]. 武汉植物学研究，1985(4)：297-302.

[22] ARANO H. Cytological studies in subfamily carduoideae (compositae) of Japan，Ⅸ.[J]. Botanic Magazine，1963，76：32-39.

[23] Stebbins G L. Chromosomal evolution in higher plants[M]. London：Edward Arnold Ltd，1971.

[24] LEVAN A，FREDGA K，SANDBERG A A. Nomenclature for centrometic position on chromosomes[J]. Hereditas，1964，52：201-220.

[25] 段一凡，李岚，杨欣欣，等. 桂花及其近缘种倍性和基因组大小分析[J]. 南京林业大学学报(自然科学版)，2021，45(5)：47-52.

[26] 李春牛，李先民，黄展文，等. 利用流式细胞术鉴定茉莉花基因组大小和染色体倍性[J]. 热带作物学报，2021，42(5)：1231-1236.

外源亚精胺对盐胁迫下白芨苗生理生化的影响

1 前言

土壤盐碱化是由地表水溶性盐分在土壤中不断扩散和累积而成的,在正常情况下,非常难被直接利用。近年来,随着农业的快速发展,滥用化肥和灌溉方式不当,导致耕地不断盐碱化,盐碱化土地面积不断增大。盐碱土中最常见的盐主要包括 Na_2CO_3、$NaHCO_3$、NaCl 以及 Na_2SO_4。目前,有关盐胁迫对植物的影响多采用中性盐(NaCl)为研究对象,而盐碱地中对植物危害更大的碱性盐(Na_2CO_3)的研究少见报道。土壤中的盐含量是限制植物正常生长的重要因素之一。盐胁迫对植物的伤害主要是抑制种子萌发,幼苗生长。随着盐胁迫加剧,植物会停止生长,叶片面积停止增加,叶片变得肥厚,从而降低植物的光合效率,降低植物的产量。盐胁迫会明显的抑制植物的茎叶分化和减弱根系的正常生长。白芨是我国常用的中草药之一,具有止血收敛、消肿生肌、延缓皮肤衰老的功效,在日常生活中需求量很大。有研究表明施用外源水杨酸、亚精胺、生物炭、甜菜碱等对盐胁迫都有一定的缓解效应。

多胺是植物本身就有的渗透调节物质,能够有效缓解植物在逆境中受到的损害。多胺主要包括腐胺、亚精胺和精胺,其中亚精胺缓解植物逆境损害效果最好。研究表明,亚精胺对植物的生理效应缓解效果非常明显,能够显著提高植物体内抗氧化酶的活性,从而缓解逆境对植物的危害。田江丽发现喷施 0.5 mmol/L 的 Spd 溶液可有效提高北美冬青的光合速率和酶促系统的活性。张乃元发现菊花盐胁迫下,外源 Spd 缓解了菊花生长受到的抑制,提高了光合速率。安勐颖发现早熟禾在盐胁迫条件下,外源 Spd 能够有效缓解苗和根生长受到的抑制。王颖等研究发现叶面喷施 1.0 mmol/L Spd 可显著提高盐胁迫下单株菠菜的重量和叶绿素含量。

至今为止,外源 Spd 对植物抗逆境能力的研究,大多用于蔬菜和花卉方面。外源 Spd 对兰科植物抗逆境方面的研究从未见报道过,因此,本试验以 1 年生直播白芨苗为材料,通过叶片喷施 Spd,研究外源 Spd 对盐胁迫下白芨苗生理生化的影响,为解决提高白芨抗盐碱能力提供理论依据。

2 材料与方法

2.1 试验材料

供试材料为云南蒙自市合平中草药种植庄园（N：23.354 826°，E：103.367 856°，海拔 1 307 m）购买的 1 年生直播白芨苗。后移栽于凯里学院后山大棚内（N：26.516 626°，E：107.892 548°，海拔 925 m）。

2.2 试验仪器

紫外分光光度计、蒸馏水器、离心机、恒温水浴锅、制冰机等。

2.3 试验方法

本试验将长势相近的白芨苗置于蛭石营养槽中培养，白天温度为 26 ℃，夜间温度为 18 ℃。以 1/2 Hoagland's 营养液浇灌，浇灌周期为 3 天一次。

本试验采用 Na_2CO_3 对直播生长 1 年的白芨苗进行盐胁迫处理，然后用外源亚精胺对盐胁迫下的白芨苗进行喷施处理。盐浓度设置 3 个梯度分别为 4 g/L、6 g/L、8 g/L，亚精胺浓度设置 3 个梯度分别为 1 mmol/L（低浓度）、3 mmol/L（中浓度）和 5 mmol/L（高浓度），设置 2 个对照组，正常对照 CK1，胁迫对照 CK2，共 9 个处理，每个处理 12 株。先用盐溶液处理 9 天，每 3 天浇灌盐溶液一次，每次每株 250 mL。通过外观性状找出盐胁迫的最佳浓度，然后用配好的亚精胺溶液持续喷施盐处理后未枯死的白芨苗叶片正反面 10 天，每天喷施一次，喷施量为喷施 Spd 溶液至叶面正反面凝结成水珠滴落，Spd 处理 10 天后测定对照组和处理组丙二醛（Malondialdehyde）、脯氨酸（Proline）、过氧化氢酶（Catalase）、过氧化物酶（Peroxidase）和超氧化物歧化酶（Superoxide dismutase）生理指标。

MDA 含量的测定采用硫代巴比妥酸法，SOD 活性采用氮蓝四唑（NBT）光化还原法测定，POD 活性采用愈创木酚氧化法测定，Pro 含量测定采用磺基水杨酸法。CAT 活性的测定采用紫外吸收法测定。

2.4 数据处理

试验采用 Excel 进行数据统计，用 SPSS 软件对试验数据进行分析，处理间差异在 5%的显著水平下进行 SNK 检验。

3 结果与分析

3.1 外源 Spd 处理对盐胁迫下白芨苗形态的影响

见图 1，经过 9 天的盐溶液处理后，白芨苗的外观形态均有变化，其中盐浓度为 4 g/L 的白芨苗长势较好，叶片叶尖有轻微的黄化现象，随着盐浓度的增高，白芨苗叶尖的黄化程度逐渐加深，且叶片失水皱缩，直至盐浓度为 8 g/L 时，白芨苗植株失水枯死（图 1）。

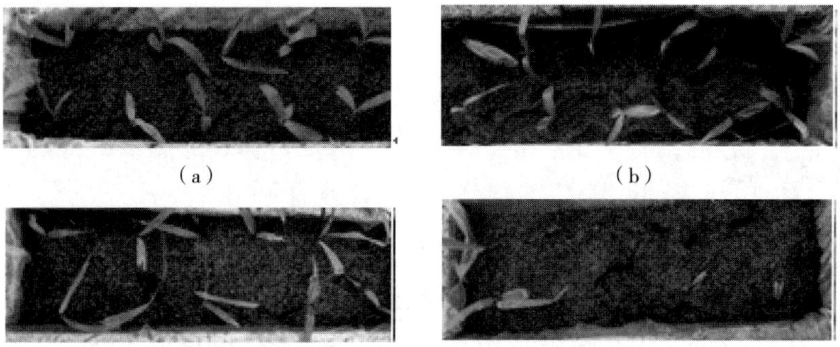

（a） （b） （c） （d）

图 1 盐胁迫后的白芨苗

（a）CK1；（b）4 g/L；（c）6 g/L；（d）8 g/L

通过方差显著性分析（见表 1），盐浓度为 8 g/L 时的白芨苗叶片枯黄率显著高于其他处理，正常苗和 4 g/L 盐胁迫的白芨苗叶片枯黄率无明显差异，6 g/L 盐胁迫的白芨苗叶片枯黄率则在两者之间。盐浓度为 8 g/L 时的白芨苗枯死率显著高于其他浓度。正常苗、4 g/L 和 6 g/L 三者之间的白芨苗枯死率无显著差异。表明 8 g/L 的盐浓度对白芨苗的胁迫效果已超过了其半致死率。

表 1 白芨叶片枯黄率及白芨枯死率

盐浓度（g/L）	白芨叶片枯黄率	白芨枯死率
0	25% ± 11.66% c	0 b
4	32% ± 2.74% c	5.55% ± 9.62% b
6	50% ± 3.66% b	8.33% ± 8.33% b
8	81% ± 4.82% a	63.89% ± 9.62% a

由图 2 及图 3 可知，经过 10 天的外源 Spd 处理后，可以明显地看出 3 mmol/L 处理的白芨苗长势较好，5 mmol/L 处理的白芨苗长势很差，1 mmol/L 的处理长势一般。经推测，1 mmol/L 和 3 mmol/L 的 Spd 处理可以缓解盐胁迫对白芨造成的伤害。

5 mmol/L 的 Spd 处理并不能缓解盐胁迫对白芨造成的伤害。

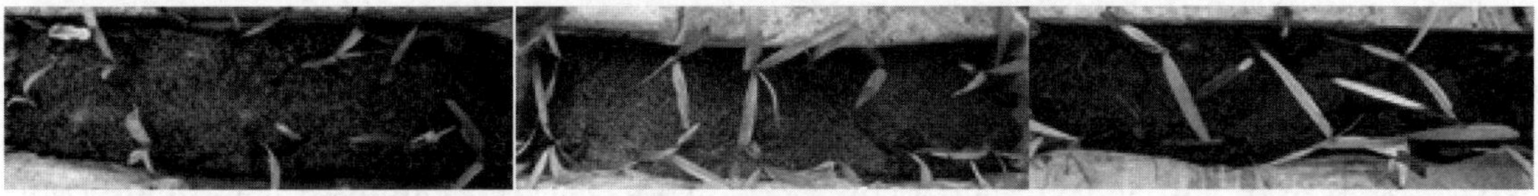

(a) (b) (c)

图 2　盐浓度为 4 g/L 缓解过后的白芨苗

(a)1 mmol/L;(b)3 mmol/L;(c)5 mmol/L

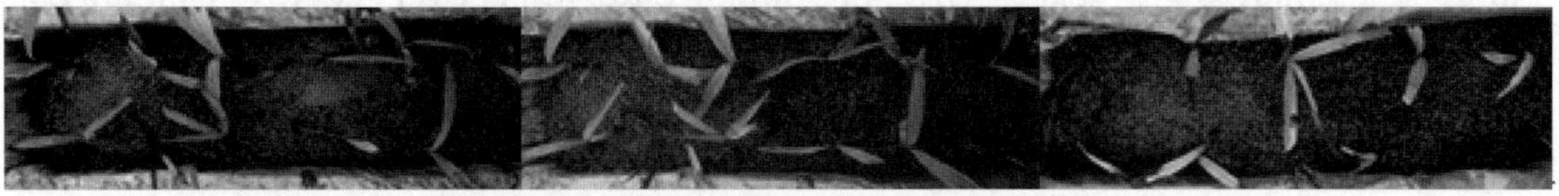

(a) (b) (c)

图 3　盐浓度为 6 g/L 缓解后的白芨苗

(a)1 mmol/L;(b)3 mmol/L;(c)5 mmol/L

3.2　外源 Spd 处理对盐胁迫下白芨苗 POD 活性的影响

通过组间方差显著性分析，3 mmol/L 的 Spd 处理组 POD 活性显著高于其他处理组。CK2 和 1 mmol/L 处理组的 POD 活性无显著差异，且显著高于 CK1 和 5 mmol/L 处理组，CK1 和 5 mmol/L 处理组无明显差异。由图 4 知，在 4 g/L 的盐处理条件下，经过不同浓度 Spd 处理，3 mmol/L Spd 处理后的白芨苗的 POD 活性得到明显提高，且显著高于其他处理组。CK2 和 1 mmol/L 处理无显著差异，且都高于 5 mmol/L 处理组。在 6 g/L 的盐胁迫条件下，1 mmol/L、3 mmol/L 和 CK2 处理无显著差异，CK1、CK2 和 5 mmol/L 处理的 POD 活性无显著差异。1 mmol/L 和 3 mmol/L 处理的 POD 活性显著高于 CK1 和 5 mmol/L 处理组。

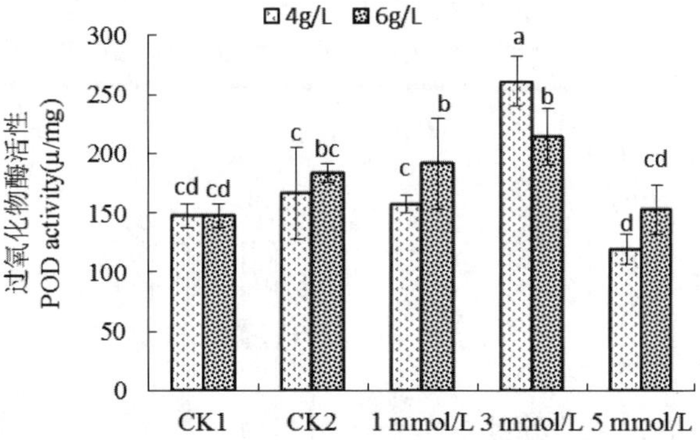

图 4　不同浓度 Spd 处理对盐胁迫下白芨苗 POD 的影响

3.3 外源 Spd 处理对盐胁迫下白芨 SOD 活性的影响

通过组间方差显著性分析，3 mmol/L Spd 处理的 SOD 活性显著高于其他处理。CK2 和 1 mmol/L 的 Spd 处理无显著差异。CK1 和 5 mmol/L 无显著差异，CK1 与 CK2 无显著差异。由图 5 可知，在盐浓度为 4 g/L 的条件下，1 mmol/L 和 3 mmol/L 的 Spd 处理使白芨的 SOD 活性得到了明显的提升，且都显著高于其处理。CK1、CK2 处理则无显著差异，且 CK2 显著高于 5 mmol/L 的处理。在盐浓度为 6 g/L 的条件下，3 mmol/L 的 Spd 处理显著高于 CK2 和 5 mmol/L 处理组，CK1、CK2、1 mmol/L 和 5 mmol/L 处理组则无显著差异。

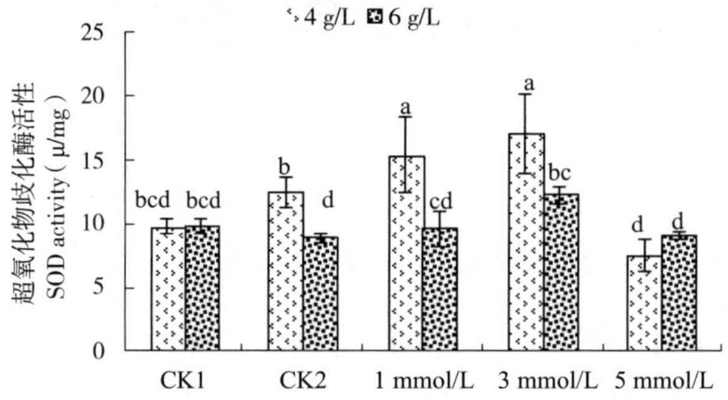

图 5　不同浓度 Spd 处理对盐胁迫下白芨苗 SOD 的影响

3.4 外源 Spd 处理对盐胁迫下白芨苗 CAT 活性的影响

通过组间方差显著性分析，3 mmol/L Spd 处理的 CAT 活性显著高于其他处理，且 CK1、CK2 和 5 mmol/L 的 Spd 处理无显著差异。1 mmol/L 处理组则位于两者之间。由图 5 可知，在盐浓度为 4 g/L 的处理下，3 mmol/L 的 Spd 显著高于其他处理组，且其他处理组无显著差异。在盐浓度为 6 g/L 的处理下，1 mmol/L 和 3 mmol/L 的 Spd 处理无显著差异，且都高于其他处理组。CK1、CK2 和 5 mmol/L 处理组则无显著差异。

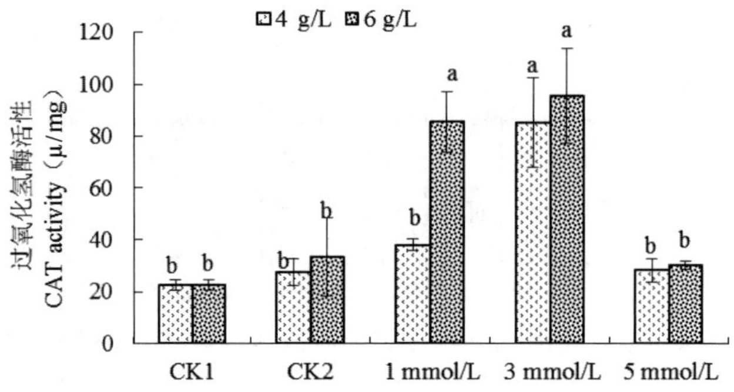

图 5　不同浓度 Spd 处理对盐胁迫下白芨苗 CAT 的影响

3.5 外源 Spd 处理对盐胁迫下白芨苗 MDA 含量的影响

通过组间显著性方差分析，CK1 与 3 mmol/L 处理组无显著性差异,且都低于其他处理组，CK2、1 mmol/L 和 5 mmol/L 无显著差异。由图 6 可知,在盐浓度为 4 g/L 的处理下，CK2、1 mmol/L 和 5 mmol/L 的 Spd 处理无显著差异,且都显著高于 CK1 和 3 mmol/L 的处理组。在盐浓度为 6 g/L 的处理下，CK2 和 5 mmol/L 的处理组 MDA 含量显著高于其他组，1 mmol/L 处理组的 MDA 含量显著高于 CK1 和 3 mmol/L 处理组,且显著低于 CK2 和 5 mmol/L 处理组。

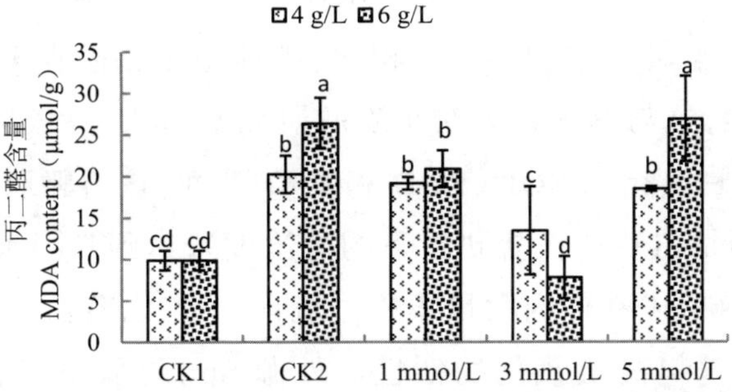

图 6　不同浓度 Spd 处理对盐胁迫下白芨苗 MDA 含量的影响

3.6 外源 Spd 处理对盐胁迫下白芨苗 Pro 含量的影响

通过组间方差显著性分析，CK2 显著高于 CK1，5 mmol/L Spd 处理后的白芨苗 Pro 含量显著高于其他处理组。在图 7 中,在盐浓度为 4 g/L 的处理下，5 mmol/L 的处理组 Pro 含量显著高于其他处理组，CK2 和 1 mmol/L 的 Pro 含量无显著差异,都显著高于 CK1 和 3 mmol/L，CK1 与 3 mmol/L 的处理组 Pro 含量无显著差异。在盐浓度为 6 g/L 的处理下，CK2 和 5 mmol/L 的 Pro 含量无显著差异，5 mmol/L 和 1 mmol/L 的处理组无显著差异。3 mmol/L 和 1 mmol/L 的处理组 Pro 含量无显著差异,且都显著高于 CK1。

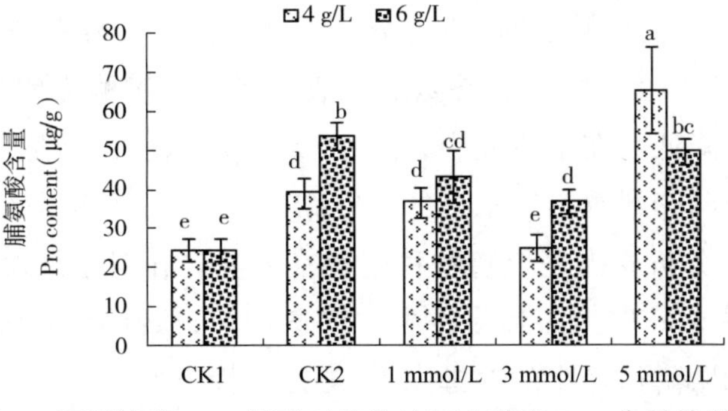

图 7　不同浓度 Spd 处理对盐胁迫下白芨苗 Pro 含量的影响

4 结论与讨论

在盐胁迫条件下，植物生长受到抑制。盐胁迫会促使植物叶绿素的分解，最直观的表现为叶片失绿、黄化。研究表明，植物在受到盐碱胁迫后，其抗氧化酶活性会有所提升，原因是植物在受到盐胁迫后，会产生大量的活性氧，从而其抗氧化酶活性提升，缓解自身受到的胁迫伤害。

在非生物胁迫下，植物会产生大量活性氧自由基，从而影响植物蛋白质的合成，破坏膜系统，使植物细胞严重受损甚至死亡，SOD、POD 和 CAT 是植物体内清除活性氧的主要抗氧化酶。在本研究中，与 CK1 相比，盐胁迫下白芨苗叶片的 SOD、POD 和 CAT 活性无显著差异，这与李翠香等对小麦的研究不一致。一定浓度的外源亚精胺能够显著提高盐胁迫下白芨苗的 SOD、POD 和 CAT 活性，这与郭双等对颠茄的研究结果保持一致。分析原因是白芨苗在盐胁迫下的盐浓度未达到其半致死浓度，以致白芨苗体内的平衡未完全打破，未在体内大量累积过氧化产物，白芨苗体内的活性氧清除系统未启动，所以不能显著提高抗氧化酶活性。外源 Spd 能够显著提高白芨苗的 SOD、POD 和 CAT 活性，分析原因可能是 Spd 结合在抗氧化酶分子上，改变了酶的构象，使单位酶活性提高了。

MDA 是植物膜系统稳定与否的重要指标，盐胁迫和其他逆境胁迫一样最先攻击植物的膜系统，导致膜脂过氧化分解和膜脂脱脂化作用，使膜的完整性、差别透性被破坏，电解质及某些小分子有机物大量渗漏，细胞物质交换平衡被破坏。在盐胁迫条件下，植物体内的 MDA 会大量累积，外源 Spd 喷施能够有效降低 MDA 的含量，缓解盐胁迫对植物造成的危害 。这与本研究中一定浓度的外源 Spd 能够显著降低白芨苗 MDA 的含量结果相似。原因是外源 Spd 显著提高了白芨苗体内抗氧化酶的活性，SOD 催化 O_2^-转化为 O_2 和 H_2O_2，POD 和 CAT 进一步清除 H_2O_2，缓解膜脂过氧化，降低 MDA 的含量。

脯氨酸在植物受到逆境胁迫时，体内脯氨酸含量会大量累积，其鸟氨酸合成途径中关键酶精氨酸酶和 OAT 活性增强，谷氨酸合成途径中关键酶无明显变化，降解途径中关键酶 ProDH 活性降低。在本研究中，随着外源 Spd 浓度的增加，Pro 的含量呈先下降后上升的趋势，这与李翠香等对水稻的研究结果不一致，但与张纪涛等对番茄幼苗的研究结果保持一致. 分析原因是植物物种间存在差异。在对于外源 Spd 对盐胁迫下白芨苗的缓解，可能是 Spd 作为一种多胺参与渗透调节，使脯氨酸-鸟氨酸合成途径中的关键酶活性降低，而降解途径中的关键酶 ProDH 活性上升，从而使脯氨酸含量降低，缓解盐胁迫对白芨苗造成的伤害程度。

本研究中，在低盐胁迫下，低浓度的 Spd 不能有效提高 POD 和 CAT 的活性，但能有效提高 SOD 的活性，也不能降低白芨 MDA 和 Pro 的含量。中浓度的 Spd 能够有效提高 POD、SOD 和 CAT 的活性。高浓度的 Spd 不能提高 SOD 和 CAT 的活性，也不能降低 MDA 和 Pro 的含量。在中盐胁迫下，低浓度的 Spd 处理不能提高 POD 和 SOD 的活性，但能有效提高 CAT 的活性，亦不能降低 MDA 和 Pro 的含量。中浓度的 Spd 处理不能显著提高 POD 和 SOD 的活性，但能显著提高 CAT 的活性，亦能降低 MDA 和 Pro 含量，与 CK2 存在显著差异。高浓度的 Spd 处理下 POD、SOD、CAT、MDA 与 CK2 无显著差异，且 Pro 含量显著高于 CK2，表明高浓度 Spd 并不能缓解盐胁迫对白芨苗造成的伤害。从总体来看，高浓度的 Spd 并不能缓解盐胁迫对白芨苗造成的伤害，甚至造成了双重胁迫。

综上所述，3 mmol/L 的 Spd 能够有效提高白芨苗 POD、SOD 和 CAT 的活性，降低 MDA 和 Pro 的含量。5mmol/L 的 Spd 不能缓解胁迫对白芨苗造成的伤害。

参考文献

[1] 周道玮，李强，宋彦涛，等. 松嫩平原羊草草地盐碱化过程[J]. 应用生态学报，2011，22(6)：1423-1430.

[2] 张蓉蓉. 土壤盐碱化的危害及改良方法[J]. 现代农业科技，2019(21)：178-179.

[3] 谭勇，刘雨婷，汝梅，等. 干旱和盐胁迫对知母种子发芽的影响[J]. 北方园艺，2019(11)：112-116.

[4] 苏兰茜，白亭玉，鱼欢，等. 盐胁迫对 2 种菠萝蜜属植物幼苗生长及光合荧光特性的影响[J]. 中国农业科学，2019，52(12)：2140-2150.

[5] 刘云芬，彭华，王薇薇，等. 植物耐盐性生理与分子机制研究进展[J]. 江苏农业科学，2019(12)：30-36.

[6] 杨少辉，季静，王罡，等. 盐胁迫对植物影响的研究进展[J]. 分子植物育种，2006(S1)：139-142.

[7] 李国树，徐成东，李天星，等. 铁皮石斛组培苗耐盐性研究[J]. 北方园艺，2011(1)：153-156.

[8] 龚晔，景鹏飞，魏宇昆，等. 中国珍稀药用植物白芨的潜在分布与其气候特征[J]. 植物分类与资源学报，2014，36(2)：237-244.

[9] 郝转. 水杨酸对盐胁迫黑果枸杞种子萌发的影响[J]. 贵州农业科学，2019，47(3)：101-104.

[10] 倪秀珍，徐基森，蔡佶烨，等. 外源亚精胺浸种对 NaCl 胁迫下三种牧草种子萌

发特性的影响[J]. 黑龙江畜牧兽医，2019(9)：118-121.

[11] 刘城志. 生物炭缓解山定子盐胁迫的生理基础研究[D]. 沈阳：沈阳农业大学，2018.

[12] 严青青，张巨松，代健敏，等. 甜菜碱对盐碱胁迫下海岛棉幼苗光合作用及生物量积累的影响[J]. 作物学报，2019，45(7)：1128-1135.

[13] MINOCHA R，MAJUMDAR R，MINOCHA S C. Polyamines and abiotic stress in plants：a complex relationship[J]. Frontiers in Plant Science，2014，5：175-191.

[14] DUAN J，LI J，GUO S，et al. Exogenous spermidine affects polyamine metabolism in salinity-stressed Cucumis sativus roots and enhances short-term salinity tolerance[J]. Journal of Plant Physiology，2008，165(15)：1620-1635.

[15] KASUKABE Y，HE L，NADA K，et al. Overexpression of spermidine synthase enhances tolerance to multiple environmental stresses and upregulates the expression of various stress-regulated genes in transgenic Arabidopsis thaliana[J]. Plant and Cell Physiology，2004，45(6)：712-722.

[16] 田江丽. 外源亚精胺对盐胁迫下北美冬青生理生化特性的影响[D]. 杭州：浙江农林大学，2017.

[17] 张乃元. 盐胁迫下外源亚精胺对菊花幼苗的保护机制[D]. 南京：南京农业大学，2016.

[18] 安勐颖. 外源亚精胺对草地早熟禾耐盐性影响的研究[D]. 北京：北京林业大学，2015.

[19] 王颖，郭世荣，束胜，等. 外源亚精胺对盐胁迫下菠菜叶绿素合成前体含量的影响[J]. 西北植物学报，2015，35(10)：2026-2034.

[20] 李丹阳，闫永庆，殷媛，等. 外源 Spd 和 NO 对盐胁迫下玉竹脯氨酸代谢途径的影响[J]. 河南农业科学，2018，47(6)：111-116.

[21] 邵长安. 外源水杨酸对盐碱胁迫下燕麦生理的影响[D]. 呼和浩特：内蒙古师范大学，2019.

[22] 赵晓东. 小白菜耐热生理生化指标及遗传多样性的研究[D]. 南昌：江西农业大学，2013.

[23] 周欢欢. 干旱胁迫及复水对波叶金桂生理生化的影响[D]. 杭州：浙江农林大学，2019.

[24] 冯瑞军，伍国强. 甜菜耐盐性生理及其分子水平研究进展[J]. 中国糖料，2015，

37(6): 60-65,70.

[25] 刘萍，范七君，牛英，等. 次氯酸钙处理对金柑采后腐烂及抗氧化物酶活性的影响[J]. 果树学报，2016，33(9): 1148-1155.

[26] 李翠香，刘利芬，伊艳杰，等. 外源亚精胺对盐胁迫下小麦幼苗生长的影响[J]. 安徽农业科学，2011，39(4): 1978-1979,1999.

[27] 郭双，卢克欢，张翠平，等. 外源亚精胺对盐胁迫下颠茄生理特性和生物碱积累的影响[J]. 西南大学学报(自然科学版)，2018，40(1): 43-49.

[28] 王燕，刘青，华春，等. 外源亚精胺对盐胁迫下水稻根系抗氧化酶活性的影响[J]. 西北农业学报，2009，18(6): 161-165.

[29] 李娜，陈红，裴孝伯. 外源亚精胺对盐胁迫下黄瓜幼苗耐盐性的影响[J]. 热带作物学报，2013，34(7): 1359-1364.

[30] 萨日娜. 外源亚精胺对盐胁迫下白刺体内抗氧化酶和内源多胺的影响[D]. 呼和浩特:内蒙古大学，2013.

[31] 张纪涛，胡晓辉，李翠. 外源亚精胺(Spd)对盐胁迫下番茄幼苗生理生化指标的影响[J]. 长江蔬菜，2010(16): 25-28.

不同浓度亚精胺处理对白芨干旱胁迫的缓解效应

1 前言

1.1 白芨的研究现状

白芨是兰科白芨属的多年生草本植物。它喜温暖、阴湿的环境，适合在含水量高、土质松软的地块生长。野生白芨主要分布于贵州、长江流域和云南等地。白芨具有重要的药用价值，常用于保湿、收敛止血及促进烧伤愈合。

贵州是我国喀斯特地貌最典型的地区，其特点是土层浅、可耕地面积小、贮水及保水能力较差，加上岩层渗水性强，导致该地区常年面临不同程度的干旱问题。近30年来，贵州的年均气温呈上升趋势，而年均降水量则呈下降趋势，这种长期的干旱环境对野生和人工栽培白芨的产量和品质造成了显著影响。

干旱胁迫对植物的生长有诸多不利影响，包括限制根系生长、降低光合作用速率、破坏细胞膜结构，以及影响抗氧化酶活性和可溶性糖的积累。针对干旱胁迫，学者们提出了一些缓解措施，例如在干旱期增施氮肥或喷施外源物质，以帮助植物更好地应对干旱条件。

外源物质在缓解植物干旱胁迫方面已被证明是一种有效且快速的方法。大量研究表明，通过人工施加外源物质如脱落酸（ABA）、水杨酸（SA）、亚精胺（Spd）等，能够显著提升植物的抗旱能力。

具体来说，李丽杰研究发现，外源Spd与植物的抗逆性密切相关。喷施Spd可以提高玉米在干旱胁迫下的叶片相对含水量和叶绿素含量，从而减轻干旱对植物的损害，帮助植物在干旱条件下维持正常生长。刘球等人的研究也表明，喷施不同浓度的外源Spd可以有效防止红椿在干旱胁迫下叶片含水量和叶绿素含量的下降，减少抗氧化酶活性受到的负面影响，并保护渗透调节功能不受破坏。

然而，尽管外源Spd在缓解干旱胁迫方面表现出显著效果，但针对兰科植物的相关研究较少，尤其是以白芨作为研究对象的研究尚未见报道。因此，开展外源Spd对白芨抗旱能力的研究,不仅有助于填补这一领域的空白,还可能为白芨在干旱环境下的栽培和保护提供新的解决方案。

1.2 研究的目的与意义

为了解决野生白芨与人工栽培白芨因干旱胁迫造成损伤导致白芨品质下降和减产的问题,本试验通过对白芨进行干旱胁迫处理后,再对其施加不同浓度的外源 Spd 处理,观察并测量白芨的生理指标,并对其各个生理指标进行系统分析。探讨其变化规律与白芨在外源 Spd 不同浓度下的耐旱性,筛选出对白芨缓解干旱胁迫的 Spd 最佳浓度,为保护野生白芨资源与白芨高产栽培提供技术支持。

2 材料与方法

2.1 试验材料

试验地设置在凯里学院试验园地的温室大棚内,该地的经度为东经 107.917 389°,纬度为北纬 26.486 671°,海拔为 815 m。以购于湖北宜昌远安县的紫花三叉白芨带芽块茎为试验材料,其经度为东经 111.777 023°,纬度为北纬 31.205 511°,海拔为 426 m。选取芽饱满、根系完整、无病虫害、生长状态良好的带芽块茎于 3 月中旬进行盆栽种植,栽培基质为园土、椰糠、松针土,比例为 1∶1∶1。每盆栽植 1 个块茎,栽培完成后移至温室大棚中,进行每三日浇水一次、不定期除草以及防治病虫害等常规管理。

2.2 试验方法

2.2.1 干旱胁迫处理

待苗长齐后进行二次筛选,将长势相近、无病虫害的健壮白芨苗筛选出来,对其采用烘干法测定出盆栽培养基质的土壤含水量,控制 3 种不同程度的干旱胁迫处理,其中轻度干旱胁迫的土壤含水量为 55%~60%,中度干旱胁迫的土壤含水量为 40%~45%,重度干旱胁迫的土壤含水量为 25%~30%。每个处理 4 × 17 盆,重复 3 次。连续胁迫 7 天后对其进行外源 Spd 处理。

2.2.2 Spd 处理

在干旱胁迫处理完毕后,在其基础上进行 3 种浓度的外源 Spd 处理(低浓度:0.5 mmol/L、中浓度:1.0 mmol/L、高浓度:2.0 mmol/L),空白对照组喷施 Spd 浓度为 0.0 mmol/L 的蒸馏水,Spd 只对白芨从下部向上数前 4 片叶进行喷施,以叶片凝结水珠并滴落为止。连续喷施 3 天结束。每个处理 17 盆,重复 3 次。

2.2.3 生理指标测定

本试验分别采用蒽酮比色法测定白芨块茎可溶性糖含量;紫外分光光度法测定过氧化氢酶活性;硫代巴比妥酸法测定丙二醛含量;茚三酮比色法测定脯氨酸含量;愈创木酚氧化法测定过氧化物酶活性;氮蓝四唑光化还原法测定超氧化物歧化酶活性。

2.2.4 数据处理

试验数据采用 Excel 进行统计;所有的数据用 DPS7.05 软件进行分析,处理间差异在 5%的显著水平下进行 SNK 检验。

3 结果与分析

3.1 Spd 对不同干旱胁迫下可溶性糖含量的影响

通过组间方差分析可知,在干旱胁迫处理下,轻、中、重干旱胁迫之间的可溶性糖含量存在显著性差异,糖含量表现为:中干旱>重干旱>轻干旱。在 Spd 处理下,中浓度处理的可溶性糖含量显著高于对照组和高浓度;对照组显著低于低浓度;低浓度处理与高浓度无明显差异。

由组内方差分析(图 1)可知, Spd 低浓度处理的可溶性糖含量在轻、重干旱胁迫下显著高于对照组且与中、高浓度无明显差异,在中干旱胁迫下与对照组无明显差异;中浓度处理在中干旱胁迫下显著高于对照组、低、高浓度,在轻、重干旱胁迫下与对照组无明显差异;高浓度处理在重干旱胁迫下显著高于对照组且与低、中浓度无明显差异,在轻、中干旱胁迫下与对照组无明显差异。表明低浓度 Spd 仅在轻、重干旱胁迫下可溶性糖含量显著提升,但和中浓度无明显差异;高浓度 Spd 仅在重干旱胁迫下可溶性糖含量显著提升但和中浓度无明显差异;中浓度 Spd 在轻、重干旱胁迫下对可溶性糖含量的提升效果不明显,但在中干旱胁迫下效果明显高于低、高浓度。

3.2 Spd 对不同干旱胁迫下 MDA 含量的影响

通过组间方差分析可知,在干旱胁迫处理下,轻、中、重干旱胁迫之间的丙二醛含量差异显著,丙二醛含量为:重干旱>中干旱>轻干旱。在 Spd 处理下,对照组的 MDA 含量显著高于低浓度、中、高浓度;中、高浓度处理显著低于低浓度且二者无明显差异,随着 Spd 浓度的升高 MDA 呈先下降后不变的趋势。

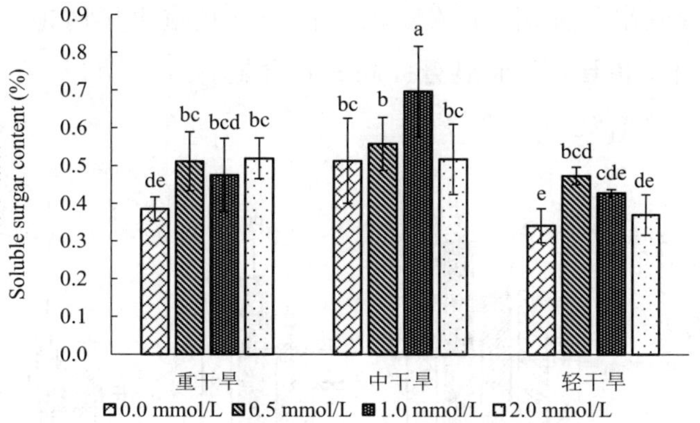

图 1　Spd 对不同干旱胁迫下可溶性糖含量的影响

由组内方差分析(图 2)可知,重、中干旱胁迫下的对照组的 MDA 含量均显著高于低、中、高浓度;中、高浓度处理显著低于低浓度且二者无明显差异;轻干旱胁迫下的对照组、低浓度处理显著高于中、高浓度且二者无明显差异;中浓度处理与高浓度无明显差异。表明在 3 种干旱胁迫下中、高浓度 Spd 均能显著降低 MDA 含量,而低浓度 Spd 仅在中、重干旱胁迫下能显著降低 MDA 含量且效果不及中、高浓度。

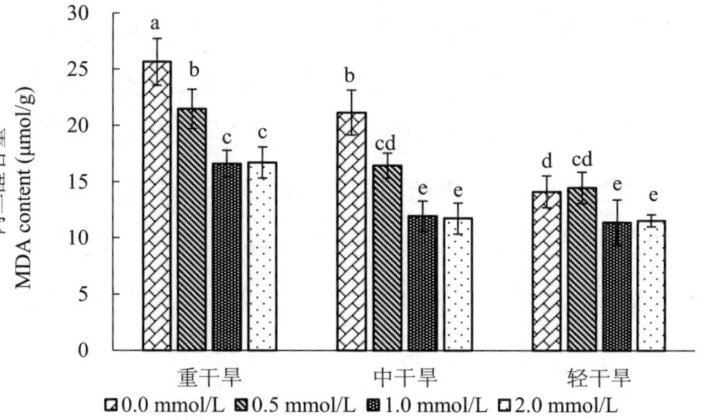

图 2　Spd 对不同干旱胁迫下 MDA 含量的影响

3.3　Spd 对不同干旱胁迫下 Pro 含量的影响

由组间方差分析可知,在干旱胁迫处理下,轻、中、重干旱胁迫之间的 Pro 含量差异显著,Pro 含量为:重干旱>中干旱>轻干旱。在 Spd 处理下,中、高浓度处理的 Pro 含量显著高于对照组和低浓度且二者无明显差异;对照组与低浓度无明显差异。

由组内方差分析(图 3)可知,低浓度 Spd 处理在中干旱胁迫下显著高于对照组,但显著低于中、高浓度,在轻、重干旱胁迫下与对照组无明显差异;中、高浓度处理在中、重干旱胁迫下显著高于对照组且二者无明显差异,但在轻干旱胁迫下中浓度处理显著高于对照组,而高浓度与对照组无明显差异。表明低浓度 Spd 在 3 种程度干旱胁迫下提高 Pro 含量的效果不显著;中浓度无论在轻、中、重干旱胁迫下均能显著提高 Pro 含量;高浓度仅在中、重干旱下能显著提高 Pro 含量。

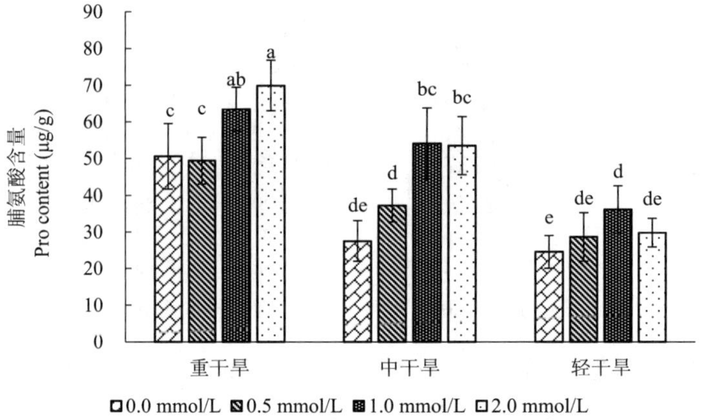

图 3 Spd 对不同干旱胁迫下 Pro 含量的影响

3.4 Spd 对不同干旱胁迫下 CAT 活性的影响

由组间方差分析可知,在干旱胁迫处理下,重干旱胁迫处理的 CAT 活性显著低于中、轻干旱;中干旱与轻干旱胁迫处理无明显差异。在 Spd 处理下,中、高浓度处理的 CAT 活性显著高于对照组和低浓度且二者无明显差异;对照组与低浓度无明显差异。

由组内方差分析(图 4)可知,低、中浓度 Spd 处理在轻、中、重干旱胁迫下与对照组均无明显差异,且中浓度处理与高浓度均无明显差异;高浓度处理在轻、中干旱胁迫下显著高于对照组,在重干旱胁迫下与对照组无明显差异。表明在轻、中干旱胁迫下只有高浓度能显著提高 CAT 活性,而到了重干旱胁迫,高浓度对酶活性的提升也没有显著效果。

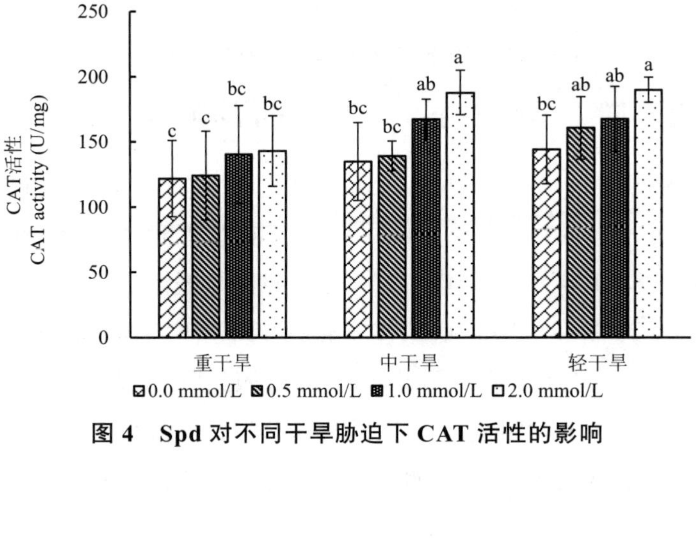

图 4 Spd 对不同干旱胁迫下 CAT 活性的影响

3.5 Spd 对不同干旱胁迫下 POD 活性的影响

由组间方差分析可知，在干旱胁迫处理下，轻、中、重干旱胁迫处理的 POD 活性差异显著，活性为：轻干旱>中干旱>重干旱。在 Spd 处理下，高浓度处理的 POD 活性显著高于对照组、低、中浓度；对照组和低浓度处理显著低于中浓度且二者无明显差异。

由组内方差分析（图 5）可知，低浓度 Spd 处理在轻、中、重干旱胁迫下与对照组均无明显差异；中浓度处理在轻干旱胁迫下显著高于对照组但显著低于高浓度处理，在中、重干旱胁迫下与对照组无明显差异；高浓度处理在轻、中、重干旱胁迫下均显著高于对照组。表明高浓度 Spd 对三种干旱胁迫下的 POD 活性均有显著提升效果，中浓度 Spd 仅在轻干旱胁迫下效果显著，低浓度没有明显效果。

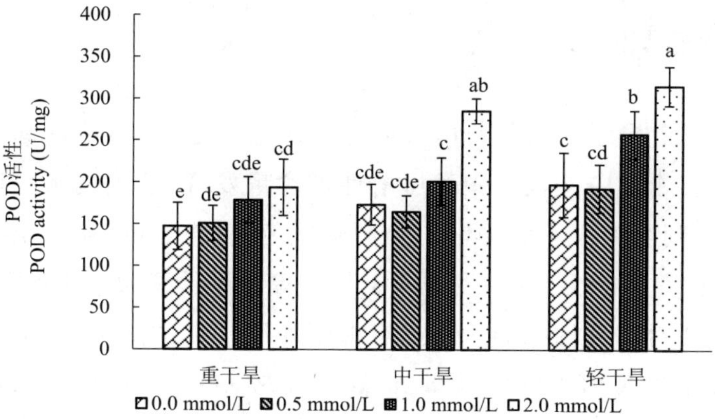

图 5 Spd 对不同干旱胁迫下 POD 活性的影响

3.6 Spd 对不同干旱胁迫下 SOD 活性的影响

由组间方差分析可知，在干旱胁迫处理下，轻、中、重干旱胁迫处理的 SOD 活性差异显著，SOD 活性表现为：中干旱>轻干旱>重干旱。在 Spd 处理下，高浓度处理的 SOD 活性显著高于对照组和低浓度；对照组显著低于低、中浓度；低浓度处理与中浓度无明显差异。

由组内方差分析（图 6）可知，低浓度处理在重干旱胁迫下显著高于对照组，在轻、中干旱胁迫下与对照组无明显差异；中浓度处理在轻、重干旱胁迫下显著高于对照组，在中干旱胁迫下与对照组无明显差异；高浓度处理在轻、中、重干旱胁迫下均显著高于对照组，且在轻干旱胁迫下显著高于低浓度；在中、重干旱胁迫下，低、中、高浓度处理三者之间均无明显差异。表明高浓度 Spd 在 3 种干旱胁迫下均能使白芨 SOD 活性显著提高，低浓度仅在重干旱胁迫下效果显著，中浓度仅在轻、重干旱胁迫下效果显著。

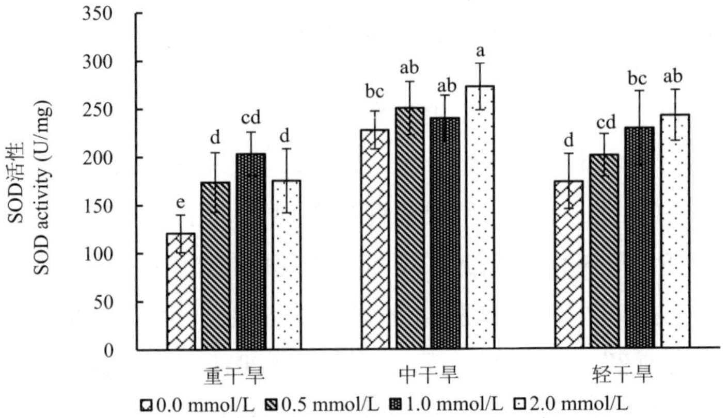

图 6 Spd 对不同干旱胁迫下 SOD 活性的影响

4 结论与讨论

多糖含量的测定是评估白芨药用价值的关键指标之一,可溶性糖作为多糖合成的基石。本研究通过测定白芨块茎中的可溶性糖含量发现,适度的干旱环境能够促进其积累,而过度干旱则会产生不利影响。外源喷施亚精胺(Spd)在一定程度上增强了白芨块茎的可溶性糖积累能力,这一发现与王伟丽等在马铃薯块茎中的研究结果相呼应,尽管后者指出 Spd 对可溶性糖的积累具有抑制作用。在本试验中,不同浓度 Spd 处理在不同干旱程度下展现出不同的效果,但跨组比较显示,中度干旱条件下 1.0 mmol/L Spd 处理相较于 0.5 mmol/L 和 2.0 mmol/LSpd 处理表现出更显著的提升效果。

丙二醛(MDA),作为膜脂过氧化的最终产物,其含量可反映膜的损害程度及植物的抗逆性。本研究结果表明,随着干旱胁迫的加强,白芨所受损伤加剧, MDA 生成增多,膜损伤加重。喷施 Spd,可以显著抑制 MDA 的产生,从而保护植物。这与李东等在烤烟幼苗中的研究结果基本一致,但在该研究中, MDA 含量随着 Spd 浓度的增加呈现出先降后升的趋势,而本研究中则观察到 MDA 含量随 Spd 浓度增加而降低后趋于稳定。在本试验中,随着 Spd 浓度的增加,抑制效果更为显著, 1.0 mmol/L 和 2.0 mmol/L 的 Spd 在轻、中、重度干旱条件下的效果最佳,而 0.5 mmol/L 的 Spd 仅在中、重度干旱条件下效果明显,但不及中等浓度处理和高浓度处理,以 1.0 mmol/L 和 2.0 mmol/LSpd 处理对降低 MDA 含量效果最为显著。

渗透调节是植物适应干旱的一种生理机制,脯氨酸(Pro)在此过程中发挥着关键作用,与植物的抗旱性紧密相关。在水分缺乏的情况下,植物难以有效吸收矿物质,通过积累 Pro 与蛋白质结合,增加蛋白质的水合作用,从而增大根系与土壤之间的水势差,有利于植物吸收水分并减少散失。通过对白芨叶片 Pro 含量的测定发现, Pro 含量随干旱胁迫的加剧而增加，这是植株对外界逆境的一种反应。喷施 Spd，可以进一步增强白芨 Pro 的积累能力，外源 Spd 的施用显著提高了叶片的 Pro 含量。这与王芳等在玉米幼苗研究中的发现相吻合。在本试验中，1.0 mmol/L 的 Spd 在所有三种干旱胁迫下均显著促进了 Pro 的积累，而 2.0 mmol/L 的 Spd 在中度和重度干旱条件下的效果与 1.0 mmol/L 相近，但在轻度干旱条件下效果不明显，0.5 mmol/L 的 Spd 在所有干旱条件下效果均不显著。

植物在干旱胁迫下，植株体内会产生危害自身细胞的活性氧，可以通过提高抗氧化的保护酶（CAT、POD、SOD）活性以减少植株受到的伤害，维持细胞膜稳定。SOD 能够催化超氧阴离子自由基歧化生成氧和过氧化物，紧接着由 POD 和 CAT 反应生成无害的水。试验发现：随着干旱胁迫的加剧，植物体内的 CAT、POD 活性均会降低，SOD 活性在中度干旱环境下反而有所提高，随着胁迫的加重，SOD 活性也会受到影响而降低。喷施 Spd 可以一定程度上缓解抗氧化酶活性受干旱胁迫的影响。与吴旭红等研究燕麦幼苗中的结论相似。本试验中，高浓度（2.0 mmol/L）的 Spd 在三种干旱胁迫下对 POD、SOD 活性的提高效果明显，在轻、中干旱胁迫下对 CAT 活性提高效果显著；中浓度（1.0 mmol/L）仅在轻干旱胁迫下能明显提升 POD 活性，在轻、重干旱胁迫下能显著提升 SOD 活性，在三种干旱胁迫下对 CAT 活性均无明显提升效果；低浓度（0.5 mmol/L）在三种干旱胁迫下对 CAT、POD 活性均无明显提升效果，仅在重干旱胁迫下能显著提升 SOD 活性。但是除了在轻、中干旱胁迫下高浓度对 POD 的活性提升显著高于中浓度外，两者对其他抗氧化酶活性的提升均无明显差异。

综上所述，在干旱胁迫环境下，喷施外源 Spd，可以提升白芨叶片中的 Pro 含量、抗氧化酶活性以及可溶性糖含量，并且可以很大程度上抑制 MDA 含量的升高。其中对于块茎可溶性糖、叶片 Pro 含量，本试验缓解白芨干旱胁迫的最佳浓度为 1.0 mmol/L，其次是 2.0 mmol/L。对于抗氧化酶活性，本试验缓解白芨干旱胁迫的最佳浓度为 2.0 mmol/L，其次是 1.0 mmol/L。1.0 mmol/L、2.0 mmol/L 浓度在抑制 MDA 含量上效果相近。考虑到白芨人工栽培的药品成本与经济效益，即 1.0 mmol/L 浓度更适合在大规模人工栽培白芨上使用。

参考文献

[1] 中国植物志编纂委员会. 中国植物志：第十八卷·兰科（二）[M]. 北京：科学出版社，1999.

[2] 余林生. 浅析中草药白芨的栽培技术[J]. 南方农业，2019，13（5）：29-30.

[3] 杨茗雅. 浅谈白芨种植技术与发展前景[J]. 云南农业，2018（3）：74-75.

[4] 成岁明，王凡，王娟. 白芨规范化高产栽培技术[J]. 基层农技推广，2018，6(8)：76-77.

[5] 孔令姗. 白芨多糖的提取与功效研究[D]. 上海：上海应用技术学院，2015.

[6] 杨雷，吴冰，赵昭，等. 白芨胶在Ⅱ度烧伤创面愈合治疗中的临床疗效观察[J]. 深圳中西医结合杂志，2018，28(2)：54-55.

[7] 廖留峰，杨富燕，张东海，等. 气候变化背景下贵州夏旱变化特征分析[J]. 中低纬山地气象，2019，43(2)：29-33.

[8] 叶秀江. 近30年贵州气候变化时空特征分析[J]. 安徽农学通报，2018，24(10)：129-132,138.

[9] 樊利华，周星梅，吴淑兰，等. 干旱胁迫对植物根际环境影响的研究进展[J]. 应用与环境生物学报，2019(5)：1-12.

[10] 项雯慧，张林平，王洋，等. 不同浓度PEG胁迫对甘草幼苗光合特性的影响[J]. 内蒙古农业大学学报(自然科学版)，2020(1)：1-8.

[11] 齐佳，岳桦，王莹. 羊耳蒜对土壤自然干旱胁迫的响应[J]. 江西农业学报，2009，21(3)：83-85.

[12] 杨斯亮. 几种沙生植物保护性酶和代谢产物的变化及耐旱性比较[D]. 呼和浩特：内蒙古农业大学，2018.

[13] 孙龙飞. 园林植物光合生理特征研究进展[J]. 南方农业，2018，12(23)：124-125,128.

[14] 何梦迪，钟宣伯，周启政，等. 氮肥缓解苗期干旱对小麦根系形态建成及生理特性的影响[J]. 核农学报，2019，33(11)：2246-2253.

[15] 马仲炼，周航飞，谢小玉. 外源水杨酸(SA)与甜菜碱(GB)对干旱胁迫下辣椒开花结果期光合特性的影响[J]. 北方园艺，2019(11)：18-23.

[16] 祝长龙，刘占国，施冰，等. 外源脱落酸对干旱胁迫下美国红枫抗旱性的影响[J]. 林业科技，2019，44(3)：18-21.

[17] 王强，尹相博. 外源亚精胺对干旱胁迫下狼牙刺幼苗叶片的影响[J]. 自然博物，2014：38-43.

[18] 李丽杰. 外源亚精胺(Spd)对玉米干旱胁迫的缓解效应及调控机理[D]. 哈尔滨：东北农业大学，2019.

[19] 刘球，吴际友，杨硕知，等. 外源亚精胺防御红椿干旱胁迫生理损伤的最佳浓度筛选[J]. 中南林业科技大学学报，2019，39(5)：10-15.

[20] 徐爱珍，胡建民，熊永，等. TDR法、干烧法及烘干法测定土壤含水量的比较研

究[J]. 水资源与水工程学报，2018，29(2)：253-256.

[21] 桑子阳，马履一，陈发菊. 干旱胁迫对红花玉兰幼苗生长和生理特性的影响[J]. 西北植物学报，2011，31(1)：109-115.

[22] 丁雪梅，张晓君，赵云，等. 蒽酮比色法测定可溶性糖含量的试验方法改进[J]. 黑龙江畜牧兽医，2014(23)：230-233.

[23] 王群，刘朝巍，徐文娟. 紫外分光光度法测定玉米过氧化氢酶活性新进展[J]. 中国农学通报，2016，32(15)：159-165.

[24] 赵晓东. 小白菜耐热生理生化指标及遗传多样性的研究[D]. 南昌：江西农业大学，2013.

[25] 黎笑兰，张新广，尹少萍. 白芨多糖抑制溃疡性结肠炎大鼠炎性反应与氧化应激[J]. 基础医学与临床，2020，40(2)：224-228.

[26] 王伟丽. 北美冬青 ISSR 分析及外源亚精胺对其响应干旱胁迫的影响[D]. 杭州：浙江农林大学，2018.

[27] 任海，张诺，华智杰，等. 甲醛对鲫血清抗氧化酶活性和丙二醛含量的影响[J]. 水产学杂志，2019，32(6)：36-40.

[28] 李冬，王艳芳，申洪涛，等. 外源亚精胺对渗透胁迫下烤烟幼苗生长及生理特性的影响[J]. 烟草科技，2019，52(9)：1-9.

[29] 郭春芳，孙云. 干旱胁迫下植物的渗透调节及脯氨酸代谢研究进展[J]. 福建教育学院学报，2015，16(1)：114-118,128.

[30] 王芳，王铁兵，李鹏德. 外源 ABA 对干旱胁迫下玉米幼苗氧化损伤的保护作用[J]. 草业科学，2019，36(11)：2887-2894.

[31] RIES S K. 超氧化物歧化酶 II. 幼苗中水溶性蛋白的纯化及其与定量的关系[J]. 植物生理学，1977，59(6)：315-318.

[32] 姜银兵，杨玉荣，郑启华. 外源一氧化氮对干旱胁迫下苜蓿幼苗抗氧化酶活性和叶绿素荧光特性的影响[J]. 干旱地区农业研究，2008，26(2)：65-68.

[33] 吴旭红，冯晶旻. 外源亚精胺对 PEG 胁迫下燕麦幼苗生长及部分生理特性的影响[J]. 麦类作物学报，2017，37(1)：122-129.

不同遮阴处理对白芨生长和生理特征的影响

1 前言

1.1 白芨的研究现状

白芨为多年地生兰科植物。白芨作为传统中药,用药历史久远,其根白色,连及而生,性微寒,味苦、甘、涩,具有收敛止血、消肿和止痛补肺的功效。白芨株形优美,是珍贵的野生花卉,主要分布在贵州、四川、云南等地,其中贵州、广西、云南野生资源分布最丰富。近年来白芨市场前景较好,栽培面积也在不断扩大。从白芨的生长发育状况的特点来看,白芨适应阴凉、温暖和较阴湿的生长环境,且白芨本身不耐寒。野生白芨主要生长在山丘和低山地区的河两岸、山坡草丛中及稀疏的林下。常规的栽培方法只能选择较潮湿和阴坡的地区,土壤肥沃、疏松且排水良好的砂质土壤或腐殖土壤进行种植。

白芨栽培要注重光照的控制,光照在植物正常的生长代谢中有着重要作用,适宜的光照是植物能够进行良好生长发育的前提,但是过度遮光反而会降低植物原有的品质,从而影响植物的正常生长发育。Mcbee 等曾提出,在一定的遮阴条件下,植物叶绿素含量较高,在叶绿素 a/b 值较小时,植物会具有较强的耐阴性。有研究表明,遮阴条件下会使耐阴植物乌拉苔草的叶绿素 b 的含量降低。唐雪辉在对四种野生地被植物耐荫性进行了试验研究时发现,遮阴条件下的石菖蒲、紫萼、吊兰等植物体内蛋白质的含量比自然条件下的低。

不同的兰科植物对光照的需求也有所不同,王辉等研究香草兰在不同遮阴处理条件下,对花芽分化及光合作用的影响,得出在遮阴度为 75%的栽培条件下香草兰生长最适合;王云山等研究仙客来叶解剖和生长在不同光照强度条件下的影响,得出透光率为 34%的条件下种植的仙客来生长最优。吴根良等研究不同光照强度下对蝴蝶兰和卡特兰叶绿素荧光参数日变化和光合作用的影响,得出在光照强度为 18%的条件下生长最好;罗双林研究不同坡位及郁闭度对毛竹林下套种白芨的影响,结果表明,坡位和郁闭度对毛竹林下套种的白芨生长状况存在一定的影响，主要表现在球茎直径、球茎鲜重、株高、地径和分蘖数，其中对球茎鲜重影响最大。但在人工种植栽培过程中，对白芨采用不同遮阴处理的研究未见报道。

1.2 白芨的研究意义

白芨的栽培是近年来药用植物栽培研究的热点问题。贵州是野生白芨的主要产区之一，但人工种植未考虑光照因素，导致白芨生长发育受到不良影响。因此，研究和了解白芨的适宜光照对正确种植白芨具有现实的指导意义。鉴于上述情况，立足生产需求，本试验通过开展三种不同遮阴处理，对白芨生长指标、叶绿素含量、总糖、蛋白质含量等生理生化指标进行研究，了解白芨在不同遮阴条件下的适应机理，为白芨的生产应用提供参考，选出最适宜白芨生长发育的遮阴措施。

2 材料与方法

2.1 试验材料

选用杭州木木生物科技有限公司的野生白芨种子，经组培培育出苗，苗龄已有3年，种植于凯里学院试验基地（温室），进行规范管理。试验生长指标测定所选用的叶片均选取处理中长势最旺、无病虫害侵害的部位。

遮阳网来源：遮阳网由网上官方网店购买（厂家：春意苗木有限公司）；规格为：2针，遮光率为40%的遮阳网；3针，遮光率为55%的遮阳网；6针，遮光率为85%的遮阳网。

2.2 试剂与仪器

2.2.1 试剂

无水乙醇、考马斯亮蓝G-250、磷酸、蒽酮、牛血清蛋白、葡萄糖、浓硫酸、活性炭等均为分析纯。

2.2.2 仪器

电蒸馏水器（YN-ZD-2型，沪粤明生产科学仪器有限公司）、紫外分光光度计（TU-1800型，北京普析通用有限公司）、电热恒温水浴锅（DZKW-54型，天津天泰有限公司）、电子分析天平（CP124，0.000 1 g，北京赛多利斯仪器系统有限公司）、游标卡尺（1 300，0.02 mm，艾瑞特公司）、叶绿素测定仪（SPAD-502 Plus）、电热炉（1 000 W，进兴商贸有限公司）。

2.3 试验方法

试验于 2017 年 3 月 6 日在凯里学院的试验基地进行。用 12 cm × 12 cm 的营养钵,装入 1 L 混合轻型基质(木屑：椰糠：泥土=1：1：1,体积比),选用大小一致的白芨球茎进行种植,共设有 3 个处理, 1 个对照,每个处理 16 个重复,每个重复为一盆一株,共计 64 盆(即 64 株),统一水肥管理。种植后放置温室大棚一个月,在白芨生长初期,株高达到(4 ± 1)cm 后于 4 月 5 日移至室外进行遮阴处理。以 T1(2 针遮阳网,遮光率为 40%); T2(3 针遮阳网,遮光率为 55%); T3(6 针遮阳网,遮光率为 85%)进行遮阴, CK(自然条件下)为对照组,其他条件为室外自然条件。每小区间隔 1 m,随机区组排列,处理时间 5 个月,每 30 天测量一次数据,共测 5 次,每株测量 1 片叶。测定时期为 2017 年 5 月至 9 月。对白芨的球茎进行两次测量,第一次在种植前进行测量(3 月 6 日),第二次测量在白芨地上部完全衰老倒伏后进行(10 月 21 日)。

2.4 生长指标的测定

生长指标测定方法如下。

a. 叶长:从植株底端往上数的第二片叶基部到叶片尖端的长度(单位:cm)。

b. 叶宽:从植株底端往上数的第二片叶最宽处为该叶片的叶宽(单位:cm)。

c. 茎粗:茎段最粗的部位(单位:cm)。

d. 株高:从土壤表面到植株叶展开的平行最高处(单位:cm)。

e. 球重:直接用电子分析天平对白芨球茎进行称重(单位:g)。

球茎增量=第二次测量球重-第一次测量球重

2.5 生理指标的测定

2.5.1 叶绿素的测定

用叶绿素测定仪(SPAD-502 Plus)直接测量。从植株底端往上数的第二片叶,取 6 个点进行测量,取平均值,并记录数据。

2.5.2 总糖的测定

采用硫酸蒽酮法,对照组与遮阴组随机称取 10 g 白芨球茎,分别置于研钵中,加入 15 mL 蒸馏水,仔细研磨,成匀浆后,称取 1 g 的匀浆转入到 20 mL 刻度试管中,并用 10 mL 蒸馏水分多次洗涤研钵,洗液后的液体一并倒入有刻度的试管中。放置在水浴锅中加盖煮沸 10 min,冷却后再过滤,然后把滤液收集到 100 mL 容量瓶中,并用蒸馏水定容到刻度线,摇匀备用。

用移液管吸取 1 mL 的提取液到 20 mL 具塞刻度的试管中,加入 1 mL 水和

0.5 mL 蒽酮试剂。然后缓慢加入 5 mL 浓硫酸,盖上试管塞后,再轻轻摇匀,后置于水浴锅中煮沸 10 min。冷却到室温后,在波长 620 nm 下进行比色,记录吸光度的数值。查看标准曲线上对应的葡萄糖含量(μg)。重复 3 次。

计算公式:

样品总糖含量(g/100 g 鲜重)=查表所得糖含量(μg)× 稀释倍数/样品重(g)× 10^6

2.5.3 蛋白质含量的测定

采用考马斯亮蓝法,对照组于遮阴组随机称取 10 g 白芨球茎,分别置于研钵中,在研钵中加入 10 mL 的水充分磨碎后用纱布过滤,吸取 2 mL 汁液到烧杯中,然后加入 18 mL 水,取 1 mL 的溶液到试管中,后加入 4 mL 考马斯亮蓝溶液静放 5 min 后,在 595 nm 处测定吸光值。重复 3 次。

计算公式:

样品蛋白质含量(mg/g 鲜重)=$CV/a \times W$

式中:

C——标准蛋白含量;

V——提取液总体积;

a——测定所取提取液体积;

W——样品鲜重。

2.6 数据处理

本文中的数据采用 Excel 2010 软件进行数据统计和计算,数据之间的差异显著性分析采用 SPSS 软件中的 Duncan 法进行多组样本间差异显著性分析。

3 结果与分析

3.1 不同遮阴处理对白芨生长指标的影响

3.1.1 不同遮阴处理对白芨株高的影响

植株的株高是用来衡量植株生长状况的指标之一,不同的遮阴处理会影响植株的株高。从表 1 可以看出,白芨遮阴处理 30 天,遮光率 55%(T2)处理的株高显著高于遮光率 60%(T1)的处理及 CK,但与遮光率 85%处理(T3)的株高无显著差异;遮阴处理 60 天, T2 株高显著高于 T1,而 T2、T3 及 CK 之间无显著差异;在处理 90 天和 120 天后,遮阴处理及 CK 之间均无显著差异;在处理 150 天,即白芨地上部完全枯萎之前 1 个月,所有处理的株高均显著高于 CK。

表 1　不同遮阴处理对白芨株高的影响

单位：cm

处理	5 月 5 日	6 月 4 日	7 月 4 日	8 月 3 日	9 月 2 日
T_1	4.6 ± 1.0c	9.1 ± 1.7b	14.3 ± 2.4a	15.5 ± 2.7a	12.6 ± 2.6a
T_2	6.1 ± 1.3a	11.5 ± 2.6a	14.3 ± 2.2a	16.9 ± 1.7a	13.7 ± 1.8a
T_3	5.7 ± 1.4ab	10.9 ± 3.5ab	14.6 ± 2.7a	17.1 ± 2.2a	13.8 ± 1.9a
CK	5.0 ± 1.7 bc	11.0 ± 2.5ab	13.5 ± 2.4a	15.3 ± 2.1a	08.2 ± 1.8 b

注：小写字母表示在 0.05 水平差异显著。

综上所述，白芨在处理前期，部分处理与对照及部分处理之间株高差异较大；直到中期，处理与对照之间差异逐渐变小直至没有差异；但到后期，对照组衰老速度明显快于处理组。整体来看，处理组株高生长优于对照组。

3.1.2　不同遮阴处理对白芨叶长的影响

由表 2 可知，白芨在处理 30 天，遮阴组与对照组之间无显著差异；处理 60 天，T1、T3 显著高于 T2、CK；遮阴处理 90 天，T3 叶长显著高于 T1、T2 及 CK，而 T1、T2 之间无显著差异；在处理 120 天后，T1、T2 显著高于 CK 及 T3 显著高于 CK，但 T1 与 T2、T3 之间无显著差异；在遮阴处理的 150 天后，T3 显著高于 T1、T2 及 CK，且 T1 和 T2 也显著高于 CK，但 T1 与 T2 之间无显著差异。

表 2　不同遮阴处理对白芨叶长的影响

单位：cm

处理	5 月 5 日	6 月 4 日	7 月 4 日	8 月 3 日	9 月 2 日
T_1	7.3 ± 2.0a	15.6 ± 2.8a	18.2 ± 2.7b	21.5 ± 2.6ab	16.5 ± 2.8b
T_2	7.5 ± 1.3a	12.6 ± 1.2b	18.7 ± 1.8b	21.9 ± 1.7b	16.4 ± 1.8b
T_3	7.8 ± 1.2a	16.7 ± 2.7a	21.6 ± 2.8a	23.3 ± 2.9a	18.9 ± 2.8a
CK	6.8 ± 1.3a	12.6 ± 1.8b	16.8 ± 2.5c	18.0 ± 2.6c	06.8 ± 1.2c

注：小写字母表示在 0.05 水平下差异显著。

由此可知：刚开始遮阴处理时，各处理与对照组之间叶长相对一致，但到 6 月份，T2 及 CK 的叶片生长要比 T1、T3 处理的弱，直到 7 月份以后，T1 与 CK 叶片的增长速度比 T2、T3 增速缓慢，遮阴组的叶长都要优于对照组。整体看来，T3 处理条件下，白芨叶长生长最长。

3.1.3　不同遮阴处理对白芨叶宽的影响

由表 3 可看出：在白芨处理 30 天与 60 天，T3 处理的株高显著高于 T1、T2 处理及 CK；白芨处理 90 天，T3 株高显著高于 T1，而与 T2、CK 之间无显著差异；但在处理 120 天时，遮阴处理组及 CK 之间均无显著差异；在白芨处理 150 天后，遮阴组显著高于 CK。

表 3　不同遮阴处理对白芨叶宽的影响　　单位:cm

处理	5 月 5 日	6 月 4 日	7 月 4 日	8 月 3 日	9 月 2 日
T_1	1.2 ± 0.1 b	1.8 ± 0.2 b	1.9 ± 0.4 b	2.3 ± 0.4a	2.3 ± 0.2a
T_2	1.2 ± 0.1 b	1.9 ± 0.3 b	2.1 ± 0.3ab	2.3 ± 0.3a	2.3 ± 0.1a
T_3	1.7 ± 0.4a	2.3 ± 0.5a	2.4 ± 0.5a	2.4 ± 0.5a	2.4 ± 0.4a
CK	1.3 ± 0.4 b	2.0 ± 0.4 b	2.1 ± 0.5ab	2.3 ± 0.4a	1.4 ± 0.4 b

注:小写字母表示在 0.05 水平下差异显著。

结果表明:在遮阴处理前期, T3 处理白芨叶宽生长最好;但在 7 月份, T2 和 CK 的叶宽增长速度较快,长势和 T3 相对一致;到 8 月时, T1 处理叶宽增速最快,与其他组之间叶宽没有差异;在 9 月后,由于植株生长开始出现下降趋势,且对照组叶宽下降趋势明显高于遮阴处理组。

3.1.4　不同遮阴处理对白芨茎粗的影响

由表 4 可看出:在白芨遮阴处理 30 天, CK 的茎粗显著高于 T2,但与 T1、T3 之间无显著差异;白芨处理 60 天时,CK 处理的茎粗显著高于 T2,与 T1、T3 无显著差异;处理 90 天, CK 处理与 T2、T3 无显著差异,但显著高于 T1 处理;在白芨处理 120 天和 150 天时,CK 显著高于遮阴处理组。

表 4　不同遮阴处理对白芨茎粗的影响　　单位:cm

处理	5 月 5 日	6 月 4 日	7 月 4 日	8 月 3 日	9 月 2 日
T_1	0.271 ± 0.055ab	0.282 ± 0.047ab	0.294 ± 0.044 b	0.323 ± 0.033 b	0.308 ± 0.024 b
T_2	0.258 ± 0.052 b	0.271 ± 0.054 b	0.313 ± 0.063ab	0.322 ± 0.058 b	0.315 ± 0.028 b
T_3	0.292 ± 0.073ab	0.284 ± 0.073ab	0.315 ± 0.054ab	0.316 ± 0.069 b	0.313 ± 0.047 b
CK	0.315 ± 0.047a	0.326 ± 0.049a	0.345 ± 0.044a	0.356 ± 0.054a	0.343 ± 0.024a

注:小写字母表示在 0.05 水平下差异显著。

由上述结果可得:遮阴处理对白芨茎粗生长有一定的影响。在处理前期,对照组的茎粗长势比 T2 要好;但在 7 月份, T2 处理茎粗长势增长明显,而 T1 与对照组之间存在差异,且对照组茎粗高于 T1;在 8 月份以后,对照组的茎粗长势明显优于遮阴处理组。说明白芨茎粗在对照组条件下生长最佳。

3.1.5　不同遮阴处理对白芨球茎增重的影响

3 月 6 日,对白芨球茎进行第一次测量,然后种植;在 10 月 21 日,白芨完全倒伏后进行第二次测量。由表 5 可以看出:第一次测量时,对照组与处理组之间无显著差异;在第二次测量与增量均值间, T1 显著高于 T2、T3 及 CK, T2 和 CK 也显著高于 T3,且 T2 和 CK 之间无显著差异。

表5 不同遮阴处理对白芨球茎增量的影响

单位:g

处理	3月6日	10月21日	球茎增重
T_1	6.158 ± 2.128a	23.749 ± 3.436a	17.591 ± 2.421a
T_2	6.423 ± 1.975a	21.609 ± 3.388 b	15.314 ± 2.542 b
T_3	6.295 ± 2.009a	15.117 ± 2.894 c	08.822 ± 1.874 c
CK	6.380 ± 1.819a	20.905 ± 3.054 b	14.525 ± 2.473 b

注:小写字母表示在0.05水平下差异显著。

可知,在T1处理条件下,白芨球茎生长最佳。这表明遮阴处理对白芨球茎的生长发育具有明显影响,其中T1处理(遮光率60%)的效果最为显著,优于其他处理和对照组。

3.2 不同遮阴处理对白芨生理指标的影响

3.2.1 不同遮阴处理对白芨叶绿素含量的影响

叶绿素的含量对植株的生长和碳水化合物的积累起决定作用,不同的遮阴处理会影响植株的叶绿素含量。由表6可以看出,白芨处理30天,对照组的叶绿素含量显著高于T1、T2、T3;处理60天,遮阴处理组与对照组之间无显著差异;在处理90天以后,T2、T3显著高于T1和CK。

表6 不同遮阴处理对白芨叶绿素含量的影响

单位:SPAD

处理	5月5日	6月4日	7月4日	8月3日	9月2日
T_1	32.0 ± 1.8 b	35.2 ± 2.1a	38.0 ± 2.4 b	39.8 ± 2.2 b	37.1 ± 2.9 b
T_2	33.2 ± 2.3 b	36.3 ± 2.3a	44.8 ± 2.9a	46.6 ± 1.8a	43.0 ± 2.9a
T_3	33.8 ± 2.1 b	36.8 ± 2.1a	43.9 ± 2.8a	45.3 ± 2.1a	43.1 ± 2.7a
CK	36.4 ± 2.2a	37.2 ± 2.5a	38.4 ± 2.3 b	39.6 ± 1.7 b	36.2 ± 3.0 b

注:小写字母表示在0.05水平下差异显著。

由此可得:在5月份,对照组的叶绿素含量明显高于遮阴处理组,但到6月份,T1、T2、T3处理白芨叶片叶绿素含量上升明显,与对照组的叶绿素含量相对一致;7月份以后,T2、T3处理的叶绿素含量明显高于T1和CK。整体看来,T2和T3处理条件下,白芨叶片叶绿素含量最高。

3.2.2 不同遮阴处理对白芨总糖、蛋白质含量的影响

白芨中的总糖和蛋白质是其营养物质中的重要成分。由表7可以看出,在不同程度的遮阴处理下,处理组与对照组的总糖和蛋白质含量存在一定变化,其中T1、T2处理的总糖和蛋白质含量显著高于T3及CK。

表 7 不同遮阴处理对白芨总糖、蛋白质含量的影响

处理	总糖含量(g/100 g)	蛋白质含量(mg/g)
T_1	13.68 ± 1.42a	1.87 ± 0.46a
T_2	13.19 ± 1.45a	1.85 ± 0.32a
T_3	12.53 ± 1.62 b	1.64 ± 0.25 b
CK	11.96 ± 2.13 b	1.62 ± 0.37 b

注:小写字母表示在 0.05 水平下差异显著。

这表明遮阴处理对白芨的总糖和蛋白质积累具有显著影响，T1(遮光率 60%)和T2(遮光率 55%)处理条件下,白芨的营养物质积累效果更好,优于 T3(遮光率 85%)处理和对照组。

4 讨论与结论

白芨属于肉质块茎根植物,对光照的要求较高,喜阴凉的环境,因此需要对光照进行控制。光照不仅会影响植物的光合作用,还对植物的生长发育、生理代谢等方面产生显著影响。其中,遮阴对植物的外观形态特征响应较为敏感。

本试验结果表明,处理组的株高、叶长、叶宽生长状况均优于对照组,但对照组的茎粗明显高于处理组。在 T2 和 T3 处理条件下,白芨的株高生长最好,叶长在 T3 处理条件下表现最佳,而叶宽在各处理组之间生长相对一致。遮阴处理 150 天后,白芨的株高、叶长、叶宽、茎粗均呈现下降趋势,且对照组的下降趋势更为明显。这主要是因为对照组的地上部分较早出现凋亡,而遮阴处理延缓了植株的衰老进程。对照组植株因处于自然条件下,光照强度较高,导致光呼吸速率加快,光合色素含量减少,气孔开张度降低,影响了光合作用和蒸腾作用,从而加速了植株的衰老。与此相比,遮阴处理减缓了植株的衰老速度,这与牟会荣等的研究结果一致,认为遮阴可以延缓植株衰老。

关于遮阴对植物叶绿素含量的影响,研究结果存在差异。Hashemi-Dezfouli 等认为遮阴会降低植物叶片的叶绿素含量,而蔡志全等则认为在一定范围内,适当的遮阴可以提高植株的叶绿素含量。本试验结果显示,遮阴处理的第一个月,对照组的叶绿素含量显著高于处理组,这可能是因为白芨刚进行遮阴处理,尚未完全适应遮阴环境。到 6 月份,对照组与处理组的叶绿素含量无显著差异;而进入 7 月后, CK 和 T1 的叶绿素含量明显低于 T2 和 T3,这可能与夏季高温、光照强度大、光照时间长有关。CK 和 T1 处理由于光呼吸速率较高,叶绿素含量相对较少,而 T2 和 T3 处理则在遮阴条件下保持了较高的叶绿素含量。

植物体内的总糖和蛋白质的合成也受光照调控。多数研究表明,生长在阴生条件

下的植物中总糖和蛋白质含量通常低于光照条件下的植株，但也有少数研究得出相反结论。在本研究中，CK 和 T3 处理的白芨球茎内总糖和蛋白质含量显著低于 T1 和 T2 处理。从白芨球茎增重指标来看，T1 处理下球茎增重最佳，T2 和 CK 次之，T3 处理下球茎增重最低。T1 处理接近光的饱和点，光合作用效率较高，养分积累量较大；T2 处理的光合作用效率较低，养分积累量较少，导致球茎增重不如 T1；T3 处理下，白芨出现徒长现象，光合作用效率最低，导致地下部球茎生长最差，总糖和蛋白质含量也较低；CK 处理下，由于光呼吸速率较高，养分消耗大，导致球茎内总糖和蛋白质含量较低。这表明，适当的遮阴有利于白芨球茎内总糖和蛋白质的积累。

综合来看，在白芨的人工栽培过程中，适度的遮阴条件对白芨的生长及生理特性具有积极影响。T2 和 T3 处埋条件下，白芨的株高和叶绿素含量最高；T3 处理下叶长生长最佳；叶宽在各处理组之间差异不显著；CK 处理下茎粗生长最优；T1 处理下球茎增重最佳，且 T1 和 T2 处理下球茎内总糖和蛋白质含量最高。考虑到白芨的主要药用部位是球茎，综合各指标分析，T1 处理（遮光率 40%，2 针）为白芨最佳的栽培遮阴处理条件。

参考文献

[1] 郭乔仪，李绍明，王洪丽，等. 白芨栽培需把好五关[J]. 中国农业信息，2015（5）：26.

[2] 国家药典委员会. 中华人民共和国药典[S]. 北京：中国医药科技出版社，2010：155.

[3] 王文华，张邦喜，秦松，等. 贵州白芨生长适宜区产地环境质量评价[J]. 贵州农业科学，2014（4）：207-210.

[4] 文彬. 白芨栽培技术[J]. 农村新技术，2017（2）：12-13.

[5] 曹琦，王学平. 药用白芨的生物学特性及其保护[J]. 安徽农业科学，2015（18）：175-176.

[6] PAUL K B，GRACE T O，NGOZI E A，et al. Poultry manure influenced growth，yield and nutritional quality of containerized aromatic pepper（Capsicum annuum L. var Nsukka Yellow）[J]. African Journal of Agricultural Research，2016，11（23）：2013-2023.

[7] MCBEE G G，HOLT E C. Shade tolerance studies on bermudagrass and other turfgrasses[J]. Agronomy Journal，1966，58（5）：523-525.

[8] 徐惠风，刘兴土，高磊，等. 遮荫条件下乌拉苔草蒸腾特性及其与环境因子的关系

[J]. 湿地科学，2004(1)：42-46.
[9] 唐雪辉. 四种野生地被植物耐荫性研究[D]. 成都：四川农业大学，2006.
[10] 王辉，赵青云，朱自慧，等. 不同遮阴处理对香草兰光合作用及花芽分化的影响[J]. 福建农业学报，2017(1)：42-46.
[11] 王云山，康黎芳，曹冬梅，等. 不同光照强度对仙客来生长及叶解剖的影响[J]. 山西农业科学，1999(1)：51-54.
[12] 吴根良，何勇，王永传，等. 不同光照强度下卡特兰和蝴蝶兰光合作用和叶绿素荧光参数日变化[J]. 浙江林学院学报，2008(6)：733-738.
[13] 罗双林. 不同郁闭度和坡位对毛竹林下套种白芨的影响[J]. 安徽林业科技，2016(3)：14-15.
[14] 周正义，孙玉军，王松华，等. 生物化学试验教程[M]. 北京：科学出版社，2012.
[15] 杨玉芳. 蛋白质含量测定方法[J]. 明胶科学与技术，2007(2)：98-101.
[16] 石晶. 白芨属植物资源与利用[D]. 海口：海南大学，2010.
[17] 郭乔仪，唐云永. 种植白芨快速走上致富路[J]. 农村百事通，2015(7)：26-27.
[18] 毛凯. 草坪植物与光照[J]. 草业科学，1997(6)：65-137.
[19] 李应旺，吴正锋，万书波，等. 弱光胁迫对花生生长发育和生理特性的影响[J]. 花生学报，2009，38(3)：41-45.
[20] 吕晋慧，王玄，冯雁梦，等. 遮荫对金莲花光合特性和叶片解剖特征的影响[J]. 生态学报，2012，32(19)：6033-6043.
[21] 牟会荣，姜东，戴廷波，等. 遮荫对小麦旗叶光合及叶绿素荧光特性的影响[J]. 中国农业科学，2008(2)：599-606.
[22] HASHEMI-DEZFOULI A，HERBERT S J. Intensifying plant density response of corn with artificial shade[J]. Agronomy Journal，1992，84：547-551.
[23] 蔡志全，曹坤芳，冯玉龙，等. 热带雨林三种树苗叶片光合机构对光强的适应[J]. 应用生态学报，2003(4)：493-496.
[24] 迟伟，王荣富，张成林. 遮荫条件下草莓的光合特性变化[J]. 应用生态学报，2001，12(14)：566-568.
[25] 侯兴亮，李景富，许向阳. 弱光处理对番茄不同生育期形态和生理指标的影响[J]. 园艺学报，2002(2)：123-127.
[26] 丑敏霞，朱利泉，张玉进，等. 光照强度对石斛生长与代谢的影响[J]. 园艺学报，2000(5)：380-382.

硫酸二乙酯与紫外线诱变对白芨萌发及生长的影响

1 前言

1.1 白芨发展现状

白芨是兰科白芨属的多年生草本植物，主要分布于贵州、云南、湖南等省。白芨不仅在药用方面具有广泛的应用价值，其干燥块茎可入药，具有收敛止血、清热解毒、消肿等功效，白芨胶还具有抗感染、抗肿瘤血管生成和加速凝血的作用；同时在园林观赏方面也颇具潜力，其花色调多样，适合用于室内盆栽、花台或庭院种植。然而，由于其种子微小且无胚乳提供发芽所需养分，白芨种子在自然条件下极少萌发成苗，加之分株繁殖周期长、生长慢、繁殖效率低，导致野生资源日益减少，濒临灭绝。此外，白芨的高药用价值和市场需求进一步加剧了对野生资源的掠夺式采挖，其数量急剧减少。

为了解决白芨资源稀缺和繁殖效率低的问题，诱变育种技术成为一种具有潜力的解决方案。诱变育种具有简便、安全、经济和突变率高的特点，且产生的变异稳定较快，能够在短时间内育出新品种。诱变方法主要包括化学诱变（如碱基类似物、硫酸二乙酯、秋水仙素等）、物理诱变（如 X 射线、γ 射线、紫外线、激光等）以及空间诱变。化学诱变剂通过活跃的烷基置换其他分子中的氢原子，改变碱基结构，从而产生突变体，其诱变特异性强，遗传变异定位准确，且突变性状具有明确的专一性。化学诱变的突变率高于自发突变，突变谱宽于插入突变。例如，杨尧用不同浓度的硫酸二乙酯（DES）处理非洲菊，其叶片大小和颜色发生明显变化，在 0.3%的浓度下，植株矮壮、叶片颜色深绿且卷曲，生长良好。紫外线辐射也能够诱导植物发生显著的形态变化，如植株矮化、节间缩短、叶面积减小、叶片增厚，甚至花期推迟。此外，汤栋等通过复合诱变（H_2O_2 氧化胁迫、紫外线辐射和 DES 处理）获得了高产菌株，进一步证明了诱变技术在育种中的有效性。

因此，利用诱变技术解决白芨形态外观单一的问题，提升其经济价值，具有广阔的研究前景。目前，国内外对白芨的研究主要集中在育种、药理性质及其所含物质方面，而在诱变领域的研究尚属空白。利用化学诱变和物理诱变等手段,有望筛选出具有优良性状的白芨新品种,从而为其规模化种植和资源保护提供技术支持。未来,诱变技术在白芨中的应用研究将为其可持续利用和开发开辟新的方向。

1.2 研究的目的与意义

1)理论意义

本研究以白芨种子为材料,利用诱变方式为白芨的育种提供新途径、新方法,丰富白芨种质资源,改良白芨的生长特性,为后续的白芨育种提供理论依据。

2)实践意义

白芨药用价值高,野生资源濒临灭绝,市场需求量大。诱变选育可以改变白芨的生长特性和形态外观,实现外观形态多样化,提高园林观赏价值,从而提高经济价值。

2 材料与方法

2.1 试验材料

仪器:紫外灯及灯架全套:万分之一天平、普通天平、培养皿、玻璃棒、穴盘及育苗盘、植物光合测定仪(Li-6400)、直尺、电子显微镜、丙酮、$CaCO_3$、石英砂。

试剂:DES(硫酸二乙酯)。

材料:已从网上购买足够的白芨种子。

其他材料:锯末、牛粪、土。

2.2 试验方法

2.2.1 诱变剂处理

1)不同梯度紫外线处理白芨种子

用万分之一天平称取0.01 g白芨种子(用于计算萌发率),平铺于培养皿中,置于15 W紫外线灯(距离15 cm)下照射。设置4个处理组,处理时间分别为30 min、45 min、60 min、75 min,每个处理重复3次,以未经照射的组为对照组。处理结束后,将种子播种于营养钵中进行萌芽试验。由于种子过于微小,不便统计半致死率,因此选择萌发数最接近对照组一半的处理组为最佳处理。

2)不同浓度DES处理白芨种子

用万分之一天平称取0.01 g白芨种子(用于计算萌发率),置于含有DES诱变剂的培养皿中,浸泡于诱变液中。设置4个处理组,处理浓度分别为0.2%、0.3%、0.4%、

0.5%，将培养皿放入恒温摇床，转速设置为 100 r/min，处理 2 h，每个处理重复 3 次。以等量蒸馏水浸泡种子作为对照组。处理完成后，用蒸馏水洗净种子，播种于营养钵中进行萌芽试验。由于种子过于微小，不便统计半致死率，因此选择萌发率最接近对照组一半的处理组为最佳处理。

2.2.2 栽培管理

配制营养土，土：锯末：牛粪=10：3：4，保持气温 18~26 ℃，光照强度 2 500 lx，昼/夜=14/10，土壤含水量 25%~30%，空气相对湿度 75%~85%。以此配方及生长环境培养，直至萌芽生长。

2.2.3 植株鉴定

2.2.3.1 DES 及紫外线诱变后植株的鉴定

1）生长率的指标测定

用直尺测量（出苗后两周测定一次）植株株高、叶长、叶宽、叶展，并作出生长曲线，以活力、形态及长势相对一致的植株的平均值来与 CK 组进行比较鉴定。

2）质量

规定测量时间，自出苗后两周测定一次，将白芨苗置于天平称量，观察其质量的变化，记录下数据以活力、形态及长势相对一致的植株的平均值与 CK 组进行比较鉴定。

3）光合

利用植物光合测定仪（Li-6400）对白芨进行光合参数测定，包括净光合速率（*Pn*，μmol CO_2/（$m^2 \cdot s$））、蒸腾速率（*Tr*，mmol H_2O/（$m^2 \cdot s$））、气孔导度（*Gs*，mol H_2O/（$m^2 \cdot s$））。测定时间为 9：00—12：00。利用 LED 红蓝光源控制响应因子，设定叶室中光合有效辐射强度（*PAR*）从大到小依次为 1 800 μmol/（$m^2 \cdot s$）、1 600 μmol/（$m^2 \cdot s$）、1 400 μmol/（$m^2 \cdot s$）、1 200 μmol/（$m^2 \cdot s$）、1 000 μmol/（$m^2 \cdot s$）、800 μmol/（$m^2 \cdot s$）、600 μmol/（$m^2 \cdot s$）、400 μmol/（$m^2 \cdot s$）、200 μmol/（$m^2 \cdot s$）、100 μmol/（$m^2 \cdot s$）、50 μmol/（$m^2 \cdot s$）、20 μmol/（$m^2 \cdot s$）、0 μmol/（$m^2 \cdot s$）。测定时每一光强下停留 150 s。记录数据与 CK 组进行比较鉴定，绘制相关变化曲线。

4）叶面积的测定

采用公式法计算叶面积。将叶片平铺于桌面上，测量出其长度和宽度，用公式叶面积=长度 × 宽度 ×0.75 计算出一张叶片的面积。

5）叶绿素含量的测定

叶绿素测定采用丙酮研磨提取法。将摘下的叶片用保鲜膜包住，放入不透光的盒子，取出叶片，剪去叶脉后剪成碎块，称取 2.0 g 放入研钵中加纯丙酮 5 mL，少许石英和 $CaCO_3$，研磨成匀浆，再加 80%丙酮 5 mL 用离心机离心后弃沉淀，上清液用 80%丙酮定容至 50 mL。采用可见分光光度计分别测定 645 nm 和 663 nm 下萃取液的吸光值,计算出叶绿素含量。

3　结果与分析

3.1　DES 及紫外线对白芨萌发及生长的影响

3.1.1　生长率的变化

由表 1 可以看出,随着 DES 浓度的增加,白芨种子的萌发率随之下降,最接近 CK 组萌发率一半的浓度为 0.4%, DES 最佳处理浓度为 0.4%;随着紫外线处理时间的增加,白芨种子的萌发率随之下降,最接近 CK 组一半的处理时间为 60 min,紫外线处理最佳的时间为 60 min。

表 1　萌发数

		1	2	3	4
CK DES 浓度(%)	0.2	184 146	176 138	193 153	179 144
	0.3	113	122	131	117
	0.4	93	85	98	86
	0.5	63	51	62	57
紫外线处理 时间(min)	30	163	142	166	154
	45	121	118	146	131
	60	87	92	89	79
	75	65	58	61	57

表 2 表示对照组、DES 组及紫外线组白芨的株高、叶长变化方差分析。由表 2 可以看出,对照组的株高对 DES 组、紫外线组显著,明显高于其他两组;时间在 112 天时,DES 组的株高对紫外线组显著,高于后者。总体上看来,紫外线组的叶长对 DES 组、对照组的叶长显著,明显长于其他两组,而 DES 组的叶长介于两者之间。

表 2　生长指标 1

测定时间(天)	株高(cm)			叶长(cm)		
	对照	DES	紫外线	对照	DES	紫外线
14	a 0.13 ± 0.01	a 0.07 ± 0.02	a 0.03 ± 0.01	a 0.20 ± 0.10	a 0.10 ± 0.10	a 0.07 ± 0.01
28	a 0.50 ± 0.10	a 0.40 ± 0.10	a 0.43 ± 0.01	a 0.16 ± 0.05	a 0.13 ± 0.01	a 0.17 ± 0.12

续表

测定时间（天）	株高（cm）			叶长（cm）		
	对照	DES	紫外线	对照	DES	紫外线
42	a 0.77 ± 0.03	a 0.57 ± 0.05	a 0.63 ± 0.14	a 0.23 ± 0.12	a 0.20 ± 0.10	a 0.23 ± 0.13
56	a 0.83 ± 0.04	a 0.80 ± 0.01	a 0.70 ± 0.20	a 0.40 ± 0.10	b 0.26 ± 0.02	a 0.40 ± 0.10
70	a 1.30 ± 0.11	b 0.90 ± 0.13	b 0.87 ± 0.17	a 0.40 ± 0.13	a 0.40 ± 0.20	a 0.40 ± 0.10
84	a 1.57 ± 0.11	b 1.25 ± 0.01	b 1.03 ± 0.03	b 0.53 ± 0.08	b 0.50 ± 0.10	a 0.70 ± 0.20
98	a 1.73 ± 0.08	ab 1.60 ± 0.01	b 1.53 ± 0.03	b 0.80 ± 0.09	b 0.53 ± 0.05	a 0.90 ± 0.20
112	a 1.90 ± 0.13	a 1.80 ± 0.12	b 1.60 ± 0.10	b 0.90 ± 0.01	b 0.87 ± 0.03	a 1.13 ± 0.13

注：表中数字前的字母表示对照组、DES 组、紫外线组处理白芨的株高、叶长的差异分析。

表 3 表示对照组、DES 组及紫外线组白芨的叶宽、叶展变化方差分析。由表 3 可以看出，时间在 70 天之后，紫外线组的叶宽、叶展指标均显著于对照组及 DES 组；而后期的生长过程中，对照组的叶宽、叶展两项指标均显著于 DES 组，DES 组的两项指标介于两者之间。

表 3　生长指标 2

测定时间（天）	叶宽（cm）			叶展（cm）		
	对照	DES	紫外线	对照	DES	紫外线
14	a 0.13 ± 0.01	a 0.10 ± 0.10	a 0.13 ± 0.01	a 0.13 ± 0.11	a 0.10 ± 0.10	a 0.13 ± 0.01
28	a 0.23 ± 0.10	a 0.23 ± 0.01	a 0.23 ± 0.13	a 0.23 ± 0.01	a 0.20 ± 0.10	a 0.20 ± 0.10
42	a 0.23 ± 0.01	a 0.23 ± 0.02	a 0.27 ± 0.17	a 0.23 ± 0.01	a 0.23 ± 0.01	a 0.27 ± 0.02
56	b 0.27 ± 0.02	a 0.23 ± 0.12	a 0.33 ± 0.13	a 0.33 ± 0.12	a 0.23 ± 0.01	a 0.23 ± 0.03
70	b 0.23 ± 0.01	b 0.23 ± 0.13	a 0.37 ± 0.12	b 0.33 ± 0.12	b 0.33 ± 0.12	a 0.43 ± 0.12
84	a 0.40 ± 0.10	a 0.40 ± 0.20	a 0.43 ± 0.15	a 0.43 ± 0.13	a 0.43 ± 0.13	a 0.47 ± 0.13
98	a 0.47 ± 0.01	a 0.46 ± 0.12	a 0.53 ± 0.03	b 0.43 ± 0.13	b 0.42 ± 0.13	a 0.57 ± 0.17
112	b 0.63 ± 0.02	b 0.63 ± 0.15	a 0.80 ± 0.10	b 0.53 ± 0.14	b 0.52 ± 0.14	a 0.67 ± 0.17

注：表中数字前的字母表示对照组、DES 组、紫外线组处理白芨的叶宽、叶展的差异分析。

3.1.2　质量的变化

表 4 表示对照组、DES 组及紫外线组白芨的质量变化方差分析。由表 4 可以看出，总体上对照组的质量对 DES 组、紫外线组的质量显著，明显大于其他两个处理组；时间在 28~70 天之间，紫外线组与 DES 组的质量显著，紫外线组大于 DES 组。

表 4 质量

测定时间（天）	质量（g）		
	对照	DES	紫外线
14	a 0.17 ± 0.01	a 0.10 ± 0.10	a 0.09 ± 0.01
28	a 0.56 ± 0.03	b 0.24 ± 0.07	ab 0.35 ± 0.10
42	a 0.72 ± 0.13	c 0.45 ± 0.01	b 0.51 ± 0.03
56	a 0.83 ± 0.13	c 0.57 ± 0.17	b 0.72 ± 0.03
70	a 1.03 ± 0.02	b 0.83 ± 0.01	a 1.07 ± 0.11
84	a 1.36 ± 0.16	b 1.25 ± 0.11	a 1.36 ± 0.03
98	ab 1.59 ± 0.09	a 1.63 ± 0.07	b 1.53 ± 0.15
112	a 1.90 ± 0.04	b 1.73 ± 0.03	b 1.76 ± 0.16

注：表中数字前的字母表示对照组、DES 组、紫外线组处理白芨的质量差异分析。

3.1.3 光合

3.1.3.1 紫外线组、DES 组、对照组的光合速率（*Pn*）随光照强度而变化的曲线

试验测定得到三种诱变剂处理后的白芨的光合速率值随着 *PAR* 值变化的曲线如图 1 所示。3 组处理组的 *Pn* 均随着 *PAR* 增大而增大，并且 *PAR* 在 4 00~1 800 μmol/（m^2·s）之间时，*Pn* 变化的幅度不大；在 0~200 μmol/（m^2·s）之间，*Pn* 升值幅度增大。

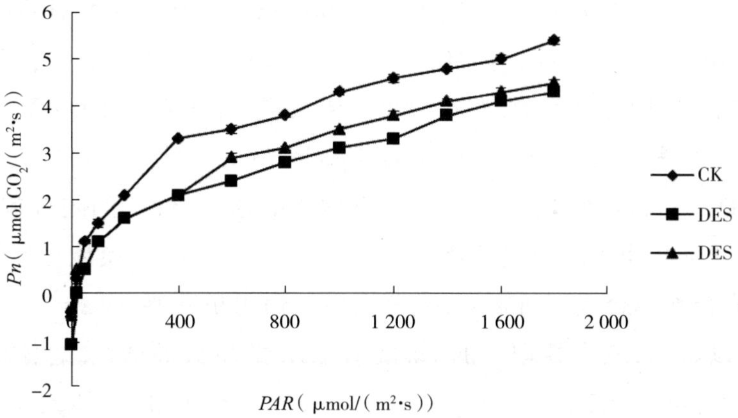

图 1 紫外线组、DES 组、对照组白芨的光响应曲线

从 3 组的 *Pn* 变化规律分析可以看出，*PAR* 在 0~1 800 μmol/（m^2 · s）时，对照组的 *Pn* 值始终大于其他两个处理组；*PAR* 在 400~1 800 μmol/（m^2 · s）之间时，紫外线组的 *Pn* 值均大于 DES 组；*PAR* 小于 400 μmol/（m^2 · s）时，DES 组和紫外线组的 *Pn* 变化基本相同；这说明了对照组的叶片光合能力最好，能够更好地利用光照环境；在强光环境中，由于植株的叶片增大，捕捉光能力变强，紫外线诱变组更能发挥其光合作用，在弱

光环境中则相反。

3.1.3.2　紫外线组、DES 组、对照组的蒸腾速率（*Tr*）随光照强度而变化的曲线

蒸腾速率反映了植物单位叶面积的耗水量，通过蒸腾速率的差异可以了解各处理组的耗水潜力。试验测定得到三种诱变剂处理后的白芨的蒸腾速率随着 *PAR* 值变化的曲线如图 2 所示。

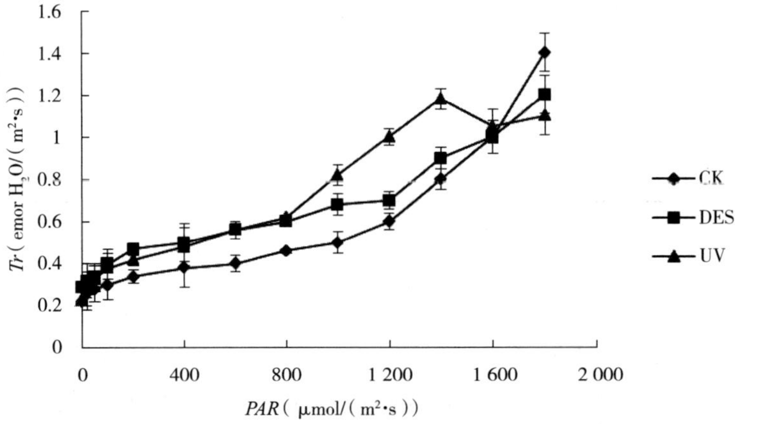

图 2　对照组、DES 组、紫外线组白芨蒸腾速率的变化

由图 2 可以看出，3 个处理组的 *Tr* 均随着 *PAR* 的增大而增大，大致呈上升趋势，各组的 *Tr* 存在差异。深度分析可知，*PAR* 在 1 800 μmol/（ $m^2 \cdot s$ ）时，对照组 *Tr* 最高；*PAR* 在 0~1 600 μmol/（ $m^2 \cdot s$ ）之间，对照组 *Tr* 均低于紫外线组和 DES 组；而紫外线和 DES 两组 *Tr* 在随 *PAR* 的增大过程中，存在两个交错点；紫外线组 *Tr* 的减幅大于 DES 组。

3.1.3.3　紫外线组、DES 组、对照组的气孔导度（*Gs*）随光照强度而变化的曲线

气孔是 CO_2 进入植物体、水蒸气逸出植物体的通道，气孔的闭合程度直接影响白芨的光合作用和蒸腾作用。白芨叶片的气孔导度越大，气孔交换能力越强，光合作用越强，更有利于光合作用合成有机物质，表明白芨生命力更旺盛。

由图 3 可以看出，三个处理组的 Gs 随着 *PAR* 的增大而增大，总体呈上升趋势，各组 *Gs* 存在显著差异；*PAR* 在 1 800 μmol/（ $m^2 \cdot s$ ）时，对照组 *Gs* 值最高；进一步分析可以看出，*PAR* 在 0~800 μmol/（ $m^2 \cdot s$ ）之间，对照组 *Gs* 均低于紫外线组和 DES 组，显著高于其他两组；*PAR* 在 8 00~1 600 μmol/（ $m^2 \cdot s$ ）之间次之，0~800 μmol/（ $m^2 \cdot s$ ）之间对照组最低；DES 组 *Gs* 变化幅度最低，紫外线组介于两者之间。分析说明了紫外线组气孔交换能力最强，因此光合能力最强，其他两组光合能力各持一端。

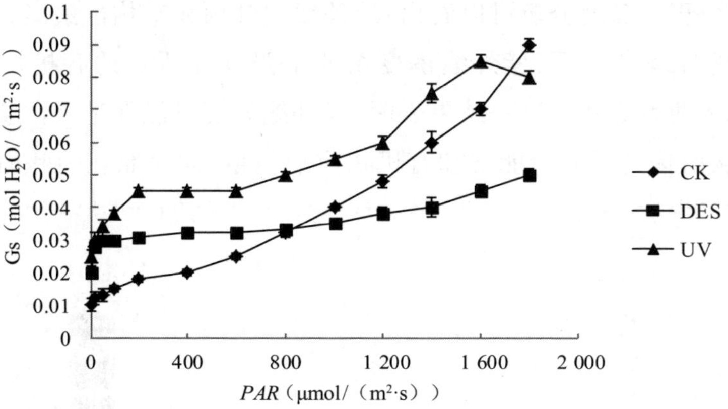

图 3 对照组、DES 组、紫外线组白芨气孔导度的变化

3.1.3.4 紫外线组、DES 组、对照组白芨叶片的叶绿素含量比较

叶绿素是植物叶片的主要光合色素，其含量是反映植物光合能力的重要指标之一。叶绿素含量的高低直接代表了叶片捕捉和利用光能的能力，因此其对光能的利用能力以及对弱光的利用能力更强。

由图 4 可以看出，在弱光环境下，紫外线组的叶绿素含量最高，DES 组最低，对照组介于两者之间。这一结果进一步表明，紫外线处理可能增强了白芨叶片在弱光条件下的光合能力，而 DES 处理则对光合能力产生了一定的抑制作用。

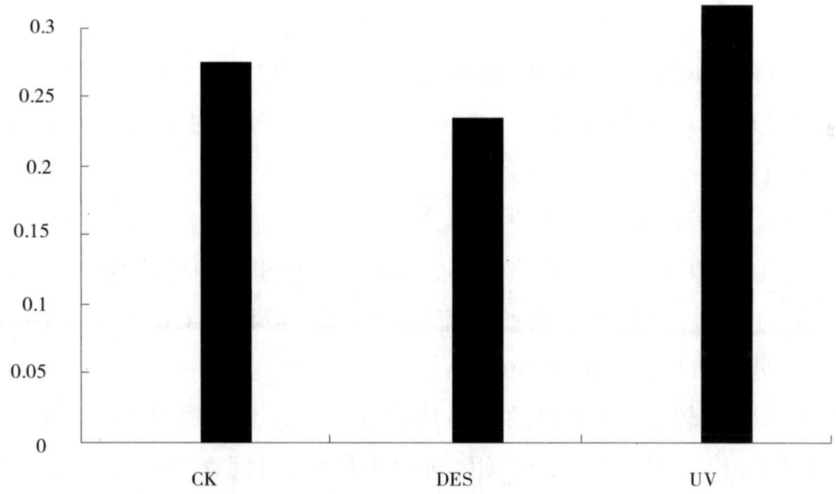

图 4 对照组、DES 组、紫外线组白芨叶片的叶绿素含量

3.1.3.5 紫外线组、DES 组、对照组白芨叶面积比较

叶片越大，其捕获光的能力越强，叶绿素含量也越高，能够进行光合作用的面积也越大，从而促进有机物质的积累。图 5 显示了紫外线组、DES 组、对照组三个诱变组白

芨叶片的平均面积。深度分析可以看出,紫外线组叶面积平均值最高,对照组最低。这说明,在一定的环境条件下,紫外线诱变组的单张叶片所含的有机物最多,对照组最低, DES 组介于两者之间。这一结果表明,紫外线处理可能促进了白芨叶片的生长,增大了叶面积,从而提高了光合能力和有机物质的积累,而对照组的叶面积最小,有机物质积累也相对较少。

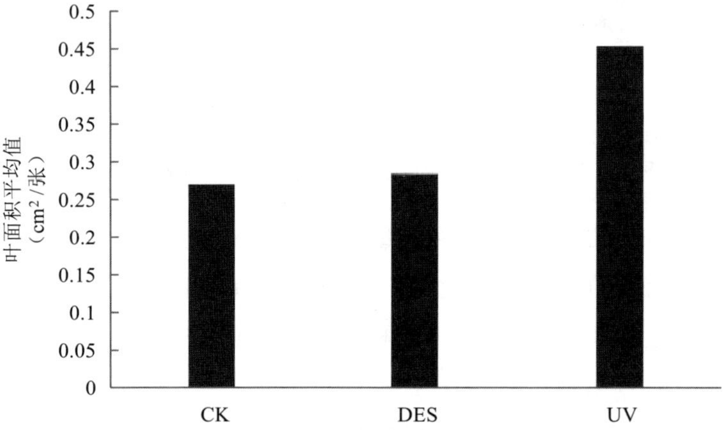

图 5 对照、DES、紫外线组白芨叶面积

4 结论与讨论

本试验通过对对照组、DES 组、紫外线组所测得白芨生长指标、质量、光合参数、叶片叶绿素含量及叶面积平均值结果分析比较; DES、紫外线处理白芨的最佳适合浓度,研究结果如下所述。

在研究 DES、紫外线最佳适合浓度中,随着 DES 浓度的增加,白芨种子的萌发率随之下降,最接近对照组萌发率一半的浓度为 0.4%, DES 最佳处理浓度为 0.4%;随着紫外线处理时间的增加,白芨种子的萌发率随之下降,最接近 CK 组一半的处理时间为 60 min,紫外线处理最佳的时间为 60 min。

在生长指标的比较中,对照组的株高均高于 DES 组、紫外线组,紫外线组最矮;紫外线组的叶长明显高于对照组、DES 组,对照组最短;时间在 70 天之后,紫外线组的叶宽、叶展值均明显高于对照组、DES 组,而后期的生长过程中,对照组的叶宽、叶展两项指标均显著于 DES 组, DES 组的两项指标介于两者之间;这说明了紫外线诱变植株在后期生长中,植株矮化、叶片增大;DES 诱变植株的叶片相对于对照组增大。

在质量的比较中,总体上对照组的质量明显高于 DES 组、紫外线诱变组;时间在 28~70 天之间,紫外线诱变组高于 DES 组的质量;这说明了紫外线、DES 诱变植株矮化，导致植株的质量减小。

在光合速率的比较中，当 *PAR* 在 0~1 800 μmol/(m² · s)时，对照组的 *Pn* 始终大于 DES 组、紫外线组，当 *PAR* 在 400~1 800 μmol/(m² · s)之间时，紫外线组的 *Pn* 均大于 DES 组；当 *PAR* 小于 400 μmol/(m² · s)时，DES 组、紫外线组的 *Pn* 变化均基本相同；这说明了对照组的叶片光合能力最好，能够更好地利用光照环境；在强光的环境中，由于植株的叶片增大，捕捉光能力变强，紫外线组更能发挥其光合作用，在弱光环境中则相反。

在植株叶片叶绿素含量的比较中，紫外线组植株的叶绿素含量最高，DES 组植株最低，对照组植株介于两者之间；这说明了紫外线诱变植株在后期生长中，叶片增大，导致叶绿素含量的增大。

在叶面积的比较中，白芨后期生长中，紫外线组植株的单张叶面积最大，对照组植株最小。这说明了在一定的环境条件下，紫外线组的单张叶片所含的有机物最多。

参考文献

[1] 叶静，郑晓君，管常东，等. 白芨的无菌萌发与组织培养[J]. 云南大学学报(自然科学版)，2010，32(S1)：422-425.

[2] 冉懋雄. 现代中药栽培养殖与加工手册[M]. 北京：中国中药出版社，1999.

[3] 吴德喜，赵明富，杨永红，等. 白芨药材中氨基酸和元素含量测定[J]. 中兽医医药杂志，2015(1)：51-53.

[4] 国家药典委员会. 中华人民共和国药典(一部)[M]. 北京：化学工业出版社，2005.

[5] 韩丹，王艳平，毕亚静，等. 白芨多糖提取方法的优选及其理化性质研究[J]. 药学实践杂志，2013，31(1)：35-37.

[6] 曹春林. 中药鉴定学[M]. 上海：上海科学技术出版社，1986：139.

[7] 魏进，周玮，李汶锟. 贵州省白芨病虫害种类调查与防治分析[J]. 现代农业科技，2015,21:150-151.

[8] 植爽，杜明林，贾黄，等. 白芨组织培养快繁技术研究综述[J]. 安徽农学通报，2014，20(10)：23-24.

[9] 张智慧，刘大会，朱新焰，等. 白芨种子质量检验方法研究[J]. 云南药用植物研究所，2016，41(11)：2044-2047.

[10] 李伟平，何良艳，丁志山. 白芨的应用及资源现状[J]. 中华中医药学刊，2012，30(1)：158-160.

[11] 袁宁，何俊蓉，何锐，等. 白芨组培快繁育苗技术研究[J]. 西南农业学报，2009，22(3)：781-785.
[12] 赵艳霞，邓雁如. 白芨属药用植物化学成分及药理作用研究进展[J]. 天然产物研究与开发，2013，25：1137-1145.
[13] 苏钛，邱斌，李云. 滇产白芨类习用药材资源调查及市场利用评价[J]. 中国野生植物资源，2014，33(5)：49-51.
[14] 马爽，李文建，周利斌，等. 观赏植物诱变育种的研究现状和展望[J]. 核农学报，2007，21(4)：378-382.
[15] 陈丽霞，杜吉到，费志宏，等. 诱变育种技术在大豆育种中的应用[J]. 大豆科学，2008，27(5)：874-878.
[16] 罗静，周厚成，王永清. 园艺植物化学诱变与抗性突变体筛选研究进展[J]. 中国农学通报，2005，21(8)：302-305.
[17] 柳学余. 农作物化学诱变育种[M]. 南京：东南大学出版社，1992：2.
[18] 赵永亮，宋同明. 玉米化学诱变研究进展[J]. 华北农学报，1996，11(4)：24-28.
[19] 杨尧. 不同的化学诱变剂对非洲菊离体培养的影响[D]. 北京：中国科学院，2012.
[20] 任健. 青杨组不同种对增强 UV-B 的反应差异[D]. 北京：中国科学院，2006.
[21] 姚银安. 荞麦对紫外线 B 辐射的响应研究[D]. 北京：中国科学院，2006.
[22] 汤栋，荣绍丰，管世敏，等. 氧化胁迫联 UV、DES 诱变选育高产、高分子量透明质酸菌株[J]. 食品工业科技，2015，11：136-140.
[23] 雷琼，黄云. 黄瓜育苗营养土配方研究[J]. 西南园艺，2004，32(2)：1-3.
[24] 骆耀平，梁月荣，罗军武，等. 茶树栽培学[M]. 北京：中国农业出版社，2008.

不同处理对白芨种子萌发的影响

1 前言

1.1 白芨的研究现状

白芨为多年地生兰科植物，主要分布在贵州、云南和四川等地，在长江流域及以南各地区也有一定的分布。其中贵州、广西、云南地区的野生资源最为丰富。但长期的采挖导致其野生资源濒临枯竭。研究、探索白芨实生种子繁殖技术，进行白芨种苗的快速繁殖，增大白芨种子的萌发及产量，从而解决白芨缺乏的问题。

白芨种子细小如粉，无胚乳，数量极多，但白芨植物微小的种子本身无法储存养分，在自然条件下，在种子萌发阶段完全依靠菌根真菌提供养分，萌发率极低，很难在自然条件下萌发实生种子苗。本次试验尝试解决白芨种子萌发的问题并从中找寻规律，为其他兰科植物种子萌发提供指导依据。白芨在引种栽培后常发生变异和退化等现象，导致白芨品质和固有成分不稳定。在现有的繁殖栽培方法中生产者长期反复地进行分株栽培繁殖，而白芨本身却因环境和自身等原因在不断地发生变异，逐年退化，导致白芨原有的品质无法保证其生长性能和药用性能。

白芨已被列为重点保护生物类群，但这仍然无法有效地保护野生种子资源。虽然分株繁殖是白芨栽培繁殖中最常用的方法，但是分株繁殖周期长，效率低，繁殖能力有限，完全不能满足产业化栽培的需要，解决白芨资源短缺的问题。因此，研究、探索白芨实生种子萌发繁殖技术，进行白芨种苗的快速繁殖，增大白种子的萌发及产量势在必行。白芨植物的栽培方法一般为分株繁殖，此外，白芨培育新品种的杂交育种也必须通过播种育苗实现。种子萌发是其繁育过程的关键。现有的对白芨植物种子萌发的不同研究方法，主要包括共生萌发与非共生萌发技术两个方面。

1.2 研究的目的与意义

白芨资源短缺的问题制约和限制了白芨产业的发展。人工栽培白芨多是从山上采挖的野生白芨假鳞茎进行种植，直接来源于野生资源的白芨未经人工选育，品种混杂，品质参差不齐，产量差异比较大。此外，不同来源地的白芨对于栽培地的环境及土壤适应性也有一定差异。前几年白芨种苗主要靠分株繁殖，繁殖系数低，用种量大，占用资源而且浪费资源，存在品种退化等问题，很难大面积发展生产繁殖。白芨种子数量极多，从而为本次试验提供了足够的种子数量，也为开展种子快速繁殖幼苗提供了一条切实可行的途径。所以，解决白芨种子萌发的问题是一个能够解决种苗短缺的重要途径。

白芨对生长环境的要求极为严格，生长速度缓慢，自身繁殖能力低。本次试验通过利用植物生长素刺激、调节其生长发育，利用吲哚乙酸的不同浓度对白芨种子的萌发作用进一步研究。乙酰丁香酮可有效提高转化频率，在酸性条件下更有利于乙酰丁香酮发挥作用，在植物遗传转化中起着重要的作用。乙酰丁香酮（AS）根据其在试验研究中所处理对象的不同，其使用溶液的配制方法也有所差异。本次试验先用少量甲醇溶解，再用蒸馏水定容，之后过滤除菌。真菌对兰科植物种子的萌发具有促进作用，是在真菌侵染的条件下作用于白芨种子萌发。天麻是一种与蜜环菌共生的异养兰科植物，是以吸收蜜环菌的真菌生长、繁衍。因此，依据白芨与天麻同为兰科植物的共性，利用蜜环菌与天麻的这种共生关系与白芨种子进行萌发处理，为白芨种子创造更好的萌发条件，使其能够提高白芨种子的萌发率。

2 材料与方法

2.1 种植地自然概况

试验场地位于凯里学院。该试验场地位于东经 107° 53′，北纬 26° 31′，海拔 690 m，属于亚热带季风湿润气候类型。常年平均气温在 16 ℃左右，最高气温 38 ℃，最低气温-4~7 ℃，年均日照 1 290 h，年均降水量在 1 240 mm 左右，无霜期 280 天以上，适合白芨种子的萌发所需的环境条件。

2.2 试验材料

漏斗、烧杯（50 mL、100 mL、250 mL、500 mL、1 000 mL，四川蜀玻有限责任公司）、量筒（250 mL、500 mL，北京博美玻璃有限公司）。电子天平（AR224CN，奥豪斯仪器有限公司）、游标卡尺（ET018-500 C，上海迅瑞精密机械有限公司）。

基质来源：椰糠由网上购买经过检验的无病虫害的椰砖；营养土由贵州凯里学院园艺试验基地提供。

种子来源：黔东南州施秉县白芨繁育基地。

吲哚乙酸、乙酰丁香酮来源：由凯里学院大健康学院试验室提供。

2.3 试验方法

试验于 2017 年 4 月在凯里学院内进行。试验设置 3 个不同试剂各 3 个不同浓度梯度，每个浓度设置 3 个重复，共计 27 盘，并设置空白对照的 3 个重复，共 3 盘，该试验总计 30 盘。统一水分光照管理，并保持培养基质 85%左右的湿度。从播种第一天开始每隔一周（7 天）对相对应的培养盘喷洒一次试剂溶解液，共 3 次。及时清除培养盘中的杂草，防止其消耗培养试剂成分进而降低试验准确性和有效性，以及防止与白芨种子及幼苗争抢养分。

2.4 白芨种子的消毒与预处理

首先使用自来水清洗蒴果，再使用 75%的乙醇消毒 10 min。消毒后用无菌水清洗，然后用无菌滤纸擦干，在无菌条件下切开蒴果将种子取出后待播种使用。

2.4.1 基质配比与消毒

培养基质选用椰糠和营养土按 1∶1 的比例混匀，然后用 0.1%的多菌灵喷洒消毒。白芨较喜酸性土壤，将培养基质 pH 值控制在 4.8~6.0 范围内均可。最后将搅拌均匀的基质均匀地装入培养盘中。注意做好遮光、洒水降温等措施，防止暴晒，最好置于室内。

2.4.2 吲哚乙酸的添加

吲哚乙酸的使用浓度如表 1 所示。

表 1 吲哚乙酸的使用浓度

试剂	处理	浓度（mol/L）
吲哚乙酸	A1	0.10
	A2	0.15
	A3	0.20

2.4.3 乙酰丁香酮（AS）的添加

乙酰丁香酮的使用浓度如表 2 所示。

表 2 乙酰丁香酮（AS）的使用浓度

试剂	处理	浓度（mol/L）
AS	B1	0.10
	B2	0.25
	B3	0.50

2.4.4 蜜环菌添加

蜜环菌的使用质量如表 3 所示。

表 3 蜜环菌的使用质量

试剂	处理	质量(g)
蜜环菌	C1	148.6
	C2	223.0
	C3	279.6

2.4.5 空白对照组

对照组(CK):不添加试剂,利用等量的蒸馏水进行处理。

培养条件:培养温度 25 ℃,光照时数 12 h/天。培养盘为 25 cm × 50 cm × 5 cm 的每穴底部具有 1 个透气孔的方格子黑色培养盘。每个培养盘播种量为 2 mg。每次处理设置 3 次重复,每间隔一周喷洒一次等浓度试剂。其中蜜环菌处理的以播种前的使用量为最终用量。

2.4.6 成苗率统计

出苗 30 天统计每个培养盘中 2 mg 种子的成苗数。

2.4.7 测量白芨球茎生长大小

出苗 30 天利用游标卡尺测量每一盘中 5 株(随机取样)白芨苗的球茎大小,然后取平均值(球茎大小=($d_1+d_2+d_3+d_4+d_5$)/5)。

2.4.8 数据处理

本试验中的数据采用 Excel 2010 软件进行数据计算和统计,数据之间的差异显著性分析采用 SPSS 软件中的 Duncan 法进行多组样本间差异显著性分析,图表采用 Word 2010 软件制作。

3 结果与分析

3.1 白芨萌发后生长统计分析

3.1.1 不同处理对白芨种子萌发的影响

表 4 为不同试剂在不同浓度梯度下白芨种子萌发成苗数的方差分析结果。由表 4 可知:

(1)A2 处理的白芨种子成苗数显著高于其他处理;

(2)C2 成苗数显著高于 C1,且均显著高于除 A2 以外的其他处理;

(3)B1、CK、A3 处理的白芨种子成苗数显著低于除 B2 以外的其他处理,且 B2、B1、CK 之间无显著差异。

表 4 出苗后一个月测量成苗数结果

不同浓度配比	成苗平均数(株)
A2	50.67 ± 1.53 a
C2	42.33 ± 4.51 b
C1	32.33 ± 1.15 c
B3	25.33 ± 2.00 d
A1	24.33 ± 1.00 d
C3	22.00 ± 1.53 de
B2	20.00 ± 2.52 ef
B1	17.00 ± 1.53 fg
CK	16.33 ± 2.65 fg
A3	15.67 ± 1.53 g

注:小写字母表示在 0.05 水平差异显著性。

由此可得:吲哚乙酸 0.15 mol/L 对白芨种子的萌发成苗促进作用显著高于其他处理,其次为蜜环菌 223.0 g 处理,再次为蜜环菌 148.6 g 处理,而 B1、CK、A3 对白芨种子萌发成苗促进作用最弱,其余各处理组的促进萌发成苗作用中等。

3.2.2 不同处理对白芨种子萌发后球茎生长大小的影响

表 5 为不同试剂在不同浓度下处理的白芨种子在出苗后一个月的球茎测量结果。由表 5 可知:

(1)以 A2 处理的球茎生长大小显著高于 C1,其球茎大小为(2.58 ± 0.04)mm,即吲哚乙酸 0.15 mol/L 处理的球茎生长大小均大于其他处理;

(2)C1 球茎生长大小显著高于 C2 且均显著高于除 A2 以外的其他处理,C2 显著高于 B3,B3、A3 无显著差异,B2、C3 无显著差异且 B3、A3 显著高于 B2、C3;

(3)C3、B1 之间无显著差异,B1、A1、CK 之间存在显著差异(B1>A1>CK),CK 白芨球茎大小显著小于所有处理组。

表 5 出苗一个月后球茎测量结果

不同浓度配比	球茎大小(mm)
A2	2.58 ± 0.04 a
C1	2.20 ± 0.05 b
C2	1.98 ± 0.06 c

续表

不同浓度配比	球茎大小(mm)
B3	1.68 ± 0.05 d
A3	1.61 ± 0.04 d
B2	1.47 ± 0.03 e
C3	1.44 ± 0.05 ef
B1	1.37 ± 0.11 f
A1	1.24 ± 0.05 g
CK	1.08 ± 0.03 h

注:小写字母表示在 0.05 水平差异显著。

综合以上结果可以得出:以处理 A2 吲哚乙酸 0.15 mol/L 对白芨球茎生长发育促进作用最强,而 A1 吲哚乙酸 0.10 mol/L 对白芨球茎生长大小促进作用最弱。吲哚乙酸、乙酰丁香酮、蜜环菌的添加对白芨球茎生长发育都具有一定的促进作用,乙酰丁香酮对白芨球茎生长的促进作用随着浓度的增加而递减,蜜环菌对白芨球茎生长的促进作用随着浓度的增加而递增。

4 结论与讨论

由以上不同处理对白芨种子萌发成苗的结果分析可知:除 B2、B1、A3 以外,其他处理的白芨萌发成苗均显著高于 CK。这表明白芨种子在无任何试剂添加的试验条件下萌发成苗率较低,吲哚乙酸、乙酰丁香酮及蜜环菌在一定的浓度下对其萌发成苗均有促进作用,其中以吲哚乙酸(0.15 mol/L)促进作用最强,其次为蜜环菌(223.0 g),再次为蜜环菌(148.6 g)。而高浓度吲哚乙酸(0.20 mol/L)、低浓度的乙酰丁香酮(0.10 mol/L、0.25 mol/L)对白芨萌发成苗数与 CK 相比无显著差异,表明其对白芨种子萌发成苗促进作用较弱。

处理 C1、C2、B3 之间对白芨球茎生长大小的趋势与对白芨萌发成苗的趋势相似,其中 B3 显著低于 C1、C2。在白芨萌发成苗结果中 C2 显著高于 C1,而在白芨球茎生长大小结果中 C1 显著高于 C2,表明在 C1、C2、B3 三个处理中乙酰丁香酮(0.50 mol/L)对白芨生长发育的促进作用最弱。而处理 CK 在两项指标中显著低于其他处理,CK 为不添加任何试剂的空白对照组。其原因主要在于白芨在自然条件下的萌发率较低,说明在 CK 情况下,即使有少量的种子萌发,但在萌发后的成苗率也比较低,幼苗在空白对照组下的长势情况也比较差。

从 A3 处理中可以看出,高浓度的植物生长素对白芨种子萌发成苗的促进作用较弱。从 C1、C2 处理中可以看出，C1、C2 对白芨种子萌发成苗和球茎生长大小的促进作用显著高于除 A2 以外的其他处理。在两项指标中，处理 C1、C2、C3 之间存在显著差异，且 C1、C2 均显著高于 C3，其中 C3 蜜环菌（279.6 g）对白芨种子萌发成苗率和球茎生长大小的作用最差。说明蜜环菌在白芨种子的萌发与生长过程中具有重要的作用。郭顺星、徐锦堂分离并命名了许多真菌，发展了消化真菌作为兰科植物生长营养来源的重要理论，蜜环菌作为真菌在白芨种子萌发与生长过程中可为其提供一些必要的营养物质及营养元素。

从试验结果中可以看出，乙酰丁香酮在三个不同浓度作用下对白芨种子的萌发率和球茎生长大小都具有有效的提高作用，且 B3 显著高于 B2，B2 显著高于 B1。乙酰丁香酮对白芨球茎生长以及萌发成苗的促进作用都随着浓度的增加而递减，即乙酰丁香酮 0.50 mol/L 是三个浓度中对白芨萌发成苗率和球茎生长促进作用最强的。董喜才、魏国英证明了乙酰丁香酮在植物遗传转化中起着重要作用，因此通过利用乙酰丁香酮不同浓度的处理白芨种子播种促进萌发率，再从中选择出最适宜白芨种子萌发的浓度。

总之，白芨种子在人工培养萌发过程中，选用适宜的激素浓度都能有效促进白芨种子的萌发率。利用吲哚乙酸对白芨种子进行播种处理，能够显著提高其种子的萌发率以及育苗产量。与此同时，利用吲哚乙酸处理后的白芨苗生长速度较快、生长周期缩短、萌发成苗率相对较高，能够有效解决白芨资源短缺问题，还能够有效提升经济效益与社会效益。乙酰丁香酮对白芨种子萌发也具有促进作用，A2 和 C1、C2 处理作用下对白芨种子的萌发率和球茎生长促进作用最强，球茎生长也比较大。白芨球茎是白芨整棵植株最大的营养储存部位，作为药用植物，其最主要的药用部位也主要储藏在球茎内。

经过许多专家的研究后得出，植物生长素、化学激素、真菌对白芨种子的萌发都具有显著的促进作用，在适宜浓度下均可以有效提高白芨种子的萌发率。基质在经过消毒、pH 控制在适宜范围内，处理以吲哚乙酸、乙酰丁香酮、蜜环菌为主要试剂进行播种均可以有效提高白芨种子萌发率。因此，根据本试验中白芨生长发育实际情况得出，吲哚乙酸浓度较高的 A3 处理不适于白芨种子的萌发，蜜环菌处理虽有显著差异，但没有吲哚乙酸 0.15 mol/L 处理的指标变化显著。这说明蜜环菌处理较适于白芨种子萌发，但在本试验中并非最佳。而吲哚乙酸处理的 A 组中的 A2 处理能够有效促进白芨种子萌发，在生长发育中差异显著性明显。综合成苗数和球茎大小两个方面的对比情况，A2 处理为最好。因此，在本试验中 A2 处理（吲哚乙酸 0.15 mol/L）为白芨种子萌发的最佳处理，植物生长素对白芨种子萌发率的影响最为明显。

参考文献

[1] 付志惠. 白芨种子萌发与快速繁殖技术的研究[J]. 武汉植物学研究, 2006, 24(1): 80-82.

[2] 田翠英,袁雄强. 白芨组织培养快繁技术研究[J]. 江苏农业科学,2006(4):75-77.

[3] 李川,李二星,刘洋,等. 白芨实生种子的快速繁殖技术[J]. 贵州农业科学,2016,44(8):105-108.

[4] 江胜德,郭兰,王邝佳,等. 不同外源激素及活性炭的添加对白芨增殖的影响[J]. 安徽农业科学,2015,43(9):24-25,52.

[5] 邹娜,李意,连芳青. 优良观赏药用地被植物:白芨组织培养及快速繁殖研究[J]. 江西农业大学学报,2013,35(5):950-955.

[6] 李雨晴,杨嘉伟,王康才,等. 白芨种子无菌萌发特性[J]. 江苏农业科学, 2015, 43(4):253-255.

[7] 王芬,徐步青,刘幸佳,等. 春兰种子无菌播种萌发过程及其影响因素[J]. 浙江农林大学学报,2013,30(1):136-140.

[8] 张建霞,付志惠,李洪林,等. 白芨胚发育与种子萌发的关系[J]. 亚热带植物科学,2005,34(4):32-35.

[9] 蓝家望,桂阳,张丽娜,等. 独蒜兰种子自然萌发特性分析[J]. 湖北农业科学,2013,52(9):2077-2082.

[10] 张燕,黎斌,李汝娟,等. 白芨种子的无菌萌发过程观察和组培快繁研究[J]. 北方园艺,2013(3):158-160.

[11] 郭顺星,徐锦堂. 白芨种子萌发和幼苗生长与紫萁小菇等四种真菌的关系[J]. 中国医学科学院学报,1992,14(1):51-54,79-80.

[12] 余朝秀,李枝林,王玉英. 野生白芨组培快繁技术研究[J]. 西南农业大学学报(自然科学版),2005,27(5):36-39.

[13] 郑晓君,叶静,管常东,等. 兰科植物种子萌发研究进展[J]. 北方园艺, 2010(19): 206-209.

[14] 王楷,李玥,张云峰,等. 白芨种子的高效萌发及其无性繁殖体系的构建[J]. 云南师范大学学报,2014,34(4):71-77.

[15] 喻苏琴,罗文秀,张寿文,等. 不同培养条件对白芨种子萌发效应的研究[J]. 安徽农业科学杂志,2010,16:8421-8422.

[16] 宋晓丹,陈晓玲,尚丽,等. 白芨种子试管高频萌发的应用研究[J]. 陕西理工学院,

2014,16(9):751-754.

[17] 郭顺星,徐锦堂. 真菌在兰科植物种子萌发生长中的作用及相互关系[J]. 植物学通报,1990,7(1):13-17.

[18] 董喜才,魏国英,王安乐,等. 乙酰丁香酮在植物转基因研究中的作用[J]. 中国农学通报,2011,27(5):292-299.

[19] 赵艳霞,邓雁如,张晓静,等. 白芨属药用植物化学成分及药理作用研究进展[J]. 天然产物研究与开发,2013(8):1137-1145.

[20] 石晶. 白芨属植物资源与利用[D]. 海口:海南大学,2010.

[21] 郭乔仪,唐云永. 种植白芨快速走上致富路[J]. 农村百事通,2015(7):26-27.

不同盐胁迫对白芨生长发育的影响

1 前言

1.1 白芨的研究现状

白芨为兰科白芨属的多年生草本球根植物（块茎），具有很高的观赏价值及药用价值。干燥的白芨块茎具有收敛止血、消肿生肌等功效，内治肺病、咳血、吐血、慢性胃溃疡及肿瘤；外治烫伤、创伤出血等。白芨主产于陕西南部、甘肃东部、江西、广东、广西、安徽、浙江、湖南、贵州和四川。有研究表明，贵州省地处云贵高原，具有独特的地理环境条件。不同地区间白芨假鳞茎的形态与大小存在差异。近年来，白芨野生资源濒临灭绝。曹琦等研究得出，土壤盐碱化严重威胁白芨的生存与繁殖及可持续利用。因此，需要保护野生药用白芨资源，以确保药用白芨得以长期稳定、持续发展和开发利用。根据野生白芨资源的生长环境状况以及市场使用现状，为制定野生白芨的保护政策和可持续利用提供依据。

目前，土地盐碱化已成为限制农业发展的重要因素，是世界性环境问题。全球具有开垦价值的陆地面积为 7×10^9 hm^2，其中已开垦的耕地面积仅为 1.5×10^9 hm^2，而盐碱地面积为 5.5×10^8 hm^2。因此，深入研究盐碱胁迫及其对白芨生长发育的影响已成为改善土壤盐碱化的重要理论依据。当前园艺植物的栽培技术方法主要有有土栽培和无土栽培两种。而无土栽培（又称水培）因营养均衡、节约空间、便于管理、生产成本相对较低、土传病害少等优点而被广泛推广。

水培白芨试验可使白芨对不同盐胁迫表现出明显的差异。随着试验时间的增长，我们可以观察白芨株高、叶长、叶宽和茎粗的变化趋势。适宜的盐浓度是植物能够进行良好生长发育的前提条件，也是提高产品质量的必要条件。高浓度盐分不仅会降低植物品质，影响植物正常的生长发育过程，而且会抑制植物生长甚至毒害植物。关于盐胁迫对兰科植物生长生理变化的研究较少。王保平等研究表明，以 $NaHCO_3$ 和 Na_2CO_3 为主要盐分的盐胁迫对植物生长发育的危害远大于以 NaCl 和 Na_2SO_4 为主的盐胁迫，适宜植物生长发育的盐浓度为 NaCl 24.2 mmol/L。为此，本试验研究白芨对中性盐和碱性盐的耐受能力，为以后研究植物盐碱性提供理论依据。

1.2 研究的目的与意义

白芨水培具有营养均衡、节约空间、便于管理、可控性较高、生产成本相对较低、无传病害等优点，可有效提高白芨产量和质量。因此，本试验所选材料为三年无毒白芨，研究其在 NaCl、Na_2SO_4、Na_2CO_3、$NaHCO_3$ 四种盐，每种盐各三个不同浓度的盐胁迫处理。通过对其生长指标（株高、叶长、叶宽、茎粗）和生理指标（叶绿素含量、总糖含量）的测定，从而找到白芨生长的最适合盐浓度范围，提高白芨的产量和品质，也为以后对植物盐胁迫的研究提供依据。

2 材料与方法

2.1 试验材料

杭州木木生物科技有限公司提供的野生白芨种子，经组培培育出苗，苗龄已有 3 年，种植于凯里学院试验基地（温室），进行规范管理。试验生长指标测定所选用的叶片均选取处理中长势最旺、无病虫害侵害的部位。

2.2 试验仪器

水培容器：水槽购买于凯里市隆丰批发市场。

试剂：日本园试配方营养液、氯化钠、硫酸钠、碳酸钠、碳酸氢钠、无水乙醇、考马斯亮蓝 G-250、80%磷酸、蒽酮、牛血清蛋白、葡萄糖、浓硫酸、活性炭等。

仪器：游标卡尺（1 300，0.02 mm，艾瑞特公司）、电子分析天平（CP124，0.000 1 g，北京赛多利斯仪器系统有限公司）、电蒸馏水器（YN-ZD-2 型，沪粤明科学仪器有限公司）、电热恒温水浴锅（DZKW-54 型，天津天泰有限公司）、电热炉（1 000 W，进兴商贸有限公司）、紫外分光光度计（TU-1800 型，北京普析通用有限公司）。

2.3 试验方法

2.3.1 水培处理法

选取长势一致的材料进行水培，定植在每个栽培槽盖板上的定植孔内。设置 4 个不同的处理，每个处理 3 个水平进行对比，每个处理设置 6 个重复，每盆 6 个重复，共 78 株。采用日本园试配方溶液为基本母液，分别加入不同的盐浓度进行培养，pH 值在 4.8~6.0 范围内均可。其他条件保持一致。每 20 天测量一次白芨生长指标，共测 5 次。白芨水培浓度如表 1 所示。

表 1 白芨水培使用浓度

试剂	浓度		
NaCl（A）	24.6 mmol/L（A1）	85.6 mmol/L（A2）	136.8 mmol/L（A3）
Na_2CO_3（B）	17.1 mmol/L（B1）	42.8 mmol/L（B2）	68.4 mmol/L（B3）
Na_2SO_4（C）	21.9 mmol/L（C1）	66.1 mmol/L（C2）	102.6 mmol/L（C3）
$NaHCO_3$（D）	19.6 mmol/L（D1）	77 mmol/L（D2）	136.7 mmol/L（D3）

2.3.2 生长指标的测定

茎粗：茎段最粗部位。

茎粗增量=$(a+b+c)/3$

株高：从土壤表面与植株平行处到植株叶展开的最高处。

株高增量=$(a+b+c)/3$

叶宽：从植株底端往上数的第二片叶的最宽处即为该叶片的叶宽。

叶宽增量=$(a+b+c)/3$

叶长：从植株底端往上数的第二片叶的基部到叶片尖端的长度。

叶长增量=$(a+b+c)/3$

球重：白芨球茎部位。

球重增量=$(a+b+c)/3$

式中：

a——第一个重复在 5 个时间阶段测量的增量均值；

b——第二个重复在 5 个时间阶段测量的增量均值；

c——第三个重复在 5 个时间阶段测量的增量均值。

2.3.3 生理指标的测定

2.3.3.1 叶绿素的测定

用叶绿素测定仪（SPAD-502 Plus）直接测量。从植株底端往上数的第二片叶，随机取 3 个点进行测量，取平均值（单位：SPAD），并记录数据。

2.3.3.2 总糖的测定

采用硫酸蒽酮法。每个处理称取 10 g 白芨球茎，分别置于研钵中，加入少量蒸馏水，研磨成匀浆，然后称取 1 g 白芨转入 20 mL 刻度试管中，用 10 mL 蒸馏水分次洗涤研钵，洗液一并转入刻度试管中。置沸水浴中加盖煮沸 10 min，冷却后过滤，滤液收集于 100 mL 容量瓶中，用蒸馏水定容至刻度，摇匀备用。

用移液管吸取 1 mL 提取液于 20 mL 具塞刻度试管中，加 1 mL 水和 0.5 mL 蒽酮试剂。再缓慢加入 5 mL 浓硫酸，盖上试管塞后，轻轻摇匀，再置沸水浴中 10 min（比色空白用 2 mL 蒸馏水与 0.5 mL 蒽酮试剂混合，并一同于沸水浴保温 10 min)。冷却至室温后，在波长 620 nm 下比色，记录吸光度值。查标准曲线得知对应的总糖含量(μg)。重复 3 次。

计算公式：

样品总糖含量(g/100 g 鲜重)= 查表所得糖含量(μg)× 稀释倍数/样品重(g)× 10^6

3 结果与分析

3.1 白芨生长指标对比

3.1.1 不同盐胁迫对白芨茎粗的影响

由图 1 中可知，13 个处理的茎粗随着时间的增长逐渐递增。CK 处理在 5 月 24 日到 6 月 13 日期间白芨茎粗增长缓慢，从 6 月 13 日到 7 月 3 日期间白芨茎粗迅速增长；D1 处理在 5 月 24 日到 7 月 3 日期间白芨茎粗增长缓慢，从 7 月 3 日到 7 月 23 日期间白芨茎粗迅速增长，从 8 月 12 日以后白芨茎粗增长缓慢；A1 和 C3 处理在 5 月 24 日到 7 月 23 日期间白芨茎粗增长缓慢，从 7 月 23 日到 8 月 12 日期间白芨茎粗持续生长，其他处理在此期间趋于稳定。

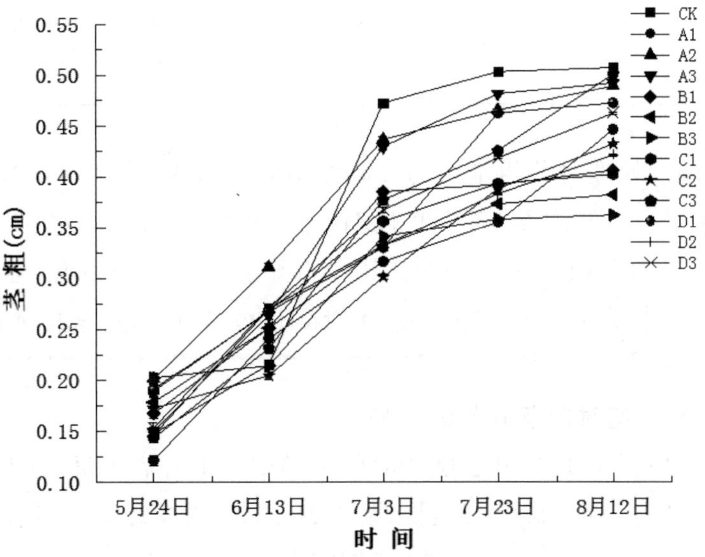

图 1 5—8 月份白芨茎粗生长动态图

由表 2 可知：CK、A1 无显著差异，但 CK 显著高于其他处理组；B2、B3 无显著差异，但 B2 显著高于 C2、D2、B1、C1、D1；对照组 CK 显著高于处理组 A、B、C、D。B、

C、D 无显著差异,但显著低于 A。

表 2 不同盐胁迫对白芨茎粗生长增量的方差分析

	处理	增量均值(cm)	5%显著水平
组合间	CK	0.269	a
	A1	0.240	ab
	A3	0.232	bc
	A2	0.227	bc
	D3	0.209	bc
	C3	0.206	bc
	B2	0.206	bc
	B3	0.202	cd
	C2	0.173	de
	D2	0.165	e
	B1	0.161	e
	C1	0.147	e
	D1	0.143	e
不同盐种类间	CK	0.269	a
	A	0.233	b
	C	0.189	c
	B	0.175	c
	D	0.173	c

低浓度 Na_2CO_3 处理对茎粗增长的抑制作用大于高浓度,高浓度 Na_2SO_4 处理对茎粗增长的抑制作用小于低浓度,高浓度 $NaHCO_3$ 处理对茎粗增长的抑制作用小于低浓度,不同浓度 NaCl 对茎粗增长的抑制作用没有显著差异; NaCl 处理组对茎粗增长的抑制作用小于其他处理组,Na_2CO_3、Na_2SO_4、$NaHCO_3$ 处理组对茎粗增长的抑制作用没有显著差异。

3.1.2 不同盐胁迫对白芨叶长的影响

由图 2 可知: 13 个处理的叶长随着时间的递增先上升后下降。CK 处理在 5 月 24 日到 7 月 03 日期间白芨叶长生长较快,从 7 月 23 日到 8 月 12 日期间白芨叶长呈下降趋势;B3 处理在 5 月 24 日到 7 月 03 日期间白芨叶长生长最快,从 7 月 03 日到 7 月 23 日期间白芨叶长迅速下降,最后趋于稳定。

由表 3 可知:对照组叶长增量显著高于处理组; B3、D1、D2 无显著差异,但显著低于 A1;C2、A3 无显著差异,但显著低于 A2;B2、B1 无显著差异,但显著高于 C3,C3 显著低于对照及其他处理组；CK 与 A 无显著差异,但显著高于其他处理组，C 处理组显著高于 B、D 处理组。

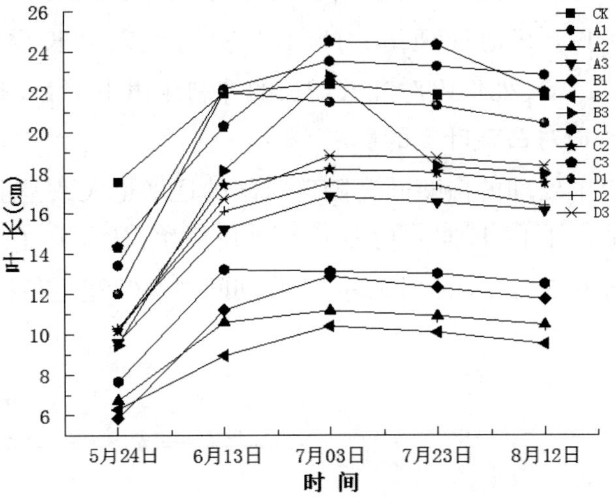

图 2 5—8 月份白芨叶长生长动态图

表 3 不同盐胁迫对白芨叶长生长增量的方差分析

	处理	增量均值(cm)	5%显著水平
组合间	CK	24.43	a
	A1	22.10	b
	B3	20.85	c
	D1	20.60	cd
	D2	19.71	cd
	A2	19.48	d
	C2	16.29	e
	A3	15.07	e
	D3	13.37	f
	C1	11.55	g
	B2	10.39	gh
	B1	9.20	h
	C3	7.91	i
不同盐种类间	CK	19.48	a
	A	19.32	a
	C	16.65	b
	B	15.81	c
	D	13.48	d

低浓度 NaCl 处理对叶长增长的抑制作用小于高浓度，高浓度 Na_2CO_3 处理对叶长增长的抑制作用小于低浓度，中浓度 Na_2SO_4 处理对叶长增长的抑制作用小于低浓度和高浓度，高浓度 $NaHCO_3$ 处理对叶长增长的抑制作用大于低浓度；NaCl 处理组对叶长增长的抑制作用小于其他处理组，Na_2SO_4 处理组对叶长增长的抑制作用小于 Na_2CO_3、$NaHCO_3$；Na_2CO_3 处理组对叶长增长的抑制作用小于 $NaHCO_3$ 处理组。

3.1.3 不同盐胁迫对白芨叶宽的影响

由图 3 可知：13 个处理的白芨叶宽随着时间的递增也大致呈上升趋势。A3 和 C2 处理在 5 月 24 日到 6 月 13 日期间白芨叶宽生长最快，从 6 月 13 日以后白芨叶宽生长趋于平稳；C1 处理在 5 月 24 日到 7 月 23 日期间白芨叶宽生长最缓慢，从 7 月 23 日以后趋于稳定。

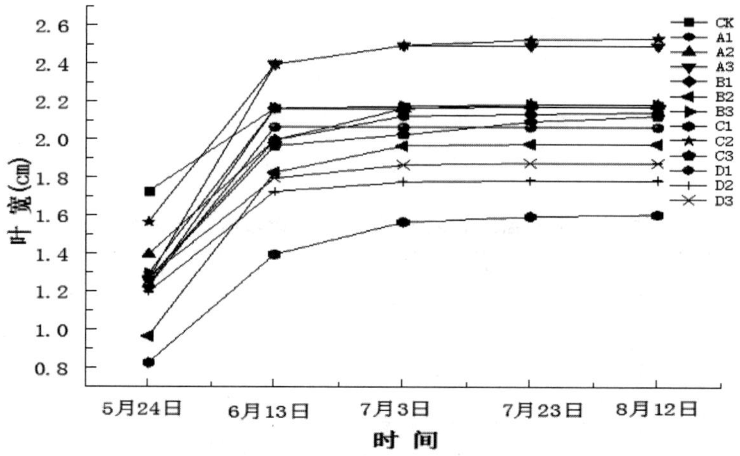

图 3 5—8 月份白芨叶宽生长动态图

由表 4 可知：C1 显著低于 D2、C2、A2、CK、B3、A2、B1、A1、D1、C3 处理，但与 D3、B2 无显著差异；对照组与处理组无显著差异，即 CK、A、B、C、D 无显著差异。

表 4 不同盐胁迫对白芨叶宽生长增量的方差分析

	处理	增量均值(cm)	5%显著水平
组合间	D2	2.32	a
	C2	2.17	ab
	A3	2.15	ab
	CK	1.97	ab
	B3	1.94	ab
	A2	1.91	ab
	B1	1.88	ab
	A1	1.83	ab

续表

	处理	增量均值(cm)	5%显著水平
组合间	D1	1.85	ab
	C3	1.81	ab
	D3	1.70	bc
	B2	1.68	bc
不同盐种类间	C1	1.25	c
	CK	1.98	a
	A	1.96	a
	B	1.96	a
	C	1.83	a
	D	1.74	a

高浓度 $NaHCO_3$ 处理对叶宽增长的抑制作用大于低浓度,低浓度 Na_2SO_4 处理对叶宽增长的抑制作用大于高浓度,不同浓度 NaCl、Na_2CO_3 对叶宽增长的抑制作用没有显著差异;处理组中 NaCl、Na_2CO_3、Na_2SO_4、$NaHCO_3$ 对叶宽增长的抑制作用没有显著差异。

3.1.4 不同盐胁迫对白芨株高的影响

由图 4 可知:13 个处理的株高随着时间的递增呈上升趋势。CK 处理在 5 月 24 日到 7 月 3 日期间白芨株高增长最快,从 7 月 3 日到 7 月 23 日期间白芨株高增长缓慢,最后趋于稳定;A2 处理在 5 月 24 日到 6 月 13 日期间白芨株高增长缓慢,最后趋于平稳。

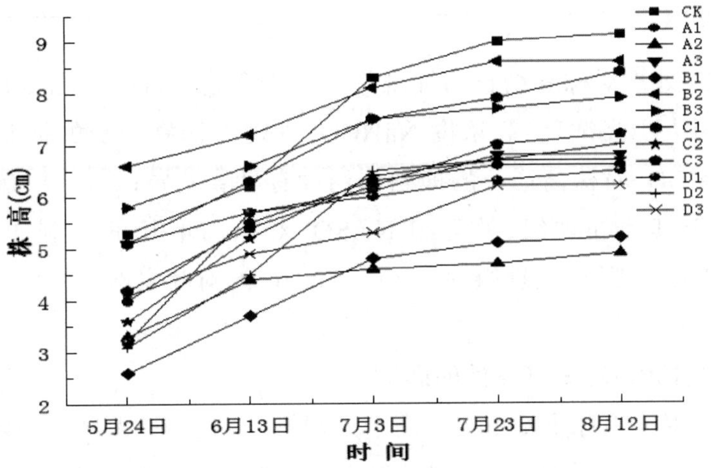

图 4 5-8 月份白芨株高生长动态图

由表 5 可知：B3 显著低于 CK、A2、C3，但与 A3、D3、C2 处理无显著差异；A1、B2、B1、D1 无显著差异但显著低于 CK、A2、C3；CK、A 无显著差异，但显著高于其他处理组，B、D 处理组无显著差异但显著低于 C 处理组。

表 5　不同盐胁迫对白芨株高生长增量的方差分析

	处理	增量均值(cm)	5%显著水平
组合间	CK	7.89	a
	A2	7.63	a
	C3	7.32	a
	A3	7.16	ab
	D3	6.89	ab
	C2	6.71	ab
	B3	5.96	bc
	A1	5.21	c
	B2	4.90	cd
	B1	4.56	cd
	D1	4.61	cd
	D2	3.75	de
不同盐种类间	C1	3.30	e
	CK	7.32	a
	A	6.67	a
	C	5.97	b
	B	5.18	c
	D	5.11	c

低浓度 NaCl 处理对株高增长的抑制作用大于高浓度，低浓度 Na_2SO_4 处理对株高增长的抑制作用大于高浓度，高浓度 $NaHCO_3$ 处理对株高增长的抑制作用小于高浓度，不同浓度 Na_2CO_3 对株高增长的抑制作用没有显著差异；处理组 NaCl 对株高增长的抑制作用小于其他处理组，处理组 Na_2SO_4 对株高增长的抑制作用小于高浓度 Na_2CO_3、$NaHCO_3$ 处理组；处理组 Na_2CO_3、$NaHCO_3$ 对叶宽增长的抑制作用没有显著差异。

3.1.5　不同盐胁迫对白芨球重的影响

由表 6 可知：对照组球重增量显著高于处理组，A1、A2 无显著差异但显著高于其他处理组，B3、C1、B2 显著高于 D3，但与 B1、A3、C3、D2、D1、C2 无显著差异；对照组与处理组无显著差异，即 CK、A、B、C、D 无显著差异。

表 6　不同盐胁迫对白芨球重的影响

	处理	增量(g)(8 月 12 日终止球重-3 月 12 日初始球重)	5%显著水平
组合间	CK	6.083	a
	A1	4.048	b
	A2	3.861	b
	B3	1.648	c
	C1	1.638	c
	B2	1.607	c
	B1	1.575	cd
	A3	1.572	cd
	C3	1.557	cd
	D2	1.554	cd
	D1	1.542	cd
	C2	1.468	cd
	D3	1.025	d
	CK	3.376	a
	A	3.244	a
不同盐种类间	B	3.228	a
	C	3.074	a
	D	2.906	a

低浓度 NaCl 处理对球重增长的抑制作用小于高浓度,不同浓度 Na_2CO_3、$NaHCO_3$、Na_2SO_4 对球重增长的抑制作用没有显著差异;NaCl、Na_2CO_3、$NaHCO_3$、Na_2SO_4 对球重增长的抑制作用没有显著差异。

3.2　白芨生理指标对比

3.2.1　不同盐胁迫对白芨叶绿素含量的影响

由表 7 可知以下几点。

(1)在 7 月 23 日,CK 显著高于 D1、D2,但与 A1、C1、A3、B2、A2、B1、D3、C2、C3、B3 无显著差异;D 处理组显著低于 CK、A,但与 B、C 无显著差异。

不同浓度 NaCl、Na_2CO_3、$NaHCO_3$、Na_2SO_4 对叶绿素含量增长的抑制作用没有显著差异;四种盐中 NaCl 处理对株高增长的抑制作用小于 $NaHCO_3$。Na_2CO_3、Na_2SO_4 对叶绿素含量增长的抑制作用没有显著差异。

(2)在 8 月 12 日,CK 显著低于 D2,但与 A1、C1、A3、B2、A2、B1、D3、C2、C3、B3、D1 无显著差异;CK 显著高于 D 但与 B、C 无显著差异。

表 7　不同盐胁迫对白芨叶绿素含量的方差分析

	处理	7月23日	5%显著水平	8月12日	5%显著水平
组合间	CK	33.067	a	29.133	a
	A1	30.567	ab	27.205	ab
	C1	28.000	abc	26.833	ab
	A3	27.333	abc	26.500	ab
	B2	27.300	abc	26.500	ab
	A2	26.633	abc	26.367	ab
	B1	25.700	abc	25.633	ab
	D3	25.500	abc	24.967	ab
	C2	24.233	abc	24.533	ab
	C3	24.000	abc	23.733	ab
	B3	23.867	abc	23.267	ab
	D1	21.333	bc	21.367	ab
	D2	20.033	c	19.467	b
不同盐种类间	CK	29.0	a	27.489	a
	A	27.867	a	26.444	ab
	B	25.5	ab	24.967	ab
	C	25.367	ab	24.878	ab
	D	21.789	b	21.367	b

不同浓度 NaCl、Na_2CO_3、Na_2SO_4、$NaHCO_3$ 对叶绿素含量增长的抑制作用没有显著差异；四种盐 NaCl、Na_2CO_3、Na_2SO_4、$NaHCO_3$ 对叶绿素含量增长的抑制作用没有显著差异。

3.2.2　不同盐胁迫对白芨总糖的影响

由表 8 可知：对照组总糖含量增量显著高于处理组；A2、C1 无显著差异但显著低于 A1、D3；B2、C2、B3 无显著差异但显著低于 D1、D2；A3、C3 显著低于对照及其他处理组但两者之间无显著差异；CK、A 无显著差异但显著高于其他处理，C 显著高于 B、D 处理组。

低浓度 NaCl 处理对总糖含量增长的抑制作用小于高浓度，低浓度 Na_2CO_3 处理对总糖含量增长的抑制作用大于高浓度，低浓度 Na_2SO_4 处理对总糖含量增长的抑制作用小于高浓度，高浓度 $NaHCO_3$ 处理对总糖含量增长的抑制作用小于高浓度；四种盐中 NaCl 处理对总糖含量增长的抑制作用小于其他处理组，Na_2SO_4 处理对总糖含量增长的抑制作用小于 Na_2CO_3、$NaHCO_3$ 处理组。

表 8　不同盐胁迫对白芨总糖影响方差分析

	处理	增量均值(g/100 g)	5%显著水平
组合间	CK	3.156	a
	A1	3.022	b
	D3	2.883	c
	A2	2.726	d
	C1	2.623	de
	D1	2.595	e
	D2	2.509	e
	B2	2.255	f
	C2	2.159	fg
	B3	2.151	fg
	B1	2.109	g
	A3	1.703	h
不同盐种类间	C3	1.606	h
	CK	2.896	a
	A	2.883	a
	C	2.311	b
	B	2.228	c
	D	2.103	d

4　结论与讨论

由对不同盐胁迫对白芨生长发育的影响的研究得出，在同一条件下，NaCl 和 Na_2SO_4 比 Na_2CO_3 和 $NaHCO_3$ 抗盐性更好。

1）生长指标讨论

从茎粗讨论，低浓度 Na_2CO_3 处理对茎粗增长的抑制作用大于高浓度，高浓度 Na_2SO_4 处理对茎粗增长的抑制作用小于低浓度，高浓度 $NaHCO_3$ 处理对茎粗增长的抑制作用小于低浓度，不同浓度 NaCl 对茎粗增长的抑制作用没有显著差异。从叶长讨论，低浓度 NaCl 处理对叶长增长的抑制作用小于高浓度，高浓度 Na_2CO_3 处理对叶长增长的抑制作用小于低浓度，高浓度 Na_2SO_4 处理对叶长增长的抑制作用小于低浓度，高浓度 $NaHCO_3$ 处理对叶长增长的抑制作用大于低浓度。从叶宽讨论，高浓度 $NaHCO_3$ 处理对叶宽增长的抑制作用大于低浓度，低浓度 Na_2SO_4 处理对叶宽增长的抑制作用大于高浓度，不同浓度 NaCl、Na_2CO_3 对叶宽增长的抑制作用没有显著差异。从株高讨论，低浓度 NaCl 处理对株高增长的抑制作用大于高浓度，低浓度 Na_2SO_4 处理对株高增长的抑制作用大于高浓度，高浓度 $NaHCO_3$ 处理对株高增长的抑制作用小于高浓度，不同浓度 Na_2CO_3 对株高增长的抑制作用没有显著差异。从球茎讨论，低浓度 NaCl 处理对球重增长的抑制作用小于高浓度，不同浓度 Na_2CO_3、$NaHCO_3$、Na_2SO_4 对球重增长的抑制作用没有显著差异。

2）生理指标讨论

从叶绿素含量讨论，在 7 月 23 日，不同浓度 NaCl、Na_2CO_3、$NaHCO_3$、Na_2SO_4 对叶绿素含量增长的抑制作用没有显著差异。在 8 月 12 日，不同浓度 NaCl、Na_2CO_3、$NaHCO_3$、Na_2SO_4 对叶绿素含量增长的抑制作用没有显著差异。从总糖含量讨论，低浓度 NaCl 处理对总糖含量增长的抑制作用小于高浓度，低浓度 Na_2CO_3 处理对总糖含量增长的抑制作用大于高浓度，低浓度 Na_2SO_4 处理对总糖含量增长的抑制作用小于高浓度，高浓度 $NaHCO_3$ 处理对总糖含量增长的抑制作用小于高浓度；四种盐中 NaCl 处理对总糖含量增长的抑制作用小于其他处理组，Na_2SO_4 处理对总糖含量增长的抑制作用小于 Na_2CO_3、$NaHCO_3$ 处理组。

本试验得出在 NaCl 和 Na_2SO_4 比在 $NaHCO_3$ 和 Na_2CO_3 中，栽培的白芨生长状况较好，与贾娜尔等研究表明 $NaHCO_3$ 和 Na_2CO_3 碱性盐对植物生长的抑制作用较 NaCl 和 Na_2SO_4 中性盐更为明显相一致。有研究表明，通过 5 天的水培试验明确了苜蓿幼苗对中性盐和碱性盐胁迫的耐受范围分别为 40 mmol/L 和 20 mmol/L，并指出盐碱胁迫时 OH^- 对植株根系的伤害可能较 Cl^- 和 SO_4^{2-} 更强。在本试验中，因为适宜白芨生长的 pH 范围为 4.8~6.0，所以 OH^- 会抑制白芨生长。低浓度 NaCl（24.6 mmol/L）处理对白芨生长的抑制作用小于高浓度，低浓度 Na_2CO_3（17.1 mmol/L）处理对白芨生长的抑制作用大于高浓度，低浓度 Na_2SO_4（21.9 mmol/L）处理对白芨生长的抑制作用小于高浓度，高浓度 $NaHCO_3$（136.7 mmol/L）处理对白芨生长的抑制作用小于高浓度。

因此，综合上述白芨生长发育的实际情况得出，B3（Na_2CO_3 68.4 mmol/L）处理对白芨生长的抑制作用大于其他处理，其抑制白芨茎粗、株高、叶长、叶宽和球重生长及降低总糖含量。低浓度 A1（NaCl 24.6 mmol/L）处理对白芨生长的抑制作用小于其他处理，与对照组的生长与生理指标无显著差异。

参考文献

[1] 国家药典委员会. 中华人民共和国药典（一部）[M]. 北京：中国医药科技出版社，2010.

[2] 龚晔，景鹏飞，魏宇昆，等. 中国珍稀药用植物白芨的潜在分布与其气候特征[J]. 植

物分类与资源学报,2014,36(2):237-244.
[3] 孙爱静,庞素秋,王国权. 中药白芨化学成分与药理活性研究进展[J]. 环球中医药,2016,4(9):507-511.
[4] 万大群,赵仁全,刘海,等. 白芨的成分、药理作用和临床应用研究进展[J]. 中国药业,2017,26(2):93-96.
[5] 《中国植物志》编委会. 中国植物志(第十八卷)[M]. 北京:科学出版社,1999.
[6] 李付惠. 白芨的研究进展[J]. 文山学院学报,2016,29(6):8-11,20.
[7] 石晶. 白芨属植物资源与利用[D]. 海口:海南大学,2010.
[8] 张殷波. 中国野生兰科植物物种多样性与地理分布[J]. 科学通报, 2015, 60(2):179-188.
[9] 仇硕,赵健,唐凤鸾,等. 白芨产业的发展现状、存在问题及展望[J]. 贵州农业科学,2017,45(4):96-98.
[10] 曹琦,王学平. 临沧地区野生药用白芨资源现状及可持续发展研究[J]. 现代农业科技,2015,(10):94-95.
[11] 李紫云,肖锦淑. 白芨国内外研究利用现状及可持续发展建议[J]. 绿色科技,2017,17(2):237-244.
[12] 蔺娟,地里拜尔·苏力坦. 土壤盐渍化的研究进展[J]. 新疆大学学报(自然科学版),2007,24(3):318-323,328.
[13] SAKUNO E, KAMO T, TAKEMURA T, et al. Contribution of militarine and dactylorhin A to the plant growth-inhibitory activity of a weed-suppressing orchid, Bletilla striata[J]. Weed Biology and Management, 2010, 10(3): 202-207.
[14] 王佳丽,黄贤金,钟太洋,等. 盐碱地可持续利用研究综述[J]. 地理学报, 2011, 66(5):673-684.
[15] 姚宗凡,黄英资,姚晓敏. 药用植物栽培手册[M]. 上海:上海中医药大学出版社,2001.
[16] 景璐,刘涛,白玉娥. 草本园林植物耐盐性研究进展[J]. 中国农学通报, 2011, 27(13):284-289.
[17] 尹勤瑞. 盐碱化对土壤物理及水动力学性质的影响[D]. 西安:西北农林科技大学,2011.
[18] 魏进,周玮,李汶锟. 贵州省白芨病虫害种类调查与防治分析[J]. 现代农业科技,2015,(21):150-151.

[19] 贾新平，邓衍明，孙晓波，等. 盐胁迫对海滨雀稗生长和生理特性的影响[J]. 草业学报，2015，24(12)：204-212.

[20] 张满常，段修安，王仕玉，等. 白芨中药材栽培技术研究进展[J]. 云南农业科技，2015，(5)：61-63.

[21] 彦霞，金芳，杨凤翔，等. 不同种类盐胁迫对孜然种子萌发及幼苗生长的影响[J]. 草原与草坪，2010，30(4)：71-75，80.

[22] 刘巍，于志水，纪纯阳，等. 植物盐胁迫研究进展[J]. 防护林科技，2008(82)：1005-5215.

[23] 陈景耀，张卫明，王习达，等. 白芨多糖硫酸酯化及生物学活性的比较研究[J]. 食品科学，2007，28(4)：27-31.

[24] 贾娜尔·阿汗，张相锋，赵玉. 盐碱胁迫对小冰麦种子萌发和早期幼苗生长的影响[J]. 种子，2010，29(9)：52-55.

白芨林下栽培与露地栽培的生长特性及品质比较

1 前言

1.1 研究背景

白芨是兰科白芨属多年生喜阴草本植物。白芨属植物共6种,均产于东亚。其中我国产4种,分别为小白芨、中华白芨、白芨和黄花白芨,主要产于贵州、广西和四川等地。研究表明,白芨的主要化学成分为白芨多糖、淀粉及葡萄糖,联苄类、菲类及其衍生物等,其中多糖是白芨品质的主要活性成分。白芨干燥块茎具有收敛止血、消肿生肌等功效,外敷用于治疗创伤出血等,内服用于治疗肿瘤、咳血等症状。传统中药材白芨在医药、美容和化工等方面的需求日渐增大,野生资源并不能满足人们的需求。近些年,人为的不规范采挖加上其天然生境日益恶化,使得野生白芨的分布范围逐年减小,野生白芨资源日渐短缺。我国虽有多地栽培,但环境因素、栽培技术和种质资源等问题一直制约着白芨产业的发展。

国内有不少学者对白芨的生态种植技术进行了大量研究。陈润泽、张泽等研究总结出了白芨人工种植过程中的种苗选择、栽植、田间管理及采收加工等技术要点。黄婷研究了沼肥在白芨育苗及种植中的应用,总结出了白芨幼苗期采用立体栽培,施加水溶肥;后期分栽到大棚盆栽或大田培养,施加沼肥;以苗龄为三年的白芨苗施加沼渣等技术要点。更有学者如张欣磊等人研究了AM真菌对盐胁迫下白芨的生长和养分吸收的影响,得出接种AM真菌有助于提高白芨的耐盐能力。也有部分学者研究了白芨的林下栽培技术。甘开涛等人总结出了林下栽培白芨生长的土壤条件、遮荫度、水分、温度等技术要点。李文月等人就林下栽培白芨也进行了研究,通过引种栽培比较试验,筛选出了优良白芨品种,并构建了白芨良种繁育及林下仿野生栽培关键技术体系。蒋家顺等人研究了不同施肥种类及用量对林下种植白芨产量的影响,得出施用复合肥和农家肥均能有效增加白芨产量。

虽有学者对林下栽培白芨的技术进行了研究,但涉及白芨林下栽培与露地栽培之间生长特性和品质比较的研究领域尚未有人涉足。故此，笔者就白芨林下栽培与露地栽培的生长特性及品质比较进行了试验研究。

1.2 研究的目的与意义

本论文通过研究白芨林下栽培与露地栽培的生长特性和品质的差异，寻找林下栽培白芨相较于露地栽培白芨的优势，以达到提升品质、提高产量、迎合市场和保护野生资源的目的，推动当地特色中药材产业的发展，同时更好地保护和合理利用野生资源，并为后续中药材林下栽培研究提供理论依据。

2 材料与方法

2.1 试验材料

试验材料为一年生紫花三叉白芨，种植于凯里学院卓越农林人才实训基地，该处位于黔东南苗族侗族自治州凯里市境内。设定两种栽培模式：露地栽培组设于露天环境下，透光率为100%；林下栽培组在榆钱树下，透光率为50%。（透光率计算公式：荫蔽度=被树冠覆盖的样点数/样点总数）

2.2 试验仪器

试验所需仪器如表1所示。

表1 试验仪器

名称	型号	生产厂家
紫外分光光度计	V-1100D	上海美谱达仪器有限公司
便携式光合仪	Li-6400XT（Li-COR）	美国Li-COR公司
叶绿素仪	SPAD-502plus	日本KONICA MINOLTA公司
台式高速冷冻离心机	5430R	上海仪鸣科学仪器有限公司
低速台式离心机	KC-40T	湖南迈克尔试验仪器有限公司
研磨机	MR9403	广东新宝电器股份有限公司
XY系列精密电子天平	XY1000-2c	常州幸运电子设备有限公司
数显恒温水浴锅	HH-4	邦西仪器科技有限公司

2.3 试验方法

2.3.1 农艺性状

本试验从 2022 年 3 月 7 日起,记录至 2022 年 11 月 25 日,两种处理分别取 10 株进行试验,每 7 天记录一次。其中,萌芽期为 2022 年 3 月 7 日至 2022 年 4 月 25 日,开花期为 2022 年 5 月 4 日至 2022 年 7 月 16 日,地下茎膨大期为 2022 年 7 月 23 日至 2022 年 11 月 25 日。定时观察记录其生长情况,主要观察指标包括:株高、茎粗、叶长、叶宽。

2.3.2 叶绿素含量测定

选择在晴朗的天气,选取生长健壮且叶片健康的植株,使用 SPAD-502plus 仪器测定两种不同栽培模式的白芨三个时期的叶绿素含量。每株取三片叶,每片叶分别记录叶片上、中、下三个部位的叶绿素含量,并重复记录三次。

2.3.3 光合测定

参考贺安娜等的方法,并略作修改。

2.3.4 品质指标的测定

2.3.4.1 可溶性糖的测定

采用蒽酮比色法测定白芨叶片的可溶性糖含量。

2.3.4.2 淀粉含量的测定

参照姚李祥等的方法测定还原糖含量。

2.3.4.3 蔗糖含量的测定

参照姚李祥等的方法测定蔗糖含量。

2.3.4.4 果糖含量的测定

参照姚李祥等的方法测定果糖含量。

2.3.4.5 多糖含量的测定

参照朱斌等的方法测定白芨多糖的含量。

2.3.4.6 还原糖含量的测定

参照姚李祥等的方法测定还原糖含量。

3 结果与分析

3.1 不同栽培模式白芨的生长特性

3.1.1 农艺性状的观察结果

通过观察,并利用 SPSS 软件进行重复测量方差分析后发现,萌芽期、开花期和地下茎膨大期的白芨株高、茎粗、叶长和叶宽之间随着时间的递推均存在显著差异。萌芽期和开花期不同栽培模式的白芨株高，随着时间的推移存在显著性差异。对其进行简单效益分析发现，林下栽培组萌芽期 1 至 7 周之间的株高均达到了显著性水平（ F=7.502b，$Sig.$=0.001 ），露地栽培组萌芽期 1 至 7 周间的株高也均达到了显著性水平（ F=7.502b，$Sig.$=0.001 ）。开花期的林下栽培组 13 周与 14 周、15 周、16 周和 17 周的株高未达到显著水平，14 周与 13 周和 15 周也不显著，15 周与 13 周、14 周、16 周和 17 周不显著，16 周与 13 周和 15 周不显著，17 周与 13 周和 15 周不存在显著差异，其余时间段均存在显著差异；露地栽培组 25 周与 26 周和 27 周的株高不存在显著差异，其余时间段均存在显著差异（ F=6.697b，$Sig.$=0.003 ）。萌芽期露地栽培组 2 至 5 周白芨株高均显著高于林下栽培组（ F=7.020b，$Sig.$=0.016 ），萌芽期林下栽培组 1 周的叶长显著高于露地栽培组（ $Sig.$=0.011 ）（图 1）。开花期两种栽培模式的白芨株高、茎粗和叶宽之间均未达到显著水平，而叶长则是于 13 至 17 周才具有显著差异（ F=4.468b，$Sig.$=0.049 ）（图 2）。地下茎膨大期林下栽培组的叶长均显著高于露地栽培组（ F=7.814b，$Sig.$=0.012 ），株高、茎粗和叶宽均未达到显著水平（图 3）。

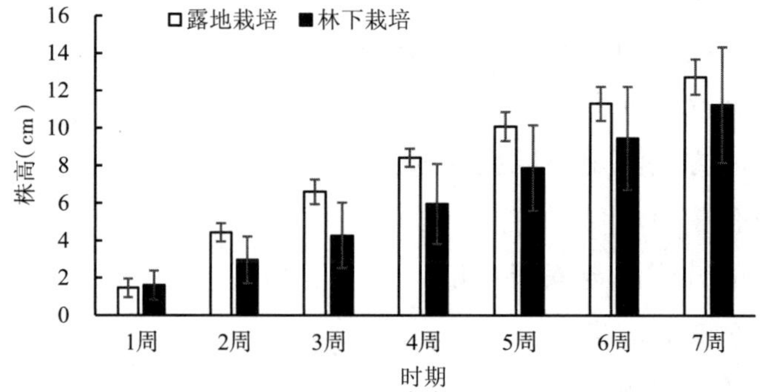

（a）

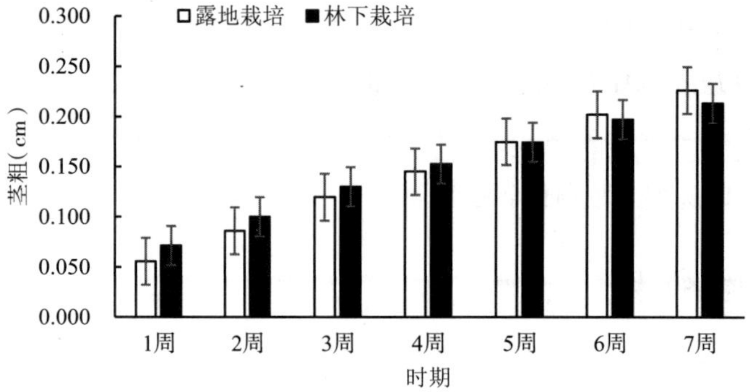

（b）

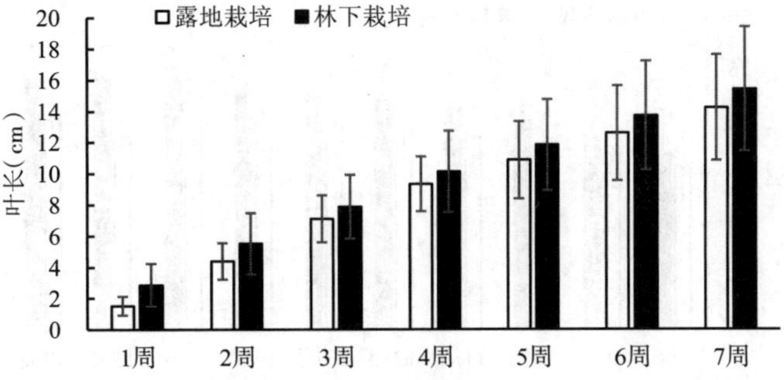

(c)

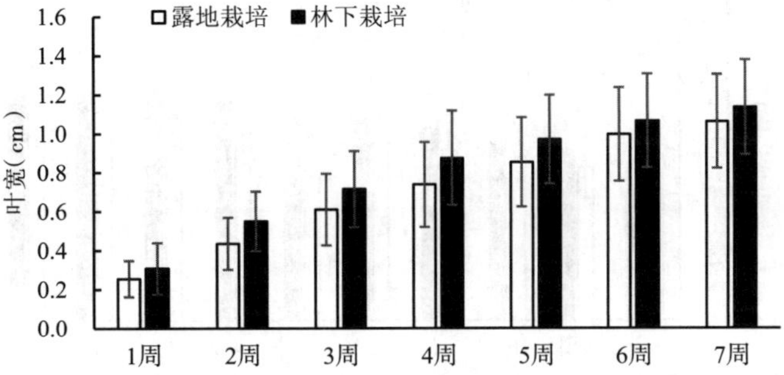

(d)

图 1　萌芽期的农艺性状比较

(a)株高;(b)茎粗;(c)叶长;(d)叶宽

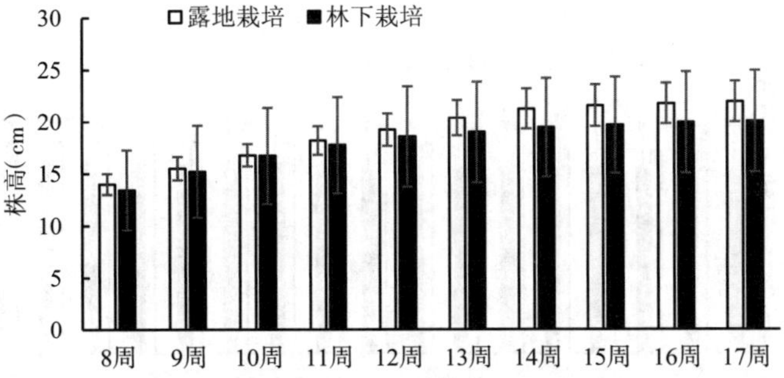

(a)

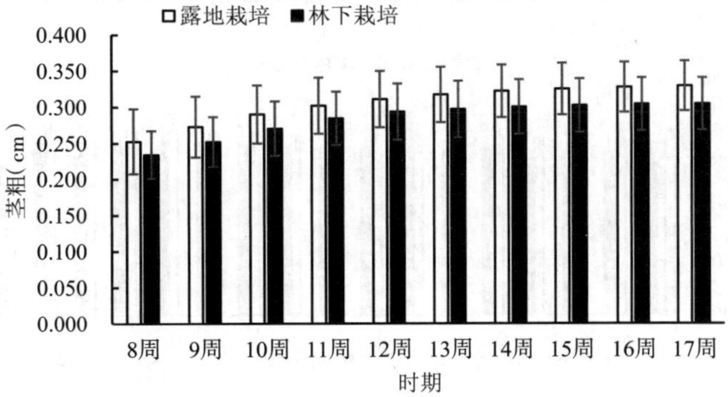

(b)

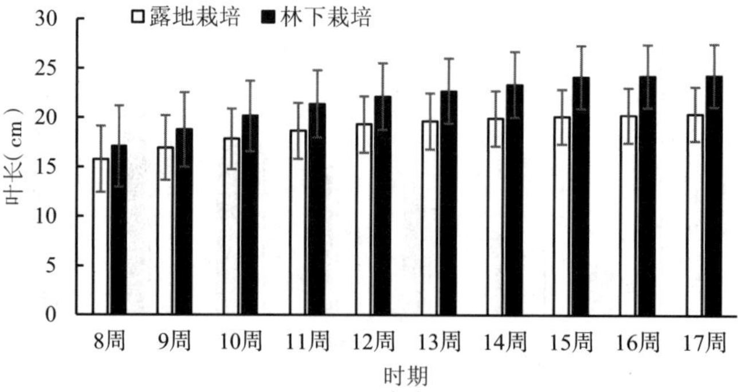

(c)

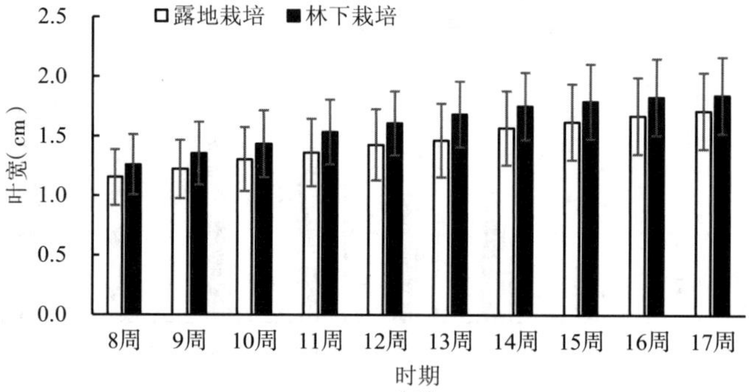

(d)

图 2 开花期的农艺性状比较

(a)株高;(b)茎粗;(c)叶长;(d)叶宽

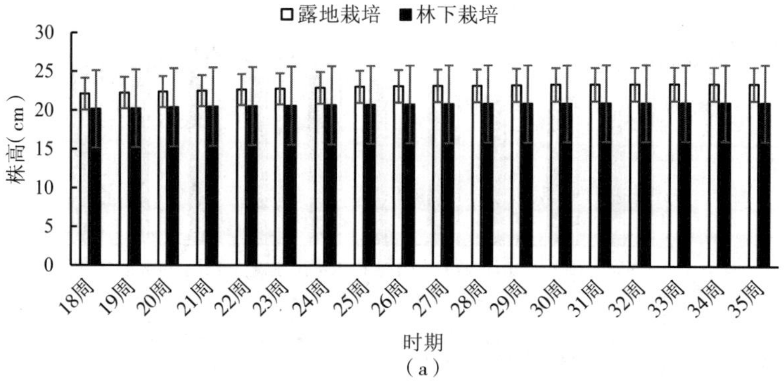

(a)

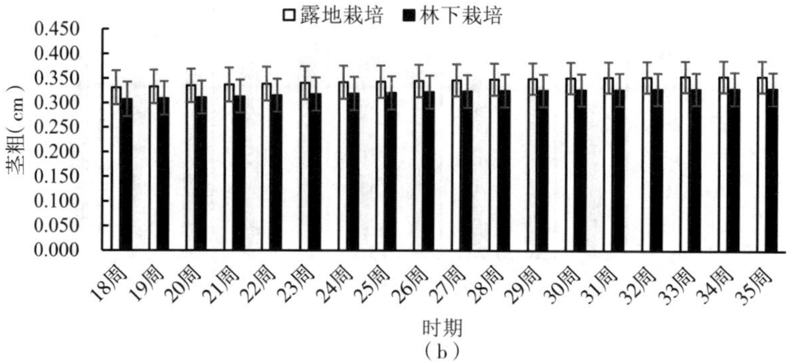

(b)

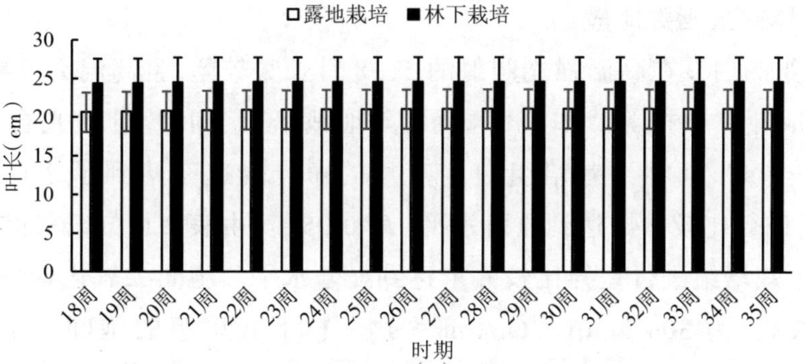

(c)

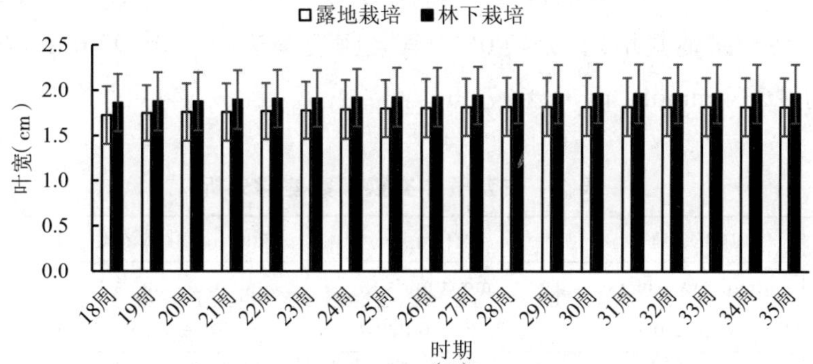

(d)

图 3　地下茎膨大期的农艺性状比较

(a)株高;(b)茎粗;(c)叶长;(d)叶宽

3.1.2　叶绿素含量比较

在不同栽培模式处理下,林下栽培组萌芽期的叶绿素含量可达 44.27 SPAD,露地栽培组含量仅 38.45 SPAD;开花期林下栽培组的叶绿素含量为 44.71 SPAD,露地栽培组叶绿素含量为 39.77 SPAD;地下茎膨大期林下栽培组的叶绿素含量为 45.16 SPAD,而露地栽培组叶绿素含量为 38.69 SPAD。由图 4 可知,林下栽培组白芨叶绿素含量均显著高于露地栽培组($P<0.05$)。

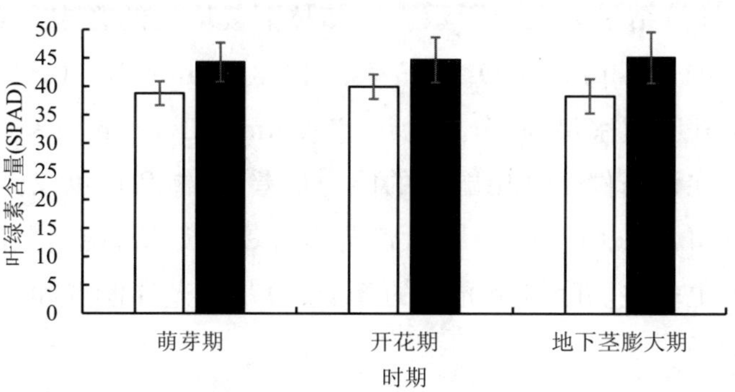

图 4　白芨的叶绿素含量

3.1.3 气体交换指数比较

露地栽培组的白芨在高温强光照射的5—8月长势较差，且高温天气极易引起白芨感染锈病，造成叶片破损等。如表2显示，露地栽培白芨叶片的净光合速率为3.892 μmol CO_2/(m²·s)，而林下栽培组白芨叶片的净光合速率达到了8.137 μmol CO_2/(m²·s)，两组进行比较差异达到显著水平($P<0.05$)。由表2可知，露地栽培组气孔导度最低，与林下栽培组进行差异比较并未达到显著水平。胞间二氧化碳浓度比较下，露地栽培组则最高，为304 μmol CO_2/(m²·s)。林下栽培组的胞间二氧化碳浓度为272 μmol CO_2/(m²·s)，两组进行差异比较达到了显著水平。林下栽培组的蒸腾速率在显著水平上高于露地栽培组($P<0.05$)，其蒸腾速率达到了0.392 mmol/(m²·s)，而露地栽培组仅为0.234 mmol/(m²·s)。

表2 白芨气体交换参数差异分析

处理项目	净光合速率	气孔导度	胞间二氧化碳浓度	蒸腾速率
	μmol CO_2/(m²·s)	mol/(m²·s)	μmolCO_2/(m²·s)	mmol/(m²·s)
露地栽培	3.892 ± 0.12	0.223 ± 0.000 4	304 ± 6.28	0.234 ± 0.006
林下栽培	8.137 ± 0.09	0.346 ± 0.001 1	272 ± 8.03	0.392 ± 0.011

3.1.4 叶片光响应曲线比较

使用Excel软件对两组白芨的光响应曲线进行绘图比较，叶子飘等机理模型同时生成与PPFD匹配的预测值(Predict values，Pv)，由 *Pn* 和 *Pv* 数值绘制对照及低温光响应曲线如图5所示。由图5可知，光照强度在500 μmol/(m²·s)以下，净光合速率迅速增加，光照强度在800 μmol/(m²·s)以上时净光合速率趋于平缓并降低。林下栽培组的光响应曲线整体明显高于露地栽培组。此拟合曲线较为理想，实测值与理论值非常相近，直接反映出白芨在露地栽培和林下栽培下Pn随PPFD的变化趋势。得出露地栽培组的光补偿点(LCP)、林下栽培组的光饱合点(LSP)、最大净光合速率(P_{max})和暗呼吸速率(RD)计算结果如表3所示。可知林下栽培组的光饱和点和最大净光合速率最高，分别为1 201.806 μmol CO_2/(m²·s)、8.730 μmol CO_2/(m²·s)。而露地栽培组的光补偿点和暗呼吸速率最高，分别为11.757 μmol CO_2/(m²·s)、0.732 μmol CO_2/(m²·s)，说明白芨在该条件下利用弱光的能力最差，光饱和点也以露地栽培组的最低，仅为666.617 7 μmol CO_2/(m²·s)，最大净光合速率也最低，说明了此时白芨在该条件下利用强光的能力也较差。随着透光率的降低，白芨的光补偿点和暗呼吸速率降低，即利用弱光的能力增强。

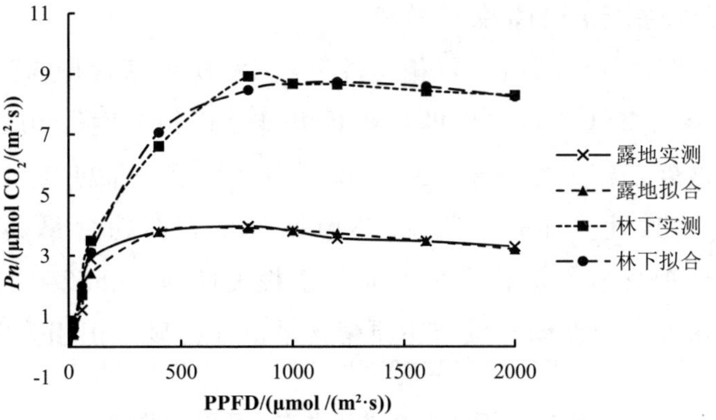

图 5 白芨光响应曲线比较

注:表中光合数据单位为 μmol CO_2/(m²·s),光照强度单位为 μmol /(m²·s)。

表 3 叶子飘等机理模型拟合计算 LSP、P_{max}、LCP 及 RD 单位:μmol CO_2/(m²·s)

处理	*LSP*	P_{max}	*LCP*	*RD*
露地栽培	666.618	3.932	11.757	0.732
林下栽培	1 201.806	8.730	6.429	0.294

3.2 不同栽培模式白芨的品质分析

3.2.1 不同栽培模式品质相关指标的比较

多糖是白芨药材的主要活性成分,是评价其中药材道地性的一个重要指标。由表4可知,林下栽培组多糖含量可达 180.9 mg/g,而露地栽培组多糖含量仅 159.3 mg/g,两组多糖含量差异比较达到显著水平($P<0.05$)。露地栽培组淀粉含量为 146 mg/g,而林下栽培组的淀粉含量高达 326 mg/g,两者差异比较达到了显著水平。林下栽培组的可溶性糖含量也显著高于露地栽培组($P<0.05$),其含量为 366 mg/g。林下栽培组的白芨果糖和还原糖含量分别为 27.78 mg/g 和 86.12 mg/g,露地栽培组的白芨果糖和还原糖含量分别为 17.83 mg/g 和 59.75 mg/g。两种栽培模式下的白芨果糖和还原糖含量差异比较均达到了显著水平。露地栽培组的蔗糖含量为 6.60 mg/g,而林下栽培组的蔗糖含量为 6.55 mg/g,低于露地栽培组,但两组蔗糖含量差异未达到显著水平。

表 4 白芨品质差异分析

处理项目	可溶性糖(mg/g)	淀粉 (mg/g)	蔗糖 (mg/g)	果糖 (mg/g)	多糖(mg/g)	还原糖(mg/g)
露地栽培	340 ± 8.81	146 ± 11.21	6.60 ± 0.33	17.83 ± 1.00	159.3 ± 6.62	59.75 ± 0.83
林下栽培	366 ± 5.95	326 ± 10.97	6.55 ± 0.29	27.78 ± 1.86	180.9 ± 7.16	86.12 ± 1.58

3.2.2 不同品质指标间的相关性分析

利用 SPSS 软件对白芨品质进行相关性分析，发现果糖含量与淀粉含量具极显著正相关性（r=0.614），多糖含量与果糖含量具极显著正相关性（r=0.618），还原糖含量与果糖含量具极显著正相关性（r=0.739），说明白芨块茎中果糖与淀粉、多糖和还原糖的积累具有较高一致性。如表 5 所示，还原糖含量与淀粉含量具极显著正相关性（r=0.906）；可溶性糖含量与淀粉含量具显著正相关性（r=0.552），与果糖含量具显著正相关性（r=0.468）；可溶性糖含量与还原糖含量也存在显著正相关性（r=0.523）。

表 5 不同栽培模式下白芨品质的相关性

测定指标	相关系数					
	可溶性糖	淀粉	蔗糖	果糖	多糖	还原糖
可溶性糖						
淀粉	0.552*					
蔗糖	0.024	-0.048				
果糖	0.468*	0.614**	0.148			
多糖	0.181	0.468	0.116	0.618**		
还原糖	0.523*	0.906**	-0.014	0.739**	0.410	

注：* 表示显著相关；** 表示极显著相关。

4 结论与讨论

利用 SPSS 软件对白芨品质进行相关性分析，发现果糖含量与淀粉含量呈极显著正相关（r=0.614），多糖含量与果糖含量呈极显著正相关（r=0.618），还原糖含量与果糖含量呈极显著正相关（r=0.739），说明白芨块茎中果糖与淀粉、多糖和还原糖的积累具有较高一致性。如表 5 所示，还原糖与淀粉含量呈极显著正相关（r=0.906），可溶性糖与淀粉含量呈显著正相关（r=0.552），可溶性糖与果糖含量呈显著正相关（r=0.468），可溶性糖与还原糖含量呈显著正相关（r=0.523）。

植物为适应环境变化会调整自身性状。不同栽培模式下白芨生长和生物量差异显著，50%透光率下株高、叶长和叶面积增长最显著。本研究林下栽培组透光率为 50%，发现萌芽期、开花期和地下茎膨大期的株高、茎粗、叶长和叶宽随时间推移均存在显著差异。萌芽期不同栽培模式株高随时间推移差异显著，表明两种栽培模式的株高波动存在差异。简单效益分析显示：林下栽培组萌芽期 1 至 7 周株高均达显著水平，露地栽培组萌芽期 1 至 7 周株高亦然。开花期林下栽培组 13 周与 14 周、15 周、16 周和 17

周株高无显著差异，14 周与 13 周和 15 周不显著，15 周与 13 周、14 周、16 周和 17 周不显著，16 周与 13 周和 15 周不显著，17 周与 13 周和 15 周无显著差异；露地栽培组 25 周与 26 周和 27 周株高无显著差异，其他时段差异显著。萌芽期露地栽培组 2 至 5 周株高显著高于林下栽培组，林下栽培组 1 周叶长显著高于露地组。开花期两种模式株高、茎粗和叶宽均无显著差异，叶长在 13 至 17 周出现显著差异。地下茎膨大期林下组叶长显著高于露地组，株高、茎粗和叶宽无显著差异。本研究与许娟等研究结果一致，适度荫蔽可使白芨叶长细长且生长最佳。林下组部分农艺性状指标偏低可能源于土壤营养管理不足。

两种栽培模式下，林下组叶片浓绿，露地组叶片泛黄并受锈病、虫害及光灼损伤。叶绿素含量林下组显著高于露地组，光合作用更强，促进块茎多糖积累。露地组叶绿素含量低导致光合速率下降，高温强光抑制酶活性和光合系统。适度叶绿素增加有利光能捕获，过量则引发光抑制。林下栽培提高叶绿素的特性与多数中药材研究结论一致。

光合作用与中药材产量和药效成分积累密切相关。露地组 100%透光率下光合速率、气孔导度最低，光响应曲线显示强光利用能力差。50%透光率的榆树林下组净光合速率最高，气孔导度和蒸腾速率较高，光响应值达露地组 2 倍。叶子飘模型拟合显示林下组最大净光合速率最高，透光率降低可增强弱光利用能力，与刘海等研究一致。

比较不同栽培模式块茎品质发现：林下组多糖、淀粉、可溶性糖、果糖和还原糖含量均显著高于露地组，表明适度荫蔽有利品质成分积累。多糖积累与矿质元素无协同作用。品质相关性分析显示还原糖与可溶性糖、淀粉、果糖显著相关，果糖与可溶性糖、淀粉、多糖显著相关，淀粉与可溶性糖显著相关。与姚李祥等研究差异可能源于品种和地理因素。

研究表明，林下栽培通过调节株高、叶形态提高叶绿素含量和蒸腾速率，增强光能捕获和水分利用，促进光合作用完成生活史。白芨展现强弱光适应性，林下组多糖等品质显著优于露地组。本研究为中药材林下栽培提供理论依据，对发展特色药材产业具重要意义。

参考文献

[1] 商靓婷. 硼、钼添加对白芨生长及多糖累积的影响[D]. 南昌：江西农业大学，2020.

[2] 张永为，蒋福升，王寅，等. 白芨产业现状及可持续发展的探讨[J]. 中华中医药学刊，2012，30(10)：2264-2267.

[3] 武桂娟，刘泓雨，王红，等. 白芨多糖对正常小鼠出、凝血时间影响的试验研究[J]. 黑龙江中医药，2011，40(3)：49-50.

[4] 李世琴，熊丽丹，何海伦，等. 白芨的药理作用和临床研究进展[J]. 中国美容医学，2021，30（11）：176-178.

[5] 俞杭苏，代斌玲，钱朝东，等. 白芨须根化学成分及其体外抗菌活性研究[J]. 中药材，2016，39（3）：544-547.

[6] 李华，彭音，陈芳，等. 白芨二氢菲类化合物对临床常见病原菌作用的研究[J]. 安徽医药，2020，24（4）：800-804，852.

[7] 庞素秋，王国权，吴双，等. 白芨多糖对大鼠深Ⅱ度烫伤创面的保护作用[J]. 中药材，2013，36（11）：1819-1823.

[8] 曹俊敏. 白芨地上部分抗肿瘤作用试验研究[D]. 杭州：浙江中医药大学，2016.

[9] 张兵，史亚，周芳美，等. 白芨提取物体外抗流感病毒药效及其机理研究[J]. 中药材，2017，40（12）：2930-2935.

[10] 陈江，张兵，冯燕，等. 白芨提取物对流感病毒感染 MDCK 细胞基因表达的干预研究[J]. 浙江中医药大学学报，2019，43（5）：481-492.

[11] 仇硕，赵健，唐凤鸾，等. 白芨产业的发展现状、存在问题及展望[J]. 贵州农业科学，2017，45（4）：96-98.

[12] 陈润泽. 珍稀中草药白芨的高效栽培技术[J]. 农村经济与科技，2018，29（12）：29-30.

[13] 张泽，杨宝明，李永极，等. 白芨绿色高产栽培技术[J]. 云南农业科技，2020，（4）：40-41.

[14] 黄婷. 沼肥在白芨育苗及种植中的应用研究[D]. 昆明：昆明理工大学，2019.

[15] 张欣磊，邱雅静，王艳红，等.AM 真菌对盐胁迫下白芨生长和养分吸收的影响[J]. 生态科学，2020，39（5）：1-8.

[16] 甘开涛，胡明举，董志渊，等. 云南地区白芨林下种植现状及技术要点[J]. 云南农业科技，2023，（2）：13-15.

[17] 李月文. 白芨林下栽培关键技术集成优化与示范. 重庆市：重庆市林业科学研究院，2021-01-28.

[18] 蒋家极，杨利华，贾平，等. 不同施肥种类及施用量对林下种植白芨产量的影响试验[J]. 林业调查规划，2018，43（4）：129-133.

[19] 贺安娜，郭圣军，刘湘韩，等. 林下栽培多花黄精的形态及光合特性比较[J]. 湖南生态科学学报，2021，8（4）：8-14.

[20] 李合生，孙群，赵世杰，等. 植物生理生化试验原理和技术[M]. 北京：高等教育出版社，2000：194-201.

[21] 姚李祥,潘春柳,王春丽,等. 不同种质来源白芨的品质差异[J]. 江苏农业科学,极极极,49(17):150-154.

[22] 周斌,朱艳,舒童,等. 铜仁市白芨药材野生品与栽培品中白芨多糖含量对比研究[J]. 山东化工,2021,50(24):106-108.

[23] OGUCHI R, HIKOSAKA K, HIROSE T. Does the photosynthetic light acclimation need change in leaf anatomy? [J]. Plant, Cell & Environment, 2003, 26: 505-512.

[24] 周一冉. 不同光照强度对白芨光合生理特性的影响[D]. 郑州:郑州大学,2020.

[25] 许娟,石云平,覃永媛,等. 不同郁闭度八角林下人工白芨生长特性分析[J]. 安徽农业科学,2023,51(6):166-169,181.

[26] SONG Q F, WANG Y, QU M N, et al. The impact of modifying photosystem antenna size on canopy photosynthetic efficiency[J]. Plant, Cell & Environment, 2017, 40: 2946-2957.

[27] 刘海,罗鸣,吴明开. 遮阴处理对白芨光合特性的影响[J]. 时珍国医国药,2017,28(9):2229-2232.

[28] 林立,聂鲜钰,陆春云,等. 基于多糖和白芨胶及矿质元素分析的白芨种质资源特征研究[J]. 中药材,2019,42(5):1000-1006.

不同土壤类型对白芨生长发育的影响

1 前言

1.1 白芨的研究现状

白芨为兰科白芨属植物,是珍稀名贵药材,其块茎具有收敛止血、消肿生肌之功效,外治创伤出血、烫伤和疮疡,内治吐血、咳血、慢性胃溃疡及肿瘤等。同时,白芨具有极高观赏价值,主要分布于长江流域海拔 100~3 200 m 的山坡林下、路边草丛或石缝中。近年来因价格攀升导致野生资源遭过度采挖,加之天然生境破坏,白芨野生种群濒临灭绝,已被列为国家重点保护药用植物。曹琦、王学研究表明过度采挖严重威胁其生存繁殖与可持续利用,须加强资源保护以实现可持续发展。张洁、周涛等通过调查贵州白芨资源现状,为制定保护政策及可持续利用策略提供依据。

土壤是兰科植物生长的重要环境因子,既为其提供必需物质条件,又受植物演替反作用于成土过程。贵州地形复杂导致成土环境多样,红壤、黄壤等带性土壤约占 60.29%,另有石灰土、稻田土等岩性土分布。

野生白芨多生长于山谷林下阴湿石壁或苔藓层,喜排水良好、腐殖质丰富的沙壤土。长江中下游地区可露地栽培,但目前尚未见相关土壤适配性研究报道。

1.2 研究的目的与意义

近年来,由于生态环境恶化和连年过度采挖,白芨野生分布区域持续缩小,市场供应量逐年递减。贵州省地处云贵高原,具有独特的地理环境优势,非常适宜白芨种植。正安县作为贵州省内较早开展大规模白芨种植的地区,其种植面积已超过 66.7 hm^2。

贵州省内分布着黄壤、石灰土、稻田土和红壤等多种土壤类型。通过在这四种土壤中进行白芨种植试验,可筛选出最适宜白芨生长的土壤类型。采用适宜的土壤进行大面积种植,不仅能够提高白芨的产量和品质,满足市场需求,促进地方经济发展,同时也为保护野生白芨资源提供了有效途径。

2 材料与方法

2.1 试验材料

试验材料选用杭州木木生物科技有限公司提供的野生白芨种苗，种植于凯里学院。试验测定材料均选取各处理组中长势旺盛、无病虫害的健康植株部位。试验所需土壤采自贵州省黔东南小高山地区，经筛选处理后作为栽培基质。

2.2 试验仪器及试剂

2.2.1 试验仪器

电蒸馏水器（YN-ZD-2 型，沪粤明科学仪器有限公司）、紫外分光光度计（TU-1800 型，北京普析通用有限公司）、电热恒温水浴锅（DZKW-54 型，天津天泰有限公司）、电子分析天平（CP124，0.000 1 g，北京赛多利斯仪器系统有限公司）、游标卡尺（1 300，0.02 mm，艾瑞特公司）、电热炉（1 000 W，进兴商贸有限公司）。

2.2.2 试剂

无水乙醇、考马斯亮蓝 G-250、80%磷酸、蒽酮、牛血清蛋白、葡萄糖、浓硫酸、活性炭等均为分析纯。

2.3 试验方法

试验在凯里学院内进行，设置 4 个不同土壤处理，每个处理设置 20 个重复，每个重复种植一株。每 30 天测量一次数据，每个处理测 20 株，每株测量两片叶。生长指标的测定时期为 2017 年 4 月至 7 月。

2.3.1 土壤养分含量

土壤养分含量使用 TPY-6 智能土壤养分测试仪进行测定。

2.3.2 生长指标的测定

a. 叶长：从植株底端往上数的第二片叶的基部到叶片尖端的长度（单位：cm）。

b. 叶宽：从植株底端往上数的第二片叶的最宽处为该叶片的叶宽（单位：cm）。

c. 茎粗：茎段最粗部位（单位：cm）。

d. 株高：从土壤表面与植株平行处到植株叶展开的最高处（单位：cm）。

e. 球重：将地下部分球茎直接称量（单位：g）。

2.3.3 生理指标测定

2.3.3.1 叶绿素含量测定

叶绿素含量测定方法：用叶绿素测定仪（SPAD-502 Plus）测定同一叶片的六个点取平均值。

2.3.3.2 总糖的测定

采用硫酸蒽酮法，4个处理随机称取10 g白芨种球，分别置于研钵中，加入少许蒸馏水，研磨成匀浆，然后称取1 g匀浆转入20 mL刻度试管中，用10 mL蒸馏水分次洗涤研钵，洗液一并转入刻度试管中。置沸水浴中加盖煮沸10 min，冷却后过滤，滤液收集于100 mL容量瓶中，用蒸馏水定容至刻度，摇匀备用。用移液管吸取1 mL提取液于20 mL具塞刻度试管中，加1 mL水和0.5 mL蒽酮试剂。再缓慢加入5 mL浓硫酸，盖上试管塞后，轻轻摇匀，再置沸水浴中10 min（比色空白用2 mL蒸馏水与0.5 mL蒽酮试剂混合，并一同于沸水浴保温10 min）。冷却至室温后，在波长620 nm下比色，记录吸光度值。查标准曲线上得知对应的葡萄糖含量（μg）。重复3次。

计算公式：

样品总糖含量（g/100 g鲜重）=查表所得糖含量（μg）× 稀释倍数/样品重（g）× 10^6

2.3.3.3 蛋白质含量的测定

4个处理随机称取10 g白芨种球，分别置于研钵中，在研钵中加入适量的水充分磨碎后用纱布过滤，取2 mL汁液于烧杯中加18 mL水，取1 mL于试管中加入4 mL考马斯亮蓝溶液放置5 min，在595 nm处测吸光值。重复3次。

计算公式：样品蛋白质含量（mg/g鲜重）=$CV/a \times W$

式中：

C——标准蛋白含量；

V——提取液总体积；

a——测定所取提取液体积；

W——样品鲜重。

2.4 数据处理

本试验的数据采用Excel 2010软件进行数据计算和统计，数据之间的差异显著性分析采用SPSS进行分析。

3 结果与分析

3.1 供试土壤理化性状

表 1 不同土壤类型理化性状

土壤类型	pH	有机质(g/kg)	氮(g/kg)	磷(g/kg)	钾(g/kg)
黄壤土	6.55	35.0	12.8	10.2	56.0
红壤土	6.55	24.0	10.0	22.6	60.4
石灰土	6.18	28.2	24.4	3 .4	2.6
稻田土	7.02	32.3	5.4	32.0	19.0

3.2 不同土壤类型对白芨生长指标的影响

3.2.1 不同土壤类型对白芨茎粗的影响

由表 2 可知:在处理 30 天和 120 天后,黄壤土、红壤土和石灰土处理的白芨茎粗无显著差异,稻田土显著低于黄壤土和石灰土,但与红壤土无显著差异。在处理 60 天和 90 天后,黄壤土、红壤土和石灰土处理的白芨茎粗无显著差异,稻田土显著低于黄壤土,但与石灰土和红壤土无显著差异。

表 2 不同土壤类型对白芨茎粗的影响 单位:cm

处理	4 月 29 日	5 月 29 日	6 月 29 日	7 月 29 日
黄壤土	0.35 ± 0.07a	0.39 ± 0.07a	0.41 ± 0.08a	0.29 ± 0.06a
稻田土	0.29 ± 0.06 b	0.32 ± 0.04 b	0.34 ± 0.04 b	0.24 ± 0.05 b
红壤土	0.31 ± 0.08ab	0.33 ± 0.08ab	0.36 ± 0.08ab	0.26 ± 0.05ab
石灰土	0.31 ± 0.06a	0.35 ± 0.06ab	0.38 ± 0.05ab	0.29 ± 0.04a

注:小写字母表示在 0.05 水平差异显著。

由此可得,在处理 30 天后,黄壤土和石灰土处理的白芨茎粗长势较好,稻田土处理的相对较弱;在处理第 60 天和 90 天后,黄壤土处理的白芨茎粗长势明显高于稻田土处理;在处理 120 天后,黄壤土和石灰土显著高于稻田土;因此,黄壤土和石灰土有利于白芨茎粗的生长。

3.2.2 不同土壤类型对白芨株高的影响

由表 3 可看出:在处理 30 天后,石灰土处理与红壤土处理无显著差异,黄壤土和稻田土显著低于石灰土，与红壤土无显著差异；在处理 60 天后，黄壤土与石灰土无显著差异，稻田土和红壤土显著低于黄壤土，但与石灰土无显著差异；在处理 90 天后，各处理无显著差异；在处理 120 天后，稻田土和红壤土显著低于黄壤土和石灰土。

表 3　不同土壤类型对白芨株高的影响　单位：cm

处理	4 月 29 日	5 月 29 日	6 月 29 日	7 月 29 日
黄壤土	3.16 ± 1.09 b	7.64 ± 2.34a	8.82 ± 2.28a	12.93 ± 4.41a
稻田土	3.00 ± 0.65 b	5.46 ± 1.81 b	7.68 ± 2.04a	9.59 ± 2.93 b
红壤土	3.66 ± 1.73ab	5.72 ± 1.36 b	8.22 ± 1.94a	10.01 ± 2.23 b
石灰土	4.33 ± 1.12a	6.50 ± 1.62ab	7.90 ± 1.46a	14.86 ± 3.23a

注：小写字母表示在 0.05 水平差异显著。

综上所述，在处理 30 天后，石灰土处理条件下白芨株高比黄壤土和稻田土长势好；在处理 60 天后，黄壤土株高增速较明显，且长势明显比稻田土和红壤土好；在处理 90 天后，各处理之间株高长势基本一致；在处理 120 天后，稻田土和红壤土的株高增速比黄壤土和石灰土低，且黄壤土和石灰土的株高明显高于稻田土和红壤土。以上说明在石灰土处理下，白芨株高长势最好。

3.2.3　不同土壤类型对白芨叶长的影响

由表 4 可得：白芨在处理 30 天后，黄壤土、稻田土和石灰土显著高于红壤土；在处理 60 天后，稻田土、黄壤土和石灰土无显著差异，红壤土显著低于稻田土，但与黄壤土、石灰土无显著差异；在处理 90 天和 120 天后，各处理之间无显著差异。

表 4　不同土壤类型对白芨叶长的影响　单位：cm

处理	4 月 29 日	5 月 29 日	6 月 29 日	7 月 29 日
黄壤土	8.74 ± 2.72a	14.30 ± 4.07ab	17.64 ± 4.96a	20.20 ± 6.49a
稻田土	8.34 ± 2.01a	16.80 ± 4.05a	19.34 ± 4.15a	20.37 ± 4.04a
红壤土	5.80 ± 2.64 b	12.61 ± 5.11 b	17.16 ± 3.29a	18.10 ± 3.53a
石灰土	10.03 ± 2.15a	15.09 ± 2.51ab	17.96 ± 3.13a	20.30 ± 3.22a

注：小写字母表示在 0.05 水平差异显著。

由此可得，在处理 30 天后，黄壤土、稻田土和石灰土处理的白芨叶长长势较好，显著高于红壤土处理；在处理 60 天后，稻田土长势较好，红壤土相对较弱；在处理 90 天后，红壤土处理的叶长增速较明显；在处理 120 天后，各处理之间长势基本一致。

3.2.4　不同土壤类型对白芨叶宽的影响

由表 5 可得：在处理 30 天后，各处理之间无显著差异；在处理 60 天和 90 天后，黄壤土和石灰土显著高于稻田土和红壤土;在处理 120 天后,黄壤土与石灰土无显著差异,稻田土、红壤土显著低于石灰土,但与黄壤土无显著差异。

表 5 不同土壤类型对白芨叶宽的影响

单位:cm

处理	4 月 29 日	5 月 29 日	6 月 29 日	7 月 29 日
黄壤土	4.12 ± 0.53a	2.84 ± 0.62a	2.96 ± 0.58a	3.02 ± 0.54ab
稻田土	2.62 ± 0.42a	2.26 ± 0.48 b	2.48 ± 0.56 b	2.75 ± 0.61 b
红壤土	2.82 ± 0.57a	2.02 ± 0.53 b	2.44 ± 0.71 b	2.60 ± 0.65 b
石灰土	3.56 ± 0.57a	3.01 ± 0.57a	3.18 ± 0.56a	3.22 ± 0.57a

注:小写字母表示在 0.05 水平差异显著。

结果表明,在处理 30 天后,各处理之间长势基本一致;在处理 60 天和 90 天后,黄壤土和石灰土的长势显著优于稻田土和红壤土;在处理 120 天后,石灰土处理显著优于稻田土和红壤土处理。可见,石灰土最有利于白芨叶宽的生长。

由表 6 可得,在种植前对白芨进行测量,各处理间无显著差异;在处理 120 天后,石灰土处理显著高于黄壤土、稻田土和红壤土。石灰土处理对白芨球茎增长显著高于黄壤土、稻田土和红壤土,黄壤土和稻田土无显著差异,稻田土显著高于红壤土。可见,石灰土最有利于白芨球茎生长。

表 6 不同土壤类型对白芨球茎的影响

单位:g

处理	3 月 29 日	7 月 29 日	增重
黄壤土	6.77 ± 3.42a	11.30 ± 5.12 b	05.06 ± 2.50 bc
稻田土	5.51 ± 2.21a	12.94 ± 4.95 b	07.76 ± 2.98 b
红壤土	6.71 ± 3.92a	9.19 ± 3.63 b	03.92 ± 2.42 c
石灰土	7.19 ± 2.91a	24.01 ± 7.12a	12.14 ± 3.47a

注:小写字母表示在 0.05 水平差异显著。

3.3 不同土壤类型对白芨生理指标的影响

3.3.1 不同土壤类型对白芨叶绿素含量的影响

由表 7 可以看出,在处理 30 天后,红壤土处理的叶绿素含量显著高于黄壤土、稻田土和石灰土;在处理 60 天后,各处理之间无显著差异;在处理 90 天和 120 天后,黄壤土和石灰土显著高于稻田土和红壤土。

表 7　不同土壤类型对白芨叶绿素含量的影响　　单位:SPAD

处理	4 月 29 日	5 月 29 日	6 月 29 日	7 月 29 日
黄壤土	32.6 ± 2.1 b	37.8 ± 2.1a	45.9 ± 2.6a	46.3 ± 2.2a
稻田土	32.5 ± 1.7 b	36.2 ± 2.3a	38.0 ± 2.2 b	39.8 ± 2.2 b
红壤土	37.4 ± 2.3a	38.2 ± 2.5a	36.4 ± 2.2 b	38.4 ± 1.7 b
石灰土	34.3 ± 2.4 b	37.3 ± 2.2a	46.8 ± 2.7a	48.6 ± 1.7a

注:小写字母表示在 0.05 水平差异显著。

由此可得,在处理 30 天后,红壤土处理的叶绿素含量显著高于黄壤土、稻田土和石灰土处理;但在处理 60 天后,黄壤土、稻田土和石灰土处理的叶绿素含量上升明显,与红壤土无显著差异;在处理 90 天和 120 天后,黄壤土和石灰土处理的叶绿素含量显著高于稻田土和红壤土。整体来看,黄壤土和石灰土处理条件下,白芨叶片叶绿素含量最高。

3.3.2 不同土壤类型对白芨总糖和蛋白质的影响

表 8 结果显示,白芨中的总糖和蛋白质含量在不同处理下表现出一定的差异。四个处理的总糖含量无显著差异。然而,黄壤土处理的白芨蛋白质含量显著低于稻田土、红壤土和石灰土处理。这表明,尽管总糖含量在各处理间保持一致,但蛋白质含量受土壤类型影响较大,其中稻田土、红壤土和石灰土更有利于白芨蛋白质的积累。

表 8　不同土壤类型对白芨总糖和蛋白质的影响

处理	总糖(g/100 g)	蛋白质(mg/g)
黄壤土	3.78 ± 0.28a	1.72 ± 0.09 b
稻田土	3.75 ± 0.16a	1.94 ± 0.09a
红壤土	3.78 ± 0.19a	1.92 ± 0.04a
石灰土	3.87 ± 0.12a	2.01 ± 0.13a

注:小写字母表示在 0.05 水平差异显著。

4　结论与讨论

白芨种植在不同的土壤条件下,其生长发育不尽相同。本试验得出,黄壤土和石灰土处理对白芨茎粗和叶宽生长均优于稻田土和红壤土,红壤土处理对白芨叶长生长相对较弱,石灰土处理最有利于白芨叶茎粗生长。石灰土处理的白芨球茎生长最佳,显著高于黄壤土、红壤土和稻田土。石灰土处理和黄壤土处理的白芨叶片叶绿素含量积累较好。不同土壤类型对白芨总糖含量影响不大。稻田土、红壤土和石灰土对蛋白质的积累优于黄壤土。因此,综合以上结论,石灰土是最利于白芨生长发育的。

白芨属于肉质块茎根植物,对土壤的要求较高,适宜于排水良好、含腐殖质多的砂壤土。白芨生长发育所需养分均来自土壤供给和人工施入。不同土壤类型的特点和理化性状不同,其机械组成、孔隙度、结构、质地、吸附等及存在形态都会有所不同,对土壤的水肥和土壤养分含量变化会有不同影响,相同的白芨种植在不同的土壤条件下,白芨的生长发育也会产生不同的影响。

因为石灰土为微酸性,满足白芨生长,氮含量较高,有利于白芨营养的积累,土壤黏质,土壤交换量和盐基饱和度均高,所以球茎生长较好。石灰土的氮含量较高,而氮是植物进行光合作用起决定作用的叶绿素的组成部分,因此石灰土处理的白芨叶绿素含量较高。红壤有机质较低,结构水稳性差。黄壤呈酸性至强酸性,土壤交换性盐基含量低,盐基饱和度低。稻田土极易板结,保水较差等。这些因素可能都会导致白芨生长不好。

参考文献

[1] 郭乔仪,李绍明,王洪丽,等. 白芨栽培需把好五关[J]. 中国农业信息, 2015, 26(5):458-769.

[2] 管常东,叶静,郑晓君,等. 白芨组织快繁育苗技术研究进展[J]. 云南大学学报(自然科学版),2010,32(S1):416-421.

[3] 陈娅娅,杨琳,吴明开. 白芨生长发育特性分析[J]. 湖北农业科学, 2013, 52(7):1593-1595.

[4] 李付惠. 白芨的研究进展[J]. 文山学院学报,2016,29(6):11-20.

[5] 石晶,罗毅波,宋希强,等. 我国白芨市场调查与分析[J]. 中国园艺文摘, 2010,(8):48-50.

[6] 郭乔仪,唐云永. 种植白芨快速走上致富路[J]. 农村百事通,2015,26(3):26-27.

[7] 张殷波. 中国野生兰科植物物种多样性与地理分布[J]. 科学通报, 2015, 60(2):179-188.

[8] 魏进,周玮,李汶锟. 贵州省白芨病虫害种类调查与防治分析[J]. 现代农业科技,2015,(21):150-151.

[9] 曹琦,王学平. 临沧地区野生药用白芨资源现状及可持续发展研究[J]. 现代农业科技,2015,(10):94-95.

[10] 周涛,江维克,李玲,等. 贵州野生白芨资源调查和市场利用评价[J]. 贵阳中医学院学报,2010,32(6):28-30.

[11] 于天仁. 我国农业持续发展和生态环境中重大土壤问题的化学机理研究建议[J]. 土壤,2001,33(3):119-122.

[12] 黄承标,冯昌林,李保平,等. 广西雅长兰科植物分布区土壤理化性质[J]. 东北林业大学学报,2010,38(1):56-59.

[13] 谢静,何冠谛,何腾兵. 贵州气候因素对土壤类型及分布的影响[J]. 浙江农业科学,2015,56(4):510-514.

[14] 李伟平,何良艳,丁志山. 白芨的应用及资源现状[J]. 中华中医药学刊, 2012, 30(1):1673-7717.

[15] 仇硕,赵健,唐凤鸾,等. 白芨产业的发展现状、存在问题及展望[J]. 贵州农业科学,2017,45(4):96-98.

[16] 石晶. 白芨属植物资源与利用[D]. 海口:海南大学,2010.

[17] 周正义,孙玉军,王松华,等. 生物化学试验教程[M]. 北京:科学出版社,2012.

[18] 王秋菊,张玉龙,孟英,等. 黑龙江不同类型土壤对水稻生长发育及产量的影响[J]. 土壤通报,2012,43(3):559-562.

[19] 匡勇,何铁,彭艳,等. 不同土壤类型非挥发性有机酸含量的差异[J]. 湖南农业科学,2011,(1):62-65.

白芨内生菌分离及次生代谢物生物活性分析

1 前言

1.1 选题背景

兰科白芨属植物白芨，为多年生草本植物，共有6种，其中在我国有4种，包括白芨、黄花白芨、小白芨和华白芨。其块茎干燥后可入药，主要含有螺环烷甾类、皂苷类、联苯类等化合物，具有止血、消肿、生肌等功效，在临床中常用于治疗外伤出血、疮疡肿毒、皮肤皴裂等病症。随着近年来人们对白芨的认识不断深入，其用途不断扩展，导致白芨市场价格不断上涨。然而，野生白芨遭受乱采滥挖，资源持续受损，导致野生资源急剧减少。在自然条件下，白芨实生苗的栽培相对困难，而市场需求却持续增长，探索白芨优质繁育技术，扩大白芨生产迫在眉睫。

宿主与内生菌互利共生，其次生代谢产物通常具有抗炎、杀菌、抗肿瘤、抗氧化等功效。植物内生菌在植物生态系统中扮演关键角色，尤其在开发利用药用植物和保护方面具有重要意义。黄贻杰研究发现，三七的内生菌株能够促进宿主植物的生长、拮抗三七根腐病原，其研究表明三七内生菌能产生IAA、GA3这两种活性物质，促进三七的生长及抗病性。尹琢、张焕荣研究证实，人参内生菌可分泌多种活性物质，如铁载体、酸性磷酸酶、碱性磷酸酶和IAA等，对人参生长发育、环境适应性、抗病害能力及人参皂苷的合成具有显著促进作用。同时，王菲等人也观察到五味子内生菌的木脂素、三萜、有机酸活性较高，能够提升五味子的抗菌、抗癌、抗氧化能力。从兰科植物石斛中分离并纯化的内生真菌代谢产物也对病原菌具有抑制作用。白芨内生菌资源丰富，部分内生菌还具有促进植物生长的作用，因此具有研究和应用潜力。对白芨次生代谢物生物活性分析，揭示了不同种类白芨与内生菌代谢产物之间的相关性，这对于保护白芨野生资源具有重要意义。

1.2 研究目的与意义

在内生菌与宿主植物相互作用研究中，已有多项研究指出内生菌有助于促进宿主植物生长，增强其对病害的抵抗力。然而，这些作用机制尚不明确，内生菌可能通过释放次生代谢产物或活性物质与宿主植物相互作用，从而促进宿主植物的生长。内生菌与宿主植物相互作用的研究，必须综合考虑内生菌的生物学特性、代谢产物的产生等因素进行综合分析和研究。本研究旨在通过三种白芨获取菌株，考查白芨次生代谢产物类型及含量变化，揭示不同种类白芨与内生菌次生代谢产物的相关性，以期为白芨内生菌研究以及白芨资源的开发利用提供依据。

2 材料与方法

2.1 试验材料

材料选用引种栽培在“凯里学院卓越农林人才培养实训基地”的 3 个白芨品种，分别是“白芨”“小白芨”和“黄花白芨”。

2.2 试验方法

2.2.1 内生菌的分离与纯化

1）白芨块茎表面消毒

新鲜的白芨块茎清洗后，取约 5 g 块茎组织，用无菌水冲洗 3 次，然后使用 95%的乙醇浸泡 30 s，用灭菌后的镊子取出块茎，在酒精灯火焰上迅速灼烧 3 s，再用无菌水清洗，以避免高温损伤块茎内部，同时确保白芨块茎表面消毒彻底。将上述最后一步的无菌水溶液涂布在 PDA 培养基上培养 7 天，若培养基上无菌落生长，则证明白芨块茎消毒彻底，如图 1 所示。将消毒后的白芨块茎与适量的生理盐水研磨成悬浮液，适当稀释后涂布于培养基表面，置于 28 ℃恒温下培养 3~5 天。

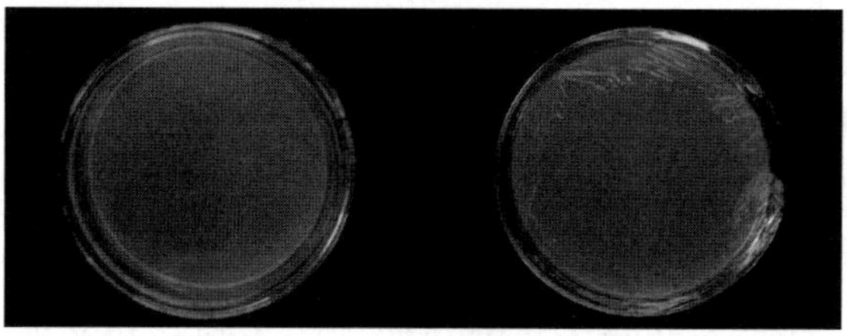

正面　　　反面

图 1　涂布无菌水后 1 个星期后观察培养基的效果

2）分离纯培养

参照苏子敬的方法并作出适当修改。当培养基上出现菌落后，将得到的细菌菌落用接种环挑取后采用平板画线法接种在新的培养基上，真菌菌落用灭菌的牙签挑取菌丝或用解剖刀切取菌落所在位置的培养基接种到新的培养基上，做好标记后放入

26 ℃环境条件下培养。

2.2.2 菌株保存与鉴定

1)菌株保存

当培养皿中的菌落长满三分之二时,即刻使用已灭菌的牙签挑取菌丝,并分别接种到液体和固体培养基中。液体培养基放入 28 ℃的摇床,转速为 180 r/min,继续培养;固体培养基则保留一部分作为保存种,在 28 ℃的培养箱中培养一段时间,随后转移到 4 ℃的冰箱保存。

2)菌株鉴定

①形态学特征观察:接种后,在 28 ℃的固体培养基上培养 4 周,每日观察细菌群的生长速度和外观特征,包括颜色、质地、表面纹理以及分泌物等。同时,根据曲德辉的方案计算菌落的增长速率。

②生物学鉴定:将筛选的菌种送生物公司进行测序,将测序结果登录 NCBI 进行 BLAST 比对分析。

2.2.3 菌液制备

进行菌种复苏时,须将经鉴定的菌种从冰箱取出,置于恒温恒湿培养箱内,温度为 28 ℃,湿度约为 50%,约 6 h 后得到复苏的菌种。再利用接种勺取适量菌种接种到经过灭菌的 PDA 液体培养基中,在 28 ℃、120 r/min 条件下培养 3 天,获得种子菌液。将上述锥形瓶内的种子液与培养液按 1 : 10 的比例接种于 27 个 250 mL 锥形瓶内,每个锥形瓶中发酵液 100 mL,置于室温下培养 45 天。

2.2.4 次生代谢产物活性测定

1)供试品溶液的制备

将培养完成的菌液置于高速离心机中以 10 000 r/min 离心 10 min,取上清液作为 a 液。将离心得到的菌体在液氮中进行 3 次冻融处理,然后加入 1 mL 的超纯水,再以 10 000 r/min 离心 10 min,取上清液作为 b 液,将 a、b 液以等体积方式混合过 0.22 μm 水相针式过滤器后作待测样品。

2)有机酸含量测定

标样制作准确称取色谱纯级标准样品草酸、苹果酸、抗坏血酸、柠檬酸,分别为 2.50 mg、12.50 mg、6.25 mg、12.50 mg、3.75 mg、12.50 mg、3.75 mg、12.5 mg 溶于 5 mL 试管中,制成有机酸混合标准样原液,然后分别稀释 1 倍、2 倍、4 倍、8 倍、10 倍。

色谱条件:流动相为 pH 值 3.0 的 0.02%偏磷酸。柱温 35 ℃;进样量 20 μL,流速为 1 mL/min,检测波长 210 nm。洗针水为 50%的甲醇水溶液。

进样:取上清液过 0.2 μm 针孔滤头,每次吸取 3 mL 左右,先润洗进样的样品瓶,润洗 3 次，每次进样约瓶身的三分之二，大概 1.5 mL。

3）多酚含量测定

标样制作准确称取色谱纯级标准样品芦丁、槲皮素、香豆酸、3,4-二羟基苯甲酸、绿原酸、儿茶素、阿魏酸、香草酸、丁香酸分别为 2.50 mg、12.50 mg、6.25 mg、12.50 mg、3.75 mg、12.50 mg、3.75 mg、12.5 mg 溶于 5 mL 试管中，制成有机酸混合标准样原液，然后分别稀释 1 倍、2 倍、4 倍、8 倍、10 倍。流动相由体积分数为 1%甲酸溶液（A 相）和乙腈（B 相）组成。

按以下程序进行：

0—5 min：5% B；

5—25 min：12% B；

25—40 min：30% B；

40—50 min：45% B；

50—60 min：5% B；

色谱柱为 C 18 色谱柱，柱温为：30 ℃。

2.2.5 数据处理

试验数据通过 Microsoft Excel 进行整理和分析，采用 SPSS 软件进行单因素差异显著性分析。

3 结果与分析

3.1 分离与纯化结果

在三种白芨内共分离得到四种菌株，如图 2 所示。

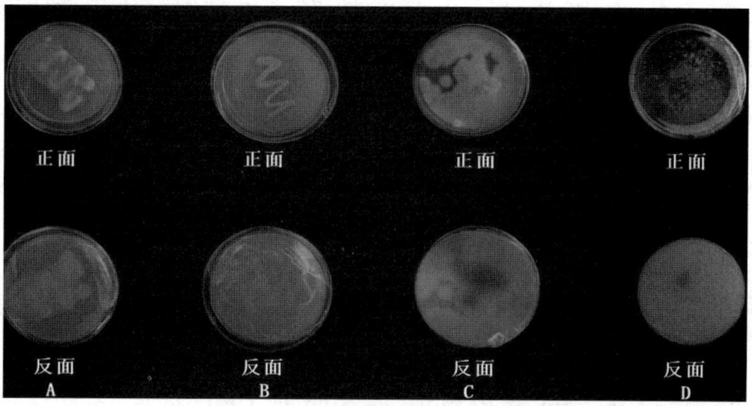

图 2 白芨内生菌分离纯培养结果

三种白芨中都分离出 A、B、C 三种内生菌，而 D 菌株仅由品种“白芨”分离得到。

3.2 菌株鉴定结果

3.2.1 固体培养基上的菌落形态特征比较

四种菌株在 PDA 培养基上的菌落形态如图 3 所示。当培养时间达到 6 天时，A 菌株的菌落呈现出光泽感，颜色呈米白色；12 天时，菌体已向外扩散，呈现黏稠状。B 菌株的形态与 A 相似，但生长速度较 A 菌株慢，菌落为明黄色，随时间延长，菌株中心逐渐凹陷。C 菌株培养 9 天后，菌丝淡紫，边缘有白色绒毛；继续培养，菌丝增厚、颜色变深，有液体渗出；培养 18 天后，整个培养皿菌丝茂盛。D 菌株在培养第 3 天就有明显的白色菌丝出现，培养第 9 天菌丝布满整个培养基，生长速度明显快于其他三种菌株，培养基表面出现青绿色孢子，随着培养时间增长，青绿色颜色加深，直至长满整个培养基。

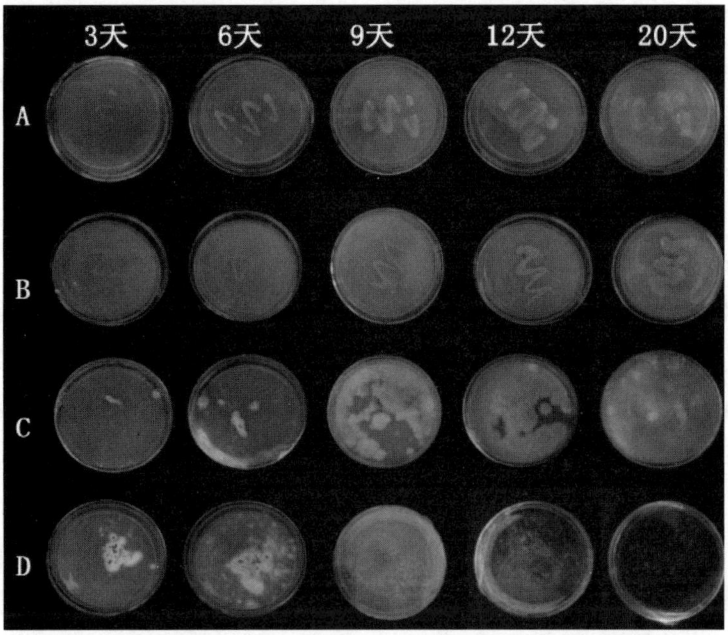

图 3　白芨内生菌在 PDA 培养基上培养不同时间的菌落形态

注：图中 A 为赫氏草螺菌；B 为瓜类鞘氨醇单胞菌；C 为淡紫拟青霉；D 为耐盐枝孢菌。

在培养基上，D 菌株的平均生长速度为 0.78 cm/d，9 天即可遍布整块培养基，B 菌株的生长速度最慢为 0.24 cm/d，四种菌株生长速度从高到低依次为 D 菌株>C 菌株>A 菌株>B 菌株，如图 4 所示。

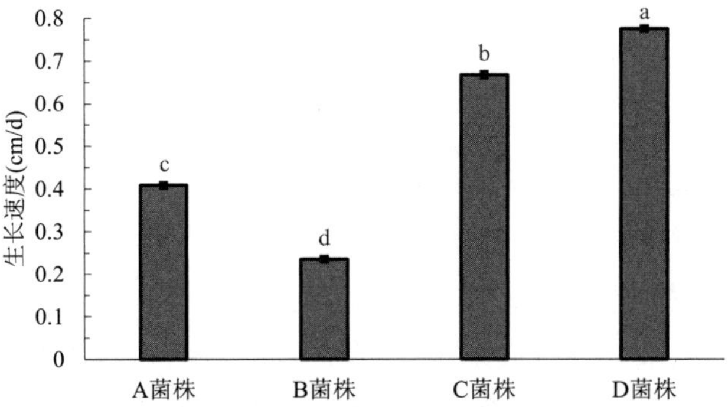

图 4 四种白芨内生菌生长速度

注：不同小写字母代表存在显著性差异（$P<0.05$）。

3.2.2 分子生物学鉴定

将测序结果登录 NCBI 进行 BLAST 比对分析，并构建系统进化树，将 A 菌株鉴定为赫氏草螺菌；B 菌株鉴定为瓜类鞘氨醇单胞菌；C 菌株鉴定为淡紫拟青霉；D 菌株鉴定为耐盐枝孢菌。淡紫拟青霉属半知菌亚门（Deuteromycotina）、拟青霉属（Simplicillium），孢子呈纺锤形或椭圆形，大小在 2.5~3.0 μm 之间，菌落呈紫红色，可以看出其具有明显的纹路，表面为粉质，不同的菌株菌落形态也会存在不同。

3.3 次生代谢物活性分析

3.3.1 有机酸含量比较

分别以标准柠檬酸、草酸、苹果酸、抗坏血酸、香豆酸的峰面积为横坐标，以对应的时间为纵坐标，绘制标准曲线，结果如下：柠檬酸标准曲线方程为 $y=3E+6x+19\ 973$，$R^2=0.999\ 0$；草酸标准曲线方程为 $y=1E+7x+68\ 106$，$R^2=0.999\ 5$；苹果酸标准曲线方程为 $y=928\ 722x+15\ 482$，$R^2=0.999\ 3$；抗坏血酸标准曲线方程为 $y=1E+7x-78\ 206$，$R^2=0.999\ 9$；香豆酸标准曲线方程为 $y=3\ 291.8x+3\ 484.9$，$R^2=0.997\ 4$。根据上述标准曲线，分别计算得到 4 株白芨菌的菌液中香豆酸、草酸、苹果酸、抗坏血酸、柠檬酸的含量（图 1）。结果显示，在所有白芨菌液样品中均能检测到香豆酸、草酸、苹果酸、抗坏血酸、柠檬酸 5 种化学成分。

同时，不同的白芨菌株中各主要活性成分的含量差异较大，耐盐枝孢菌中香豆酸的含量最高，达到 0.228 mg/g，显著高于赫氏草螺菌（0.048 mg/g）、瓜类鞘氨醇单胞菌（0.069 mg/g）、淡紫拟青霉（0.133 mg/g），且在五种有机酸中香豆酸含量显著高于另外四种；草酸、苹果酸、抗坏血酸、柠檬酸含量在四种菌株中的含量同样也是耐盐枝孢菌中最高、瓜类鞘氨醇单胞菌次之，淡紫拟青霉第三，赫氏草螺菌最低，且 4 个菌株的有机酸含量都存在显著差异。根据上述结果综合评价四种菌株的有机酸活性由高到低为耐盐枝孢菌>淡紫拟青霉>瓜类鞘氨醇单胞菌>赫氏草螺菌。

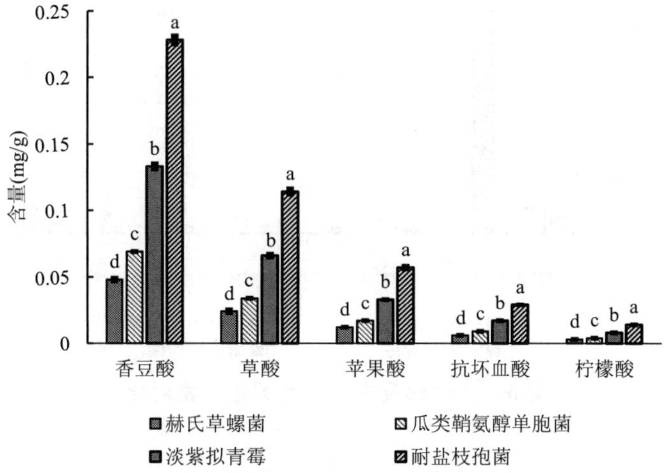

图 5 四种白芨内生菌有机酸含量对比

注：不同小写字母代表存在显著性差异（$P<0.05$）。

3.3.2 酚酸含量比较

分别以标准 3，4-二羟基苯甲酸、阿魏酸、槲皮素、芦丁、绿原酸、香草酸、儿茶素、丁香酸的峰面积为横坐标，以对应的时间为纵坐标，绘制标准曲线，结果如下：3，4-二羟基苯甲酸标准曲线方程为 $y=4\ 142x+5\ 236.1$，$R_2=0.995\ 6$；阿魏酸标准曲线方程为 $y=18\ 063x+21\ 366$，$R_2=0.997\ 2$；槲皮素标准曲线方程为 $y=3\ 078.3+3\ 548.5$，$R_2=0.992\ 6$；芦丁标准曲线方程为 $y=2\ 047.7x+5\ 756.3$，$R_2=0.994$。根据上述标准曲线，分别计算得到 4 株白及菌的菌液 3，4-二羟基苯甲酸、阿魏酸、槲皮素、芦丁的含量（表 2、3、4）。结果显示，在所有白及菌液样品中赫氏草螺菌、瓜类鞘氨醇单胞菌、耐盐枝孢菌均能检测到 3，4-二羟基苯甲酸、阿魏酸，且耐盐枝孢菌中 3，4-二羟基苯甲酸含量可达 1.945 mg/g，远高于赫氏草螺菌（0.141 mg/g）、瓜类鞘氨醇单胞菌（0.217 mg/g），阿魏酸含量在瓜类鞘氨醇单胞菌中最高，耐盐枝孢菌次之，赫氏草螺菌最少，菌株 C 中未检测到这两种化学成分；槲皮素在瓜类鞘氨醇单胞菌、淡紫拟青霉、耐盐枝孢菌中均能检测到，瓜类鞘氨醇单胞菌中含量最高，耐盐枝孢菌其次，淡紫拟青霉最少，赫氏草螺菌中未检测到；芦丁在赫氏草螺菌、淡紫拟青霉、耐盐枝孢菌中能检测到，含量由耐盐枝孢菌、赫氏草螺菌、淡紫拟青霉依次减少；瓜类鞘氨醇单胞菌中未检测出。绿原酸、香草酸仅在赫氏草螺菌、耐盐枝孢菌中检测到，儿茶素、丁香酸仅耐盐枝孢菌检测出，且各菌株的酚酸含量都有显著差异。以上几种活性物质，仅在耐盐枝孢菌中能全部测出。根据上述结果综合评价 4 种菌株的酚酸活性由高到低为耐盐枝孢菌>赫氏草螺菌>瓜类鞘氨醇单胞菌>淡紫拟青霉。

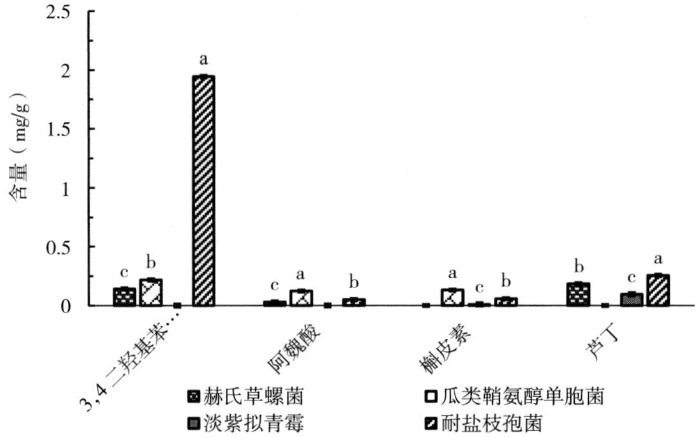

图 6　四种白及内生菌有酚酸含量对比

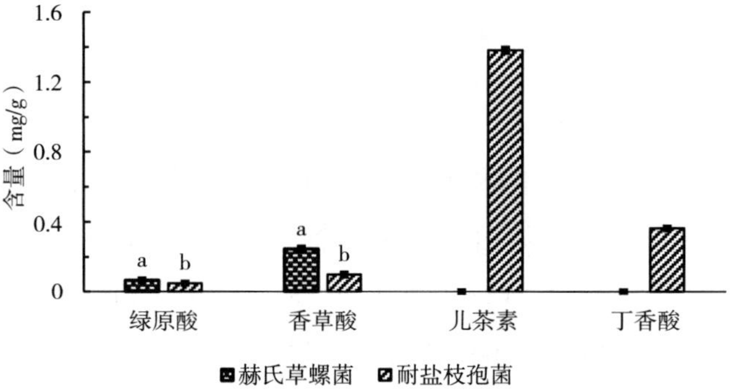

图 7　2 种白及内生菌有酚酸含量对比

4　讨论与结论

作为我国传统优良的中药材之一，白芨在中药历史上拥有悠久的历史。通过对白芨内生菌的分离纯化，我们可以更深入地了解其与白芨的关系以及内生菌在白芨生长、发育和药效中的作用。通过三种白芨块茎共获得 4 株内生菌，由品种“白芨”得到 D 菌株，由品种“白芨”“小白芨”“黄花白芨”皆得到菌株 A、B、C。任婷月等研究表明 3 个不同品种的大麦存在相同的内生真菌优势种；吴燕燕等研究也指出 4 个桑树品种富含内生菌，其群落结构相似，表明桑树内生菌的分布受宿主基因型影响，推测其原因可能与宿主本身的生理结构、营养代谢以及其次生代谢产物有关；刘洋等也表明内生菌群落多样性由寄主植物的遗传特性、环境条件等因素共同决定。本试验在不同白芨品种中分离出了同种菌株，符合前人研究结果，说明不同品种白芨块茎内生菌种类组成有明显的相似性，这一结果的产生可能是因为三个品种的白芨具有密切的亲缘关系、遗传特征相似，且处于同一生长环境。

本次试验共获得白芨内生菌4株，通过传统的菌落形态特征观察确定了4株白芨内生菌的基本培养特征，并测定了四种菌株生长速度，其生长速度从高到低依次为D菌株>C菌株>A菌株>B菌株，且菌株D生长速度显著高于其他三种菌株。然后利用基因鉴定技术，最终鉴定A菌株为赫氏草螺菌；B菌株为瓜类鞘氨醇单胞菌；C菌株鉴定为淡紫拟青霉；D菌株鉴定为耐盐枝孢菌。C菌生长速度与唐慧研究淡紫拟青霉生长速度基本一致，这可能是使用了相同的培养基和类似的环境条件，本试验中C菌株菌落形态特征、生长状况等也与该研究描述一致。本试验中分离的赫氏草螺菌、瓜类鞘氨醇单胞菌、耐盐枝孢菌目前报道较少，有待进一步研究。

目前，已经从白芨内生菌中分离出多种次生代谢物，包括酯类、醇类、有机酸类、多肽类等。这些次生代谢物在体外和体内试验中表现出一定的活性，如抗菌、抗炎、抗氧化等。本研究所测定的次生代谢物含量较万欣、刘胜亮等人所测定的粪产碱杆菌、解磷细菌的代谢物含量低，但与任氢欣所研究的踝节菌WR1-4在某一培养时期的代谢物含量相近，这表明内生菌次生代谢物与培养时间、菌种相关。本研究发现不同白芨内生菌中化学成分种类及其活性皆存在差异，5种有机酸，香豆酸、草酸、苹果酸、抗坏血酸、柠檬酸在4种内生菌中都存在，且5种有机酸在4种菌株中的含量都是耐盐枝孢菌中最高、瓜类鞘氨醇单胞菌次之，淡紫拟青霉第三，赫氏草螺菌最低，各菌株的有机酸含量都有显著差异，综合评价四种菌株的有机酸活性由高到低为耐盐枝孢菌>淡紫拟青霉>瓜类鞘氨醇单胞菌>赫氏草螺菌。在所有白芨菌液样品中赫氏草螺菌、瓜类鞘氨醇单胞菌、耐盐枝孢菌均能检测到3，4-二羟基苯甲酸、阿魏酸，且耐盐枝孢菌中3，4-二羟基苯甲酸含量可达1.945 mg/g，远高于赫氏草螺菌（0.141 mg/g）、瓜类鞘氨醇单胞菌（0.217 mg/g），阿魏酸含量在瓜类鞘氨醇单胞菌中最高，耐盐枝孢菌次之，赫氏草螺菌最少，淡紫拟青霉中未检测到这两种化学成分；槲皮素在瓜类鞘氨醇单胞菌、淡紫拟青霉、耐盐枝孢菌中均能检测到，瓜类鞘氨醇单胞菌中含量最高，耐盐枝孢菌其次，淡紫拟青霉最少，赫氏草螺菌中未检测到；芦丁在赫氏草螺菌、淡紫拟青霉、耐盐枝孢菌中能检测到，含量由耐盐枝孢菌、赫氏草螺菌、淡紫拟青霉依次减少；瓜类鞘氨醇单胞菌中未检测出。绿原酸、香草酸仅在赫氏草螺菌、耐盐枝孢菌中检测到，儿茶素、丁香酸仅耐盐枝孢菌检测出，且各菌株的酚酸含量都有显著差异。以上几种化学成分，仅在耐盐枝孢菌中能全部测出。综合评价四种菌株的酚酸活性由高到低为耐盐枝孢菌>赫氏草螺菌>瓜类鞘氨醇单胞菌>淡紫拟青霉。不同菌株的次生代谢物种类及含量存在差异，可能与培养时间有关，刘胜亮研究指出细菌生长过程中分泌的次生代谢物种类和数量在不断变化；林启美研究微生物解磷机理时发现，不同的微生物产生的代谢物的种类和数量具有显著差异，同时推测这些差异可能是由菌种本身的遗传背景导致的，要解明这些活性成分差异等，有待后续进一步的研究。而这些次生代谢产物在植物体内也具有重要作用，刘胜亮、任氢欣、林启美等研究指出，内生菌产生的有机酸能刺激植物吸收土壤中的磷元素；另外，邓平香等人的研究也发现，东南景天内生菌分泌的有机酸可以加速 Zn^{+}和 Cd^{+}的溶解，促进东南景天的生长发育，并加速地上部分吸收 Zn 和 Cd 的过程；据黄敬瑜等人的研究，植物内生菌分离出的酚类和酚酸类化合物通常具有多种活性，包括抗菌活性；在高媛等人的研究中发现，植物内生菌的抗氧化活性与酚酸类物质的含量存在一定的相关性。

总之，白芨内生菌的次生代谢产物活性分析是一项具有重要价值的课题，有助于深入了解白芨的生长和发育机制，开发潜在的药物资源，并为其他植物内生菌的研究提供参考。

参考文献

[1] 陈心启，吉占和，郎楷永，等. 中国野生兰科植物彩色图鉴[M]. 北京：科学出版社，1999：19-52.

[2] 范寅仲，叶可，同舜尧，等. 白芨内生真菌 Ilyonectria sp. 的化学成分及其生物活性研究[J]. 中南民族大学学报（自然科学版），2023，42（6）：752-758.

[3] 钱丽华，尹舒雅，陆娜，等. 白芨资源综合利用现状及展望[J]. 江苏农业科学，2021，49（19）：64-71.

[4] 潘胤池，李林，肖世基，等. 白芨繁育技术研究进展[J]. 中成药，2018，40（5）：1142-1149.

[5] 谷青青，蔡佳，李漓，等. 野花椒内生真菌 Diaporthe perseae 次生代谢产物及其抗炎活性[J]. 中成药，2023，45（7）：2223-2229.

[6] 阎紫菲. 植物内生菌抗菌活性物质的研究进展[J]. 农业与技术，2023，43（18）：42-45.

[7] 陈立.4 株海洋真菌和 2 种海洋动物次级代谢产物及其抗肿瘤活性研究[D]. 青岛：中国海洋大学，2008.

[8] 姜中宝，黄宣雅，唐振兴，等. 具有抑菌和抗氧化活性紫金牛内生菌的筛选鉴定[J]. 杭州师范大学学报（自然科学版），2023，22（5）：497-504.

[9] 叶礼巧，邓毅，连小龙，等. 基于超高效液相色谱-串联质谱技术对两株甘草内生菌次生代谢产物化学成分的差异分析[J]. 中兽医医药杂志，2023，42（5）：1-7，105.

[10] 赫荣乔. 植物内生菌成为我国当前微生物研究领域的热点[J]. 微生物学通报，

2009,36(1):1.

[11] 黄贻杰. 基于三七内生菌抗根腐病生防菌剂的制备及效果评价[D]. 大理:大理大学,2022.

[12] 尹琢. 具拮抗促生能力人参内生菌的筛选及其对人参不定根的影响[D]. 长春:吉林农业大学,2024.

[13] 张焕荣. 人参多功能内生菌的筛选及溶磷内生菌 GR-69 的研究[D]. 长春:吉林农业大学,2024.

[14] 王菲,何珊,于敬达,等. 五味子内生菌及其代谢产物研究进展[J]. 包头医学院学报,2024,40(4):91-96.

[15] 柳芳洲,游胜方,申知煦,等.2 种基质种植下石斛根系内生菌多样性分析[J]. 南方农业学报,2023,54(4):1186-1197.

[16] 韦艳梅,周雅琴,李力,等. 白芨内生真菌多样性研究[J]. 广西植物,2016,36(7):832-836,831.

[17] 任群利,王苗,李小兰,等. 黄芪内生菌多样性及其次生代谢产物研究进展[J]. 中国饲料,2022,(15):13-18.

[18] 黄雪珍,赵龙飞. 药用植物内生菌对宿主植物促生作用机制研究进展[J]. 微生物学通报,2023,50(4):1653-1665.

[19] 梁振霆,唐婷. 内生菌对植物次生代谢产物的生物合成影响和抗逆功能研究[J]. 生物技术通报,2021,37(8):35-45.

[20] 陈招荣,刘新悦,赵欣迪,等. 植物内生菌群落组成及其功能研究进展[J]. 生命科学,2023,35(2):132-139.

[21] 苏子敬. 白芨内生菌的分离与鉴定[D]. 重庆:重庆师范大学,2015.

[22] 骆焱平,王兰英. 内生菌研究方法[M]. 北京:化学工业出版社,2019.

[23] 曲德辉,杨焱,张赫男,等. 桑黄菌株活力评价及优良菌株筛选[J]. 菌物学报,2016,35(10):1187-1198.

[24] 徐伟芳,白国法,杜佳慧,等. 不同来源桑黄菌种的鉴定及主要化学成分比较[J]. 蚕学通讯,2023,43(1):27-35.

[25] 李佳川,李思颖,王优,等. 藤茶化学成分、药理作用及质量标志物(Q-marker)预测分析[J]. 西南民族大学学报(自然科学版),2021,47(3):254-266.

[26] 万欣,江鹏,何苗,等. 高效液相色谱法同时测定菌液中 5 种有机酸的含量[J]. 现代化工,2023,43(4):227-230,236.

[27] 魏鑫,魏永祥,刘成,等. 高效液相色谱法测定 4 个蓝莓品种果实中糖酸组分及含

量[J]. 中国果树,2013,(3):64-67.

[28] 赵明宏,俞春英,江建铭. 药用白芨生态高效种植技术[J]. 浙江农业科学,2022,63(8):1699-1701.

[29] 任婷月,韩英,甄攀,等. 不同品种大麦内生菌的研究分析[J]. 酿酒科技, 2022,(4):22-29.

[30] 吴燕燕,徐伟芳,罗琴,等.Illumina MiSeq 高通量测序分析不同品种桑树内生细菌多样性[J]. 蚕学通讯,2018,38(3):1-10.

[31] 刘洋,赵燃,黎妮,等. 超级杂交水稻种子内生细菌群落结构及其多样性[J]. 食品与发酵工业,2016,42(1):31-36.

[32] 唐慧. 一株淡紫拟青霉 PT1 菌株的培养特性及生物学特性[J]. 热带林业, 2023,51(2):86-90.

[33] 韩雪花. 一株白芨内生菌和一株冬虫夏草内生菌的化学成分研究[D]. 成都:成都中医药大学.

[34] 李林,上官艳妮,黄恻隐,等. 白芨愈伤组织与内生真菌共培养及次生代谢产物含量变化[J]. 北方园艺,2021,(14):128-134.

[35] 韩雪花,胡瀚文,罗禹,等. 白芨内生菌 Penicillium oxalicum 的化学成分[J]. 应用与环境生物学报,2019,25(2):438-444.

[36] 刘胜亮,朱舒亮,祁先慧,等. 四株解磷菌分泌有机酸与溶解磷酸三钙能力的研究[J]. 新疆农业科学,2017,54(6):1114-1121.

[37] 任氢欣,王继华,曾齐,等. 大豆根际踝节真菌 WR1-4 的溶磷特性研究[J]. 农业生物技术学报,2022,30(1):114-124.

[38] 林启美,王华,赵小蓉,等. 一些细菌和真菌的解磷能力及其机理初探[J]. 微生物学通报,2001,(2):26-30.

[39] 邓平香,张馨,龙新宪. 产酸内生菌荧光假单胞菌 R1 对东南景天生长和吸收、积累土壤中重金属锌镉的影响[J]. 环境工程学报,2016,10(9):5245-5254.

[40] 黄敬瑜,张楚军,姚瑜龙,等. 植物内生菌生物抗菌活性物质研究进展[J]. 生物工程学报,2017,33(2):178-186.

[41] 高媛,雷旗,蒋维,等. 一株高抗氧化活性内生真菌的分子鉴定及产酚酸类物质研究[J]. 微生物学通报,2016,43(6):1235-1243.

紫外线对大豆愈伤组织的影响

1 前言

1.1 大豆的营养价值和功效

大豆(Glycine max)是豆科一年生草本植物,高 30~90 cm;茎直立、粗壮,密被淡褐色长硬毛;叶通常具 3 小叶,小叶宽卵形,叶柄长 3~21 cm;总状花序短的少花,长的多花;苞片、花萼披针形,花粉色、淡紫色或白色,基部具瓣柄,翼瓣蓖状。大豆荚果肥大,未成熟时是绿色,含淡绿色绒毛,成熟后呈黄褐色,密被褐黄色长毛;种子呈球形、椭圆形,一般有 2~6 颗,种皮光滑,有淡绿、黄、红和黑色等多样。花期和果期一般在 6—7 月和 7—9 月。原产中国,是中国重要的粮食作物之一,已有五千年的栽培历史,古称菽。大豆的营养价值极高,据研究表明,每 1 kg 大豆含蛋白质 0.363 kg、脂肪 0.184 kg、糖 0.253 kg,钙 367 mg、铁 11 mg,还含有维生素 A、B、D、E 和烟酸、泛酸、抗坏血酸等,被称为“豆中之王”“田中之肉”“绿色的牛乳”等。大豆经加工制作出的各种豆制品,是高血压、动脉硬化、心脏病等心血管疾病的有益食品。大豆中还含有大豆卵磷脂、大豆异黄酮、植物固醇、植物激素等,对人体的骨质、癌症、血压等疾病都有良好的治疗功效。大豆的营养价值丰富,功效作用高,在医药学、工业、化工业上都有广泛的应用。大豆的种植广泛,在中国东北、华北、陕、川及长江下游地区均有出产,以长江流域及西南栽培较多,主要种植区域在中国东北。在 18 世纪初,大豆引入美国, 20 世纪中叶,在美国南部和西部成为重要粮食作物。不仅如此,大豆被广泛引入世界大部分国家。如今,世界大豆五大主产国分别是中国、美国、阿根廷、印度和巴西。从全球大豆产量分布来看,北美占 42%,南美占 43%,欧亚大陆占 15%。

1.2 大豆的研究现状和进展

大豆的营养含量丰富,功效作用高,故大豆的研究应用广泛。全世界的科学家分别对大豆的遗传资源改良、大豆育种研究(产量、品质、抗病虫性、广适应性)、生物技术(大豆基因组计划、外源 DNA 直接导入受体研究、分子技术应用、组织培养技术)、植物保护、加工利用等进行了深入研究。经法国 Roumet 等提出在作物育种中用未成熟的胚培养成苗以缩短大豆生活周期的技术可以缩短大豆育种周期，并获得大豆变异植株，这种诱变育种技术已在全世界快速传播。

诱变育种的突变率高，方法简单、安全，且产生的变异稳定较快，可在短时间内育出新品种。常用的几种方法有电离辐射诱变、离子束注入诱变、激光诱变、微波诱变、磁诱变育种、化学诱变以及航空诱变育种等。化学诱变育种是指用化学诱变剂处理植物材料，以诱发可遗传的突变，然后根据育种目标，对这些变异进行鉴定、选择和固定，育成需要的遗传稳定的品系或品种。育种常用的诱变剂有秋水仙素、EMS、NaN3 等。EMS 在大豆的研究中最佳浓度为 0.4%，杜园园等处理大豆得到诱变株。

紫外线诱变的方式是使 DNA 分子形成嘧啶二聚体，二聚体的形成会妨碍双链的解开，从而影响 DNA 的复制和转录；同时会引起双链结构扭曲变形，阻碍碱基间的正常配对，从而引起愈伤组织突变或死亡。强维亚等研究了增强 UV-B 对大豆胚轴 DNA 损伤、修复和蛋白质含量的影响；冯虎元等研究了 UV-B 辐射对大豆种子萌发率和幼苗生长的影响。在大豆诱变研究中，紫外线由于穿透性差，很少用于植物材料的诱变，化学诱变较常见，但更多的是引起分子水平上的变化，对生物分子的影响通常是个别、局部的。因此，本研究以紫外线为诱变剂，大豆愈伤组织为材料，避免植株或种子表面对紫外线的阻挡，并控制体积大小使紫外线都能透过，提高诱变成功率。

1.3 研究的目的与意义

本研究的主要意义是通过对愈伤组织进行紫外线诱变，获得诱变的大豆愈伤组织，进而对诱变植株（由愈伤组织发育）和对照植株（由种子发育）进行形态观察和比较，为构建近等基因系积累重要的种质资源，为后期基因功能研究及大豆育种工作奠定基础，最终实现提高大豆产量和品质的目标。同时，本研究为大豆育种提供了新途径和新方法，丰富了大豆的种质资源，为后续的大豆育种提供了理论依据，具有较高的科研价值。

2 材料与方法

2.1 材料及种植地概况

大豆“开鲜 3 号”种植于凯里学院园艺实践教学基地，该基地属亚热带湿润季风气候，最高气温 39 ℃，最低气温-5 ℃，年均日照 1 180 h，年均降水量 1 120 mm，霜期 100 天左右。待大豆生长到幼苗期后，取其茎段 1~2 cm，进行愈伤组织诱导。

2.2 试验仪器

净化工作台（JH-1），立式压力蒸汽灭菌器（YXO-LS-75 511），电热鼓风干燥箱（101），电热蒸馏水器（YN-ZD-2），紫外灯，皮尺，微尺，培养瓶，培养皿，酒精灯等。

2.3 试验方法

2.3.1 愈伤组织诱导

取大豆的茎段，用75%酒精浸泡30 s，无菌水洗2次，再用0.1%的升汞溶液灭菌1 min，无菌水冲洗4次。接种于不同浓度激素配比的MS培养基中（pH=5.8），每瓶接种3个，设置3个处理。每组处理45个大豆茎段，筛选最佳浓度激素配比的培养基，以选定的培养基进行愈伤组织诱导。

2.3.2 增殖培养

初代培养30天，愈伤组织长至直径2 cm左右，切取直径0.5 cm左右的愈伤组织接种于增殖培养基，每瓶接种2~3个。筛选最佳浓度激素配比的增殖培养基，以选定的培养基进行增殖培养。

2.3.3 紫外线诱变和再分化培养

继代培养20天，愈伤组织直径达到1 cm左右时，选取270个，设置3个处理，置于不同分化培养基中培养，筛选最佳的再分化培养基。

继代培养愈伤组织中选取360个，分为4个处理，3次重复，在紫外线下分别处理60 s、80 s、100 s、120 s，照射距离为30 cm。处理结束后转移至分化培养基（已筛选）中继代培养。每组处理30个愈伤组织，筛选最佳的紫外线诱变处理。剩余继代培养基愈伤组织以筛选的紫外线处理时间进行处理，而后用筛选的分化培养基进行再分化培养。

2.3.4 生根培养

用MS培养基+0.1 mg/L NAA对已进行再分化的愈伤组织进行生根培养。

2.3.5 炼苗与移栽

将已出芽和生根的大豆幼苗置于组培室中，昼夜温度25 ℃ /18 ℃，光照14 h/10 h，持续7天，使大豆幼苗适应外界环境。炼苗后移植，进行陆地栽培（凯里学院园艺实践教学基地），随机选择30株诱变植株，并与随机选择的30株正常植株进行比较。

2.3.6 诱变植株和普通植株的形态观察与比较

试验以基地种植未诱变的“开鲜3号”为对照，随机选择30株普通植株，并与随机选择的30株诱变植株在生长形态上进行比较。

3 结果与分析

3.1 愈伤组织诱导数据分析

通过对表1中的数据进行分析,可以看出, MS+0.5 mg/L NAA+0.5 mg/L 6-BA 组培中培养的大豆愈伤组织污染率、褐化率、死亡率都显著低于 MS+1.0 mg/L NAA+1.0 mg/L 6-BA 和 MS+1.5 mg/L NAA+1.5 mg/L 6-BA 组培中培养的大豆愈伤组织的污染率、褐化率、死亡率,且 MS+0.5 mg/L NAA+0.5 mg/L 6-BA 组培中培养的大豆愈伤组织成活率较高。MS+0.5 mg/L NAA+0.5 mg/L 6-BA 组培与 MS+1.0 mg/L NAA+1.0 mg/L 6-BA 组培中的污染率没有显著差异, MS+0.5 mg/L NAA+0.5 mg/L 6-BA 组培与 MS+1.0 mg/L NAA+1.0 mg/L 6-BA 组培和 MS+1.5 mg/L NAA+1.5 mg/L 6-BA 组培的污染率有显著差异;MS+1.5 mg/L NAA+1.5 mg/L 6-BA 组培与 MS+0.5 mg/L NAA+0.5 mg/L 6-BA 和 MS+1.0 mg/L NAA+1.0 mg/L 6-BA 组培中的褐化率、死亡率、成活率有显著差异。故选择 MS+1.5 mg/L NAA+1.5 mg/L 6-BA 的最佳初代培养基。

表1 初代培养基梯度

培养基	污染率(%)	褐化率(%)	成活率(%)	死亡率(%)
MS+0.5 mg/LNAA+0.5 mg/L6-BA	70.12 a A	12.84 a A	17.04 c C	82.96 a A
MS+1.0 mg/LNAA+1.0 mg/L6-BA	67.65 a A	6.67 b B	25.68 b B	74.32 b B
MS+1.5 mg/LNAA+1.5 mg/L6-BA	60.49 b B	4.20 c C	35.31 a A	64.69 c C

注:a、b、c 表示显著差异,A、B、C 表示极显著差异。

3.2 增殖培养数据分析

通过对表2中的数据进行分析,可以看出, MS+1.0 mg/L NAA+1.0 mg/L 6-BA 组培中培养的大豆愈伤组织污染率、褐化率、死亡率显著低于 MS+0.5 mg/L NAA+0.5 mg/L 6-BA 和 MS+1.5 mg/L NAA+1.5 mg/L 6-BA 组培中培养的大豆愈伤组织的污染率、褐化率、死亡率,且 MS+1.0 mg/L NAA+1.0 mg/L 6-BA 组培中培养的大豆愈伤组织成活率较高。MS+1.0 mg/L NAA+1.0 mg/L 6-BA 与 MS+0.5 mg/L NAA+0.5 mg/L 6-BA 组培中大豆愈伤组织的污染率没有显著差异,但与 MS+1.5 mg/L NAA+1.5 mg/L 6-BA 组培中大豆愈伤组织的污染率有显著差异;并且, MS+1.0 mg/L NAA+1.0 mg/L 6-BA 组培中培养的大豆愈伤组织成活率、褐化率、死亡率与

MS+0.5 mg/L NAA+0.5 mg/L 6-BA 和 MS+1.5 mg/L NAA+1.5 mg/dL 6-BA 组培中培养的大豆愈伤组织成活率、褐化率、死亡率存在显著差异。故选择 MS+1.0 mg/L NAA+1.0 mg/L 6-BA 为最佳激素浓度配比的增殖培养基。

表 2 增殖培养基梯度

培养基	污染率(%)	褐化率(%)	成活率(%)	死亡率(%)
MS+0.5 mg/LNAA+0.5 mg/L6-BA	50.37 ab AB	12.22 a A	37.41 b B	62.59 a A
MS+1.0 mg/LNAA+1.0 mg/L6-BA	45.56 b B	7.78 b B	46.67 a A	53.33 b B
MS+1.5 mg/LNAA+1.5 mg/L6-BA	54.81 a A	11.11 a A	34.07 b B	65.93 a A

注:a、b、ab 表示显著差异,A、B、AB 表示极显著差异。

3.3 紫外线诱变和再分化培养数据分析

通过对表 3 中的数据进行分析,可以看出, MS+0.5 mg/L TDZ+0.5 mg/L 6-BA 组培中培养的大豆愈伤组织污染率、褐化率、死亡率显著高于 MS+1.0 mg/L TDZ+1.0 mg/L 6-BA 和 MS+1.5 mg/L TDZ+1.5 mg/L 6-BA 组培中培养的大豆愈伤组织的污染率、褐化率、死亡率,但 MS+0.5 mg/L TDZ+0.5 mg/L 6-BA 组培中培养的大豆愈伤组织成活率较高。MS+0.5 mg/L TDZ+0.5 mg/L 6-BA 组培中培养的大豆愈伤组织的褐化率与 MS+1.0 mg/L TDZ+1.0 mg/L 6-BA 和 MS+1.5 mg/L TDZ+1.5 mg/L 6-BA 组培中培养的大豆愈伤组织的褐化率没有显著差异;然而, MS+0.5 mg/L TDZ+0.5 mg/L 6-BA 组培中培养的大豆愈伤组织的污染率、成活率、死亡率与 MS+1.0 mg/L TDZ+1.0 mg/L 6-BA 和 MS+1.5 mg/L TDZ+1.5 mg/L 6-BA 组培中培养的大豆愈伤组织的污染率、成活率、死亡率有显著差异。因此,选择 MS+0.5 mg/L TDZ+0.5 mg/L 6-BA 作为最佳激素浓度配比的再分化培养基。

表 3 再分化培养基梯度

培养基	污染率(%)	褐化率(%)	成活率(%)	死亡率(%)
MS+0.5 mg/LTDZ+0.5 mg/L6-BA	42.59 b B	5.93 a A	51.48 a A	48.52 b B
MS+1.0 mg/LTDZ+1.0 mg/L6-BA	52.59 a A	8.89 a A	38.52 b B	61.48 a A
MS+1.5 mg/LTDZ+1.5 mg/L6-BA	56.30 a A	11.85 a A	31.85 b B	68.15 a A

注:a、b、c 表示显著差异,A、B 表示极显著差异。

由表 4 可以清晰地看到,紫外线照射时间为 120 s 大豆愈伤组织的污染率、褐化率、死亡率显著低于紫外线照射时间为 60、80、100 s 时大豆愈伤组织的污染率、褐化率、死亡率,但成活率 84.44%较高。在照射时间为 60 s、80 s 时,两组的愈伤组织污染率、褐化率、成活率、死亡率没有显著差异；当紫外线照射时间为 100 s 时，该组的愈伤组织污染率、褐化率、死亡率与照射时间为 60 s、80 s 下愈伤组织的污染率、褐化率、死亡率有显著差异，但成活率没有显著差异；在紫外线照射时间为 120 s 时，该组的愈伤组织污染率、褐化率、死亡率、成活率与照射时间为 60 s、80 s、100 s 下愈伤组织的污染率、褐化率、死亡率、成活率有显著差异。因此，选择紫外线照射时间为 120 s 的时间段。

表 4 紫外线照射时间不同对于愈伤组织响

照射时间(s)	污染率(%)	褐化率(%)	成活率(%)	死亡率(%)
60	23.33 a A	21.11 a A	55.56 b B	44.44 a A
80	22.22 a A	18.89 a A	58.89 b B	41.11 a A
100	13.33 b B	11.11 b B	75.56 ab AB	24.44 b B
120	8.89 c C	6.67 c C	84.44 a A	15.56 c C

注：a、b、ab、c 表示显著差异，A、B、AB、C 表示极显著差异。

3.6 诱变植株和普通植株的比较

通过对诱变植株和普通植株的比较，从表 5 可以看出，诱变植株的平均株高为(48.84 ± 10.94)cm，平均叶片数为(50 ± 16)片，节位数为(21 ± 4)节；普通植株的平均株高为(41.76 ± 8.85)cm，平均叶片数为(41 ± 10)片，节位数为(13 ± 3)节。诱变植株的平均株高、平均叶片数、节位数显著高于普通植株，两者在平均株高、平均叶片数、节位数上存在显著差异。

表 5 诱变植株和普通植株的比较

参数	诱变植株	普通植株
株高(cm)	48.84 ± 10.94 a A	41.76 ± 8.85 b B
叶片数	50 ± 16 a A	41 ± 10 b B
叶长(cm)	2.82 ± 0.52 a A	2.42 ± 0.47 a A
叶宽(cm)	1.36 ± 0.34 a A	1.15 ± 0.24 a A
节位数	21 ± 4 a A	13 ± 3 b B
茎粗(mm)	1.62 ± 0.34 a A	1.15 ± 0.18 a A

注：a、b 表示显著差异，A、B 表示极显著差异。

在叶长、叶宽、茎粗的比较中，诱变植株的叶长为(2.82 ± 0.52)cm，叶宽为(1.36 ± 0.34)cm，茎粗为(1.62 ± 0.34)cm；普通植株的叶长、叶宽、茎粗分别为

(2.42 ± 0.47)cm、(1.15 ± 0.24)cm、(1.15 ± 0.18)mm。两者的叶长、叶宽、茎粗没有显著差异。

4 结论与讨论

本研究以“开鲜 3 号”大豆茎段为试材，系统研究了茎段离体培养的技术体系，并初步探讨了紫外线照射时间对茎段愈伤组织的影响。在紫外线对大豆愈伤组织的影响研究中，筛选出了最适的初代培养基 MS+1.5 mg/L NAA+1.5 mg/L 6-BA，最适的增殖培养基 MS+1.0 mg/L NAA+1.0 mg/L 6-BA，最适的再分化培养基 MS+0.5 mg/L TDZ+0.5 mg/L 6-BA，以及最适的紫外线照射时间 120 s。

在初代培养基的选择上，MS+1.5 mg/L NAA+1.5 mg/L 6-BA 诱导的愈伤组织成活率为 35.31%，显著高于其他两组初代培养基；在增殖培养基 MS+1.0 mg/L NAA+1.0 mg/L 6-BA 的培养过程中，愈伤组织的成活率达到 46.67%，显著高于其他两组增殖培养基；在再分化培养基 MS+0.5 mg/L TDZ+0.5 mg/L 6-BA 的培养中，愈伤组织的成活率为 51.48%，显著高于其他两组再分化培养基；在紫外线照射时间的探究中，120 s 照射时间下愈伤组织的成活率达到 84.44%，显著高于其他三个时间段。

通过对诱变植株与普通植株的比较，发现经紫外线照射的植株在株高、叶片数和节位数上均发生了显著变化，这为构建近等基因系积累了重要的种质资源，并为后期基因功能研究及大豆育种工作奠定了坚实基础，符合本研究的主旨。此外，本研究还为大豆育种提供了新途径和新方法，丰富了大豆的种质资源，为后续的大豆育种研究提供了重要的理论依据。

参考文献

[1] 苗以农，石连旋，刘立侠，等. 大豆形态结构和生理生化性状的多样性[J]. 大豆科学，2004，23(2)：130-133.

[2] 马立安，江涛. 大豆的营养保健与开发[J]. 农村科技开发，2000，(1)：27-28.

[3] 张海生. 大豆的营养价值及功效[J]. 大豆科技，2012，(1)：51-53.

[4] 陈波，邓源喜，高树叶，等. 大豆的营养保健功能及其开发应用进展[J]. 生态化工，2016，44(1)：14-16.

[5] 何英彬，姚燕敏，李建平，等. 大豆种植适宜性精细评价及种植合理性分析：以东北三省为例[J]. 中国农业资源与规划，2013，33(2)：11-17.

[6] 侯文升，胡继海，李明姝，等. 世界大豆生产发展现状进展[J]. 生物灾害科学，2015，

38(2):1-2.

[7] 崔章林,盖钧镒. 世界大豆研究进展与动向[J]. 大豆科学,1995,14(2):167-173.

[8] 陈丽霞,杜吉到,费志宏,等. 诱变育种技术在大豆育种中的应用[J]. 大豆科学,2008,27(5):874-878.

[9] 杜园园,刘永忠,李万星,等. 大豆 EMS 化学诱变处理条件分析[J]. 安徽农业科学,2012,40(35):16 995-16 996.

[10] 李羿,万德光. 茯苓紫外线诱变育种[J]. 药物生物技术,2008,15(1):44-47.

[11] 强维亚,汤红官,侯宗东,等. 增强 UV-B 辐射对大豆胚轴 DNA 损伤、修复和蛋白质含量的影响[J]. 生态学报,2004,24(4):852-856.

[12] 冯虎元,徐世建,安黎哲,等.UV-B 辐射对 8 个大豆品种种子萌发率和幼苗生长的影响[J]. 西北植物学报,2011,21(1):14-20.

[13] 王丽艳,荆瑞勇,郭永霞,等. 大豆愈伤组织继代培养中激素浓度组合的优化[J]. 中国油料作物学报,2013,35(4):446-450.

[14] 张郁松. 影响大豆愈伤组织的诱导因素研究[J]. 大豆科学,2007,26(1):66-70.

[15] 刘思言,王丕武,关淑艳,等.6-BA 对大豆愈伤组织诱导影响的初步研究[J]. 湖北农业科学,2013,52(16):3999-4001.

[16] 冯引弟. 不同大豆品种不同节位的农艺及品质性状的研究[D]. 长春:吉林农业大学,2013.

秋水仙素诱导大豆多倍体

1 前言

1.1 研究现状

大豆是一种富含蛋白质和植物油的重要粮食作物,具有极高的营养价值。作为一年生自花授粉的有性生殖植物,大豆在自然条件下的有性繁殖表现为单产率低、品质差,且种植面积逐年萎缩。植物多倍体通常表现出部分器官增大、营养成分丰富、产量高等特性,因此研究秋水仙素诱导大豆多倍体具有重要的研究价值。

秋水仙素育种是一种高效的倍性育种方法,多倍体植物通常表现出适应性增强、植株粗壮、花朵硕大、花期延长等特性。此外,同源多倍体能够克服远缘杂交不亲和的育种障碍,创造出性状稳定的新品种。大量研究表明,多倍体育种可以有效改良无性繁殖作物,使其营养器官表现出明显的优越性,如部分器官增大、次生代谢成分增加和抗逆性提高等。

前人利用秋水仙素进行诱变的研究已有很多,并取得了一些重要成果。例如:

阂子扬等用 40 mg/L 秋水仙素处理南瓜,成功诱导出四倍体;

彭程等通过 0.025%秋水仙素离体诱导甜叶菊多倍体,发现该浓度为最佳;

包梅荣等用 0.1%~0.3%秋水仙素处理油茶种子和幼苗,发现该浓度范围内出苗率最高;

张志胜等用 0.1%秋水仙素处理兰花原球茎 48 h,获得最高的植株变异率;

杨振华用 0.4%秋水仙素处理甘草种子 3 天,染色体加倍效果最佳;

叶秀仙等用 500 mg/L 秋水仙素诱导文心兰 10 天,效果最佳;

李晓艳等用 0.1%秋水仙素处理越橘 24 h,诱导效果最佳;

于锡宏等用 0.4%秋水仙素处理榨菜 48 h,诱导效果最佳;

李艳艳等用 0.2%秋水仙素处理长豇豆 4 次,获得最佳诱变率。

尽管秋水仙素诱变在许多作物中得到了广泛应用,但关于秋水仙素诱导大豆多倍体的研究尚未涉及。因此,开展秋水仙素诱导大豆多倍体的研究,不仅能够丰富大豆的种质资源,还可能为大豆育种提供新的途径和方法,具有重要的理论和实践意义。

1.2 研究意义

理论意义：本研究为大豆育种提供新途径、新方法，丰富大豆种质资源，为后续的大豆育种提供理论依据。

实践意义：通过愈伤组织处理筛选出最佳培养基配方、最佳浓度和最佳处理时间，为多倍体诱变选育筛选优质品种，提高大豆品质，增加经济价值；优质品种的推广栽培提高农民收入，服务地方经济发展。

2 材料与方法

2.1 试验材料

江苏的开鲜 3 号。

2.2 试验方法

2.2.1 外植体培养

取自江苏的开鲜 3 号大豆作为外植体培养，在温室大棚中种植培养，待植株真叶充分展开之后，方可作外植体使用。取外植体的茎段，放入烧杯中置于水龙头下冲洗 35min 后，倒干水分，加入 75%酒精浸泡 30 秒进行预处理，倒出酒精后加入无菌水冲洗 2 次，再加入 2%的次氯酸钠溶液灭菌 10min，最后用无菌水冲洗 3 次，供接种备用。

2.2.2 培养基配置

本试验采用基本培养基为 MS，pH=5.8。MS 培养基还加入 NAA 植物生长调节激素、6-BA 细胞分裂激素、3%砂糖和 0.75%琼脂。初代培养基为：MS+0.5 mg/L NAA+1.5 mg/L 6-BA。生根培养基为：1/2MS+0.5 mg/L NAA。

2.2.3 愈伤组织诱导

将已配制的初代培养基、无菌水、灭菌的培养皿、接种工具、酒精灯、打火机、75%的酒精、2%的次氯酸钠溶液以及一个经高温消毒的空瓶，放于无菌操作台紫外灭菌 30 min，然后鼓风 20 min，再将预处理的外植体放于无菌操作台。试验开始先对外植体进行消毒处理，处理方法沿用预处理的方法。

在无菌操作台上，将已处理的外植体茎段切取 1 cm 左右，接种于初代培养基中进行愈伤组织培养，每瓶接种 2~3 节茎段。

2.2.4 秋水仙素诱变处理

待愈伤直径到达 1 cm 左右时，将愈伤转入加有不同浓度秋水仙素的 MS 中，在不同时间段中进行诱变培养后，转到无菌操作台上用无菌水清洗根部后转至生根培养基中，培养 20 天并定期观察其生根情况。对照组直接将愈伤组织转入生根培养基培养，以供对照。根长到 1~1.5 cm 时，以供染色体观察用。

2.2.5 根尖染色体观察

取经秋水仙素处理的大豆根尖 1 厘米左右，在 0.02 mg/L 的 8-羟基喹啉中预处理 3 h 左右；随后将根尖转入卡诺固定液中固定 20~24 h；再将根尖置于 1 mg/L 盐酸中，在 60 ℃水浴中解离 15 min；解离后用蒸馏水漂洗，然后将根尖平稳放在载玻片中央，加入少量醋酸洋红溶液染色处理 25 min；染色后压片观察，用滤纸吸干多余溶液；最后用小木棍轻轻敲打盖玻片 3 min，尽量使细胞分散，以便于染色体的清晰观察。

3 结果与分析

3.1 不同的激素配比对大豆愈伤组织生长的影响

根据表 1 的数据分析，可见在激素配比中，培养愈伤组织效果最佳的组合是 0.5 mg/L NAA 与 1.5 mg/L 6-BA，其成活率为 50.67%，污染率为 45.33%，死亡率为 49.33%，褐化率为 4%。相较之下，激素配比中效果最不理想的组合是 0.2 mg/L NAA 与 0.5 mg/L 6-BA，其死亡率高达 82%，褐化率亦居首，达 17.33%，而成活率则是最低的 18%。这一对比显露出激素种类和浓度对愈伤组织培养的重要影响，其中 0.5 mg/L NAA 与 1.5 mg/L 6-BA 的组合在促进愈伤组织生长和降低褐化率方面表现尤为突出。今后在实际应用中，可优先考虑此激素配比，以提高愈伤组织的培养效率和成活率。

表 1 愈伤组织诱导

NAA(mg/L)	6-BA(mg/L)	污染率(%)	褐化率(%)	成活率(%)	死亡率(%)
0.2	0.5	64.67	17.33	18	82
	1.0	66	10.67	23.33	76.67
	1.5	62.67	12	25.33	74.67
0.5	0.5	53.33	8.67	38	62
	1.0	55.33	6	38.67	61.33
	1.5	45.33	4	50.67	49.33
1.0	0.5	64.67	7.33	28	72
	1.0	64	9.33	26.67	73.33
	1.5	62.67	8	29.33	70.67

图 1　愈伤组织周期生长情况

a:愈伤组织培养一天;b:愈伤组织培养一周;c:愈伤组织培养二周;d:愈伤组织培养三周

3.2　不同浓度秋水仙素和不同处理时间对大豆多倍体诱导的影响

根据表 2 的数据,可以得出以下结论。

表 2　秋水仙素处理大豆

浓度(%)	时间(h)	死亡率(%)	半致死率(%)	成活率(%)	诱导率(%)
0.05%	12	7.78	4.44	87.78	0
	24	22.22	5.56	72.22	0
	36	46.67	12.22	41.11	5.56
	48	53.33	14.44	32.23	8.89
0.1%	12	32.22	12.22	55.56	15.56
	24	33.33	10	56.67	24.44
	36	60	8.89	31.11	17.78
	48	76.67	7.77	15.56	11.11
0.15%	12	62.22	11.11	26.67	7.78
	24	86.67	5.56	7.77	6.67
	36	93.33	1.11	5.56	4.44
	48	98.89	1.11	0	0
0.2%	12	96.67	3.33	0	0
	24	97.78	2.22	0	0
	36	100	0	0	0
	48	100	0	0	0
CK	24	6.67	1.11	92.22	0

秋水仙素浓度对愈伤组织的影响:

秋水仙素浓度过高或过低均会对大豆愈伤组织的诱导产生抑制作用。浓度过低时,诱导效果不显著;浓度过高则导致愈伤组织死亡率显著上升,甚至接近 100%。

不同浓度和处理时间的效果:

a. 0.05%秋水仙素:在处理时间 12 h、24 h、36 h 时,愈伤组织成活率相对较高,但诱导率低于处理 48 h 的情况。

b. 0.1%秋水仙素:此浓度下愈伤组织的死亡率和成活率表现较为稳定。尤其当处理时间为 24 h 时,诱导率达到本次试验的最高值,为 24.44%。

c. 0.15%秋水仙素:愈伤组织死亡率显著提高,成活率降低,处理 48 h 时死亡率接近 100%。

d. 0.2%秋水仙素:在处理 12 h 和 24 h 时,半致死率分别为 3.33%和 2.22%,而愈伤组织的成活率为零;在处理 36 h 和 48 h 时,死亡率达到 100%。

综上所述,秋水仙素浓度在 0.1%且处理时间为 24 h 时,诱导效果最佳,为本次试验的最优条件。

3.3 多倍体鉴定

图 2 观察发现,高倍镜下观察对照组图片 3 中可清晰看出大豆染色体数目为 $2n=2x=40$ 条的二倍体。而经秋水仙素处理过的大豆,在高倍镜下图片 4 中大豆染色体数目大于或等于 80 条,说明秋水仙素处理后的大豆可以形成四倍体。

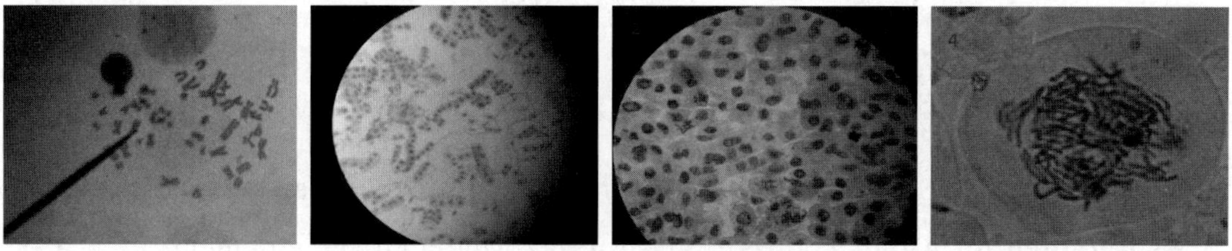

(a) (b) (c) (d)

图 2 二倍体和四倍体根尖染色体比较

(a)大豆二倍体 1;(b)大豆四倍体 1;(c)大豆二倍体 2;(d)大豆四倍体 2

4 结论与讨论

通过试验得出,不同的激素配对大豆愈伤组织培养的影响有所不同,植物生长激素浓度过高或过低都会抑制愈伤组织生长,浓度在 0.5 mg/L 时表现相对稳定。而细胞分裂素浓度越高,愈伤组织的死亡率越低。当植物生长素浓度为 0.5 mg/L、细胞分裂素浓度为 1.5 mg/L 时,愈伤组织的污染率、死亡率、褐化率都表现为最低,且成活率最高。

在不同浓度秋水仙素和不同处理时间下，对大豆的诱导也有所不同。当浓度为0.05%时，随着处理时间延长，愈伤组织生长减缓，成活率逐渐降低；当秋水仙素浓度升高至0.15%时，随着处理时间加长，死亡率升高，半致死率、成活率和诱导率逐渐降低；当秋水仙素浓度提高至0.2%时，愈伤组织的死亡率接近100%，半致死率基本为零，成活率为零。这说明，秋水仙素在低浓度时，可通过延长处理时间实现愈伤组织诱导；在高浓度时，应减少处理时间以实现愈伤组织诱导，但浓度需在愈伤组织承受范围内。因此，秋水仙素浓度和处理时间共同影响愈伤组织的死亡率、成活率和诱导率。秋水仙素浓度越高，愈伤组织成活率越低，成活率影响诱导率；处理时间越长，愈伤组织死亡率和成活率越低；在低浓度时，随处理时间延长诱导率逐渐升高，而在高浓度时，随处理时间延长诱导率反而降低。因此，要充分发挥大豆多倍体诱变研究的价值，关键在于获得较高的诱变率并保持较高的成活率。结果显示，当秋水仙素浓度为0.1%时，处理时间为24 h，为本试验的最佳诱导组合，其诱导率为24.44%。

通过染色体观察，大豆可通过秋水仙素处理得到四倍体植株。大豆染色体由$2n=2x=40$条变为$2n=4x=80$条。试验过程中发现，由于大豆染色体数目较多，染色体制片时压片不易分散，导致观察染色体数目不清晰，影响试验的真实值。因此，后续研究中应考虑大豆植株倍数关系，在染色体制片时加强压片技巧。这一发现为后续试验提供了更加严谨的试验结果。

参考文献

[1] BOSL N, ANGUS S, EDGAR P. Multidrug Resistance2 like G enes of Arabidopsis Required for Auxin Transport and Auxin2 Mediated Development. Plant Cell, 2001,13(11): 2441-2454.

[2] DIANA S, VINCENT V, ELISA A. MDR2like ABC transporter AtPGP4 is involved in auxin2mediated lateral root and root hair development. Plant Cell, 2005,579(24):5399-5406.

[3] 胡凤，杨万年. 大豆组培苗水培生根与培养基生根比较研究[J]. 大豆科学，2013，32(3):1000-9841.

[4] 马继凤，赵政文. 我国大豆生产回顾与科研进展[J]. 湖南省农科院作物研究所，2001(4):35-37,40.

[5] 王洪新，胡志昂，钟敏，等. 盐渍条件下野大豆群体的遗传分化和生理适应：同工酶和随机扩增多态DNA研究[J]. 植物学报，1997，39(1):34-42.

[6] 王敏. 大豆种植现状及高产栽培技术[J]. 现代农业科技,2016(9):36-39.

[7] 谢晓玲,邓自发. 秋水仙素对大蒜生长的影响及多倍体诱导效应分析[J]. 安徽农业科学, 2009,37(9):419-4194.

[8] 彭静,魏岳荣,盛鸥,等. 不同浓度秋水仙素对贡蕉的多倍体诱导[J]. 分子植物育种,2010,8(4):752-757.

[9] 张素芝,李纪蓉. 秋水仙素诱导大蒜四倍体的研究[J]. 核农学报, 2006 , 20(4):303-308.

[10] 杨寅桂,庄勇,陈龙正,等. 蔬菜多倍体育种及其应用[J]. 江西农业大学学报,2006,28(4):534-538.

[11] 闵子扬,童龙,杨红波,等. 组织培养结合秋水仙素诱导南瓜多倍体[J]. 湖南农业大学,2015,28(1):15-18.

[12] 彭程,张路路,叶超,等. 低浓度秋水仙素离体诱导甜叶菊多倍体技术体系的建立[J]. 热带作物学报 2014,35(4):673-677.

[13] 包梅荣,李铁柱,乌云塔娜,等. 秋水仙素处理油茶种子和幼苗变异的初步研究[J]. 内蒙古农业大学学报,2009(2):46-51.

[14] 张志胜,谢利,萧爱兴,等. 秋水仙素处理兰花原球茎对其生长和诱变效应的影响[J]. 核农学报,2005,19(1):19-23.

[15] 杨振华. 秋水仙素处理甘草种子染色体加倍研究[J]. 山西农业科学, 2016, 44(3):294-296.

[16] 叶秀仙,黄敏玲,樊荣辉,等. 秋水仙素对文心兰离体诱变的影响[J]. 福建农业学报,2014,29(11):1083-1087.

[17] 钟程,田鑫,刘伦沛,等. 秋水仙素诱导贵州野生淡黄花百合的多倍体[J]. 贵州农业科学,2015,43(8):9-11.

[18] 李晓艳,张志东,李亚东,等. 用秋水仙素诱导离体培养越橘多倍体研究[J]. 东北农业大学学报,2010,41(1):38-42.

[19] 于锡宏,张艳梅,蒋欣梅,等用秋水仙素诱导榨菜四倍体的效应[J]. 东北农业大学学报,2013(10):88-92.

[20] 李艳艳,周鸿章,张蜀宁,等. 用秋水仙素诱导四倍体耐热长豇豆的研究[J]. 浙江农业科学,2014(8):1174-1177.

[21] 杨英杰,葛蓓孛,魏倩等. 秋水仙素诱导细叶百合多倍体研究[J]. 中国农业大学学报,2013,18(1):128-133.

[22] 谈永霞. 百里香组织培养及秋水仙素诱导多倍体的初步研究[D]. 兰州：兰州理工大学，2011.

[23] 苏文潘，张美华，黎萍. 美丽马兜铃的组织培养和快速繁殖[J]. 农业研究与应用，2008(1)：13-14.

诱变大豆染色体核型分析及光响应曲线测定

1 前言

1.1 选题背景

大豆属一年生草本,是中国重要粮食作物之一,已有五千年栽培历史,是蛋白质、油脂及保健活性物质的重要来源,又是食品、饲料等多种加工工业的优质原料。

染色体核型分析对细胞遗传学、育种学、分类学、起源和进化等学科的研究有着重要意义。长期以来在染色体核型研究中,由于各物种染色体数目、形态、结构差异十分复杂,制样稳定性和重复性亦较差。对于大豆染色体核型分析已有研究,但是经过诱变后的大豆染色体核型分析还没有研究过。

光合作用(photosynthesis)是绿色植物吸收光能、水和二氧化碳,制造有机物质并释放氧气的过程。光是光合作用的主导因子,每种绿色植物均可作出光合作用对光的响应曲线,光响应曲线是研究植物光合作用特性的主要内容之一。从曲线上可以计算出植物的最大光合速率、光补偿点、光饱和点。植物适应光环境变化的能力很大程度上决定了它的分布模式和物种丰度。因此,研究植物叶片对光的响应有助于阐明光合产物积累与环境因素的关系,分析环境对植物生长发育的影响,是植物光合生理研究的重要手段。国内对大豆光响应已有研究,运用 Li-6400 便携式光合作用测定系统比较科尔沁沙地大田种植的绿豆和大豆两种豆科作物的净光合速率(*Pn*)、胞间 CO_2 浓度(*Ci*)、气孔导度(*Gs*)的日变化;与大豆相比,光照强烈($>1\ 455\ \mu mol/m^2 \cdot s$)的时段(08:00—14:00),绿豆能够更有效地调控 *Ci*、*Gs*、*Fv/Fm* 和 *Sm*。但是对诱变后大豆的光合分析还没有研究过。

1.2 研究的目的与意义

染色体核型是细胞学标记之一。核型如染色体的数目、大小、随体及着丝粒位置等,是代表一个物种的染色体特征。一种生物的染色体核型是相对稳定的,因此它可以作为植物学分类及遗传研究的重要手段。染色体核型分析反映了物种染色体水平的整体特征，研究和比较物种的染色体核型可以确定物种本身的遗传学特征，有助于揭示物种的系统演化及判断和分析物种间的亲缘关系。本试验通过对诱变后大豆的染色体核型分析，为诱变后大豆之间的亲缘关系等提供依据。

光响应曲线反映了在一定光照辐射强度下植物潜在的光合能力以及植物对生长环境的适应性，构建理想的光合光响应模型可更客观准确地反映光反应过程。通过对诱变前和诱变后大豆光合数据的测定，对其结果进行分析，对比诱变前和诱变后大豆的各个光合参数的差异，分析诱变后大豆对光环境的适应能力，为诱变大豆光响应曲线提供依据。

2 材料与方法

2.1 试验材料选择

下豆、杨豆、曾豆。选用长势一致、无病害的成熟叶片。

2.2 试验器材与试剂

Li-6400 光合仪、烧杯、量筒、酒精灯、镊子、盖玻片、载玻片、显微镜、秋水仙素、KCl、甲醇、冰乙酸、纤维素酶、果胶酶、蒸馏水、磷酸溶液、Giemsa 染液。

2.3 试验方法

2.3.1 诱变大豆染色体核型分析

取大豆根尖，用 0.2%的秋水仙素预处理 3 h，用 0.075 mol/L KCl 室温下处理 30 min。新配制的甲醇-冰醋酸（3∶1）固定液在室温下固定 30 min。固定后用蒸馏水对根尖洗 30 min，用 2%的纤维素酶和 2%果胶酶混合溶液（1∶1）处理 3 h。倒去酶液，再加入固定液放到冰箱中过夜。取再固定后的根尖置于洁净的载玻片上，加上固定液用镊子捣碎涂布，然后在酒精灯上迅速掠过 2~3 次，用蒸馏水洗，用 0.066 mol/L 的磷酸缓冲液稀释到 40∶1 的 Giemsa 染液（pH6.8）染色 40 min。对大豆的染色体数目和形态进行分析。

2.3.2 诱变大豆光响应曲线测定

采用 LI-6400 便携式光合仪于上午 8：00—11：30 之间测定大豆的净光合速率 *Pn*（μmol CO_2/（$m^2 \cdot s$））、气孔导度 *Gs*（mol H_2O/（$m^2 \cdot s$））、蒸腾速率 *Tr*（mmol H_2O/（$m^2 \cdot s$））、胞间 CO_2 浓度（μmol CO_2/（$m^2 \cdot s$））。测定光强由强到弱，设定的光合有效辐射（*PAR*）依次为

1 500 μmol/(m² · s)、1 200 μmol/(m² · s)、1 000 μmol/(m² · s)、800 μmol/(m² · s)、600 μmol/(m²·s)、500 μmol/(m²·s)、300 μmol/(m²·s)、200 μmol/(m²·s)、100 μmol/(m²·s)、50 μmol/(m² · s)、0 μmol(/m² · s)，每个光照强度梯度下平衡 3 min，根据所测得的参数计算最大净光合速率 P_{max}、光饱和点 *LSP* 和光补偿点 *LCP*。

3 结果与分析

3.1 大豆染色体核型分析

通过对诱变前与诱变后三种大豆染色体的测定，诱变前三种大豆的染色体长度，曾豆较长，其次是杨豆，下豆最短，且形态比较相似，染色体对称性，杨豆较为对称，其次为下豆，曾豆较不对称，诱变后三种大豆的染色体长度和诱变前一样，但是诱变后大豆的对称性不明显。

3.2 大豆光响应曲线测定

3.2.1 诱变前与诱变后大豆光响应曲线特征参数

LSP 和 *LCP* 是反映植物对光照条件的要求，能够体现出对强光和弱光的利用能力。由表 1 所示，诱变前与诱变后的 P_{max} 表现为杨豆大于曾豆，曾豆大于下豆，表明杨豆的光合能力最强，其次是曾豆。曾豆的 *LSP* 和 *LCP* 均为最大，其次是杨豆，下豆最小，说明曾豆适应强光，下豆适应弱光，杨豆介于二者之间。诱变后，三种大豆的 P_{max}、*LCP*、*LSP* 均比诱变前有所降低，其中诱变后杨豆的 P_{max} 仍为最大，而曾豆的 *LSP* 和 *LCP* 仍为最大，与诱变前相比未发生显著变化。

表 1 诱变前与诱变后大豆光响应曲线特征参数

品种		最大净光合速率	光饱和点	光补偿点
诱变前	杨豆	9.162	416.143	45.483
	曾豆	4.988	475.416	104.251
	下豆	3.175	80.323	23.334
诱变后	杨豆	7.236	369.058	30.861
	曾豆	4.039	407.594	97.541
	下豆	2.980	70.535	23.256

3.2.2 诱变前与诱变后大豆光合速率随光强而变化的曲线

试验测得三个大豆品种的 *Pn-PAR* 响应曲线如图 1 所示。

在 *PAR* 50~1 600 μmol/(m² · s)范围内，诱变前后大豆的 *Pn* 均随 *PAR* 升高呈双阶段增长：1 000~1 600 μmol/(m² · s)区间增速趋缓(平均增幅<5%)，50~200 μmol/(m²·s)区间增幅显著(平均>20%)。

诱变前杨豆保持光合优势：全 *PAR* 范围较曾豆、下豆分别提高 12.3% ± 1.5%、28.7% ± 2.1%($P<0.01$)，但 *PAR*=50 μmol/(m²·s)时三品种差异<3.5%($P>0.05$)；

诱变后高光环境(*PAR*≥500 μmol/(m² · s))杨豆仍保持竞争优势，*Pn* 值较曾豆、下豆高 9.8%、17.4%($P<0.05$)，但低光响应(*PAR*<200)时优势减弱(差异缩小至 5.2%)。

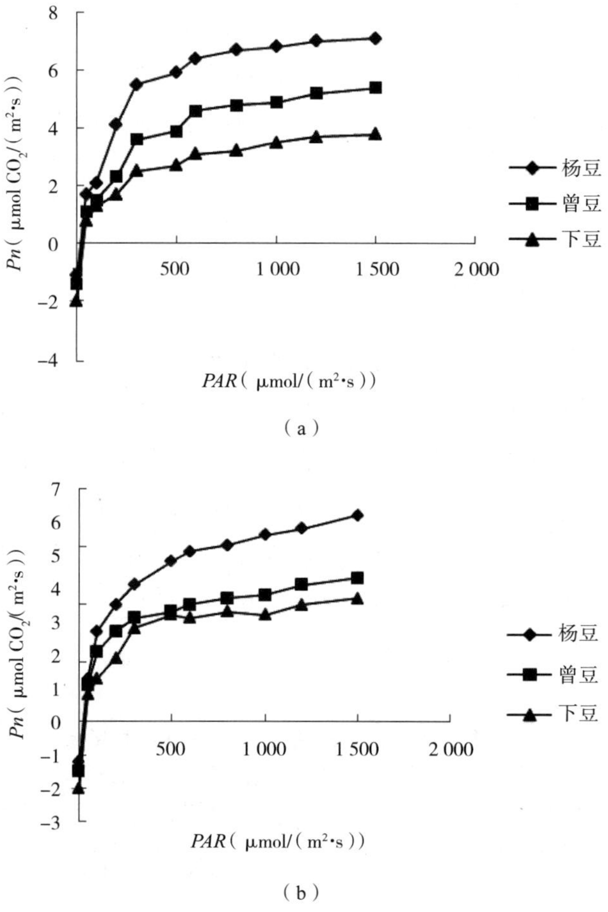

图 1　诱变前与诱变后大豆光合速率随光强而变化的曲线

(a)诱变前；(b)诱变后

3.2.3　诱变前与诱变后大豆胞间 CO_2 浓度随光强而变化曲线

Ci 是反映大气输入和细胞光呼吸的 CO_2 动态瞬时浓度。由图 2 所示，*PAR* 在 50~1 600 μmol/(m² · s)时，诱变前与诱变后三种大豆的 *Ci* 保持稳定，而 PAR 低于 50 μmol/(m²·s)时，*Ci* 迅速上升。诱变前，杨豆的 *Ci* 大于曾豆和下豆，且曾豆的 *Ci* 又

大于下豆；诱变后在 PAR 为 50~1 000 μmol/(m² · s)时，杨豆的 *Ci* 最大，而曾豆与下豆的 *Ci* 差异不明显。

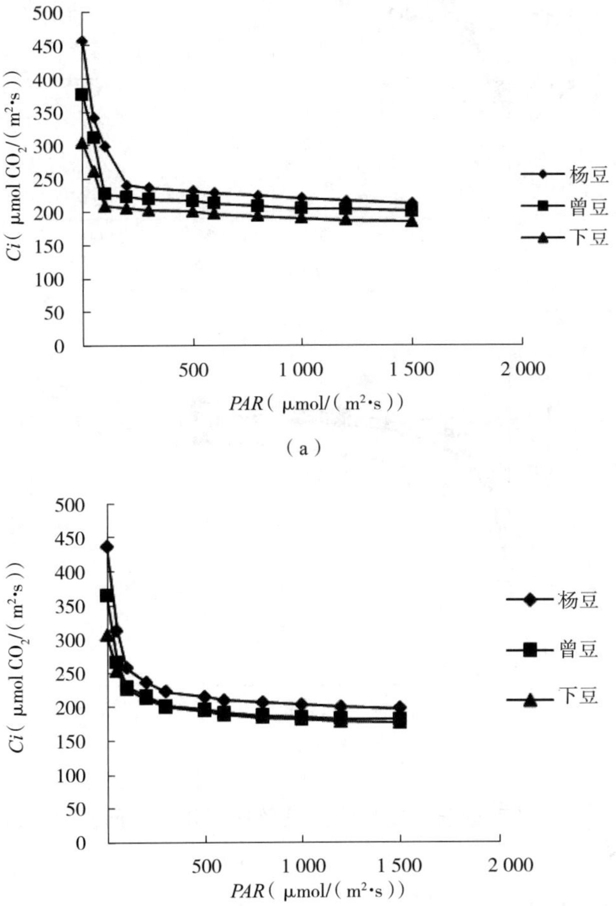

(a)

(b)

图 2　诱变前与诱变后大豆胞间 CO_2 浓度随光强而变化曲线

(a)诱变前；(b)诱变后

3.2.4　诱变前与诱变后大豆蒸腾速率随光强而变化曲线

Tr 反映单位叶面积瞬时的耗水量，其差异可推知各品种的耗水潜力。由图 3 所示，诱变前与诱变后三种大豆的 *Tr* 随 *PAR* 增大呈上升趋势，且诱变前三种大豆的 *Tr* 升幅大于诱变后。诱变前在 *PAR* 为 1 600 μmol/(m² · s)时，曾豆的 *Tr* 最大，下豆的 *Tr* 小于杨豆和曾豆；诱变后在 *PAR* 为 500~1 600 μmol/(m² · s)时，三品种 *Tr* 排序为曾豆>杨豆>下豆。

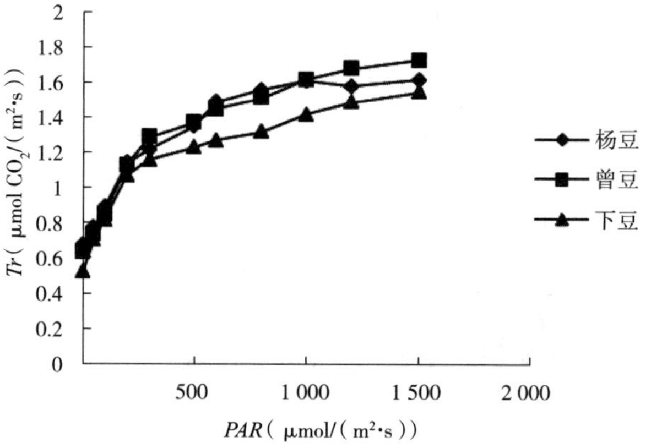

(a)

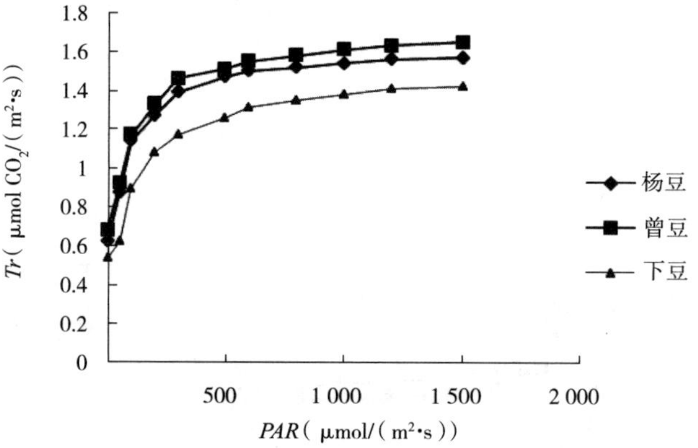

(b)

图 3　诱变前与诱变后大豆蒸腾速率随光强而变化曲线

(a)诱变前;(b)诱变后

3.2.5　诱变前与诱变后大豆气孔导度随光强而变化曲线

气孔是植物气体交换和水分散失的通道,其开闭程度直接影响光合作用与呼吸作用。由图 4 所示,诱变前三种大豆的 *Gs* 均随 *PAR* 增大而升高,在 PAR 为 1 200~1 500 μmol/(m²·s)时杨豆和曾豆的 *Gs* 升幅较大。当 *PAR* 为 1 500 μmol/(m²·s)时,曾豆的 *Gs* 达到最大;在 *PAR* 为 50~1 000 μmol/(m²·s)范围内,杨豆的 *Gs* 保持最高。

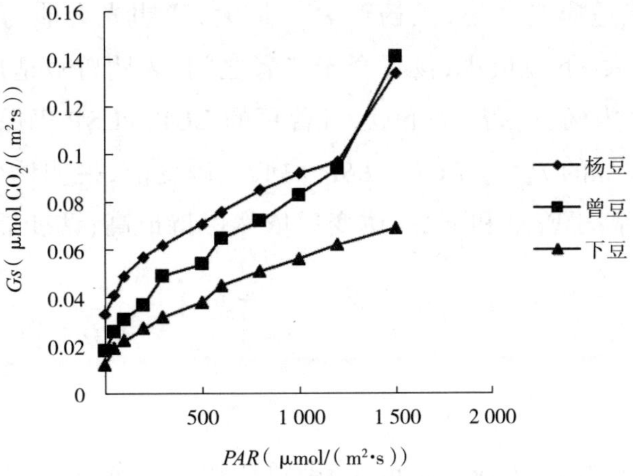

(a)

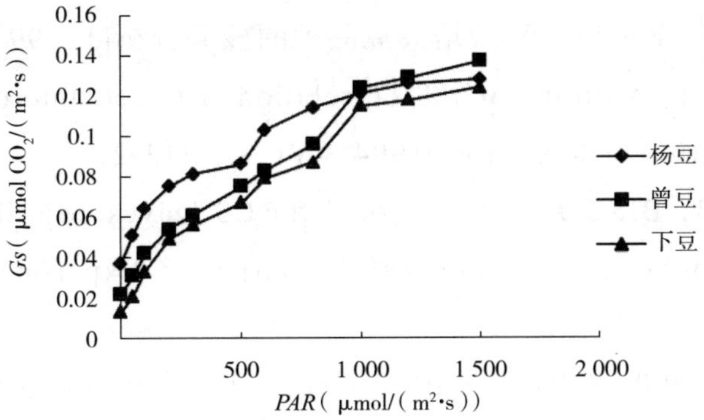

(b)

图 4　诱变前与诱变后大豆气孔导度随光强而变化曲线

(a)诱变前;(b)诱变后

4　结论与讨论

4.1　诱变大豆染色体核型分析

对诱变前和诱变后杨豆、曾豆及下豆的染色体核型分析表明:诱变前染色体长度呈曾豆>杨豆>下豆,对称性为杨豆>下豆>曾豆;诱变后染色体长度仍保持曾豆>杨豆>下豆,但对称性差异不显著。该结果说明诱变前后大豆的染色体长度保持稳定,而对称性呈现不稳定性。

4.2　诱变大豆光响应曲线

通过对诱变前后三种大豆光合参数测定结果分析可知,诱变前杨豆的 *Pn* 大于曾豆和下豆，表明其更能适应光环境，且杨豆 P_{max} 最大，说明光合能力最强；诱变前曾豆的 *LSP* 和 *LCP* 均为最大，下豆最小，杨豆介于二者之间，表明曾豆适应强光而下豆适应弱光。诱变后 *Pn* 排序为杨豆>曾豆>下豆，且曾豆的 LCP、LSP 仍保持最大（与诱变前一致）。诱变后三种大豆的 P_{max}、*LCP*、*LSP* 均低于诱变前，说明诱变前品种更适应光环境。诱变前杨豆 *Ci* 高于曾豆和下豆，诱变后依然保持最高；诱变后 *Tr* 的升幅较诱变前显著减小。

参考文献

[1] 周春生，朴真三. 大豆（Glycine max）染色体形态和苏木精染色区的研究[J]. 东北师大学报（自然科学版），1983，（3）：31-36.

[2] 陈宛妹，李增禄，李星华，等. 栽培大豆品种的核型分析[J].199 3，10（2）：96-99.

[3] MONTEITH J L. Validity of the correlation between intercepted radiation and biomass[J]. Agric For Meteorol，1994，68（3）：213-220.

[4] MARSHALL B，BISCOE P V. A model for C3 leaves describing the dependence of net photosynthesis on irradiance[J]. Journal of Experimental Botany，1980，31（1）：29-39.

[5] LACHAPELLE P P，SHIPLEY B. Interspecific prediction of photosynthetic light response curves using specific leaf mass and leaf nitrogen content：effects of differences in soil fertility and growth irradiance[J]. Annals of Botany，2012，109（6）：1149-1157.

[6] SERDIO J，LAVAUD J. A model for describing the light response of the nonphotochemical quenching of chlorophyll fluorescence[J]. Photosynthesis Research，2011，108（1）：61-76.

[7] 林栋，吕世海，冯朝阳，等. 华北山地阳坡中生灌草植被对 CO_2 浓度和温度变化的光合响应[J]. 草业科学，2008，25（4）：135-140.

[8] 韩蕾，孙振元，巨关升，等. 空间环境对草地早熟禾诱变效应研究Ⅱ-光合特性和叶绿素含量[J]. 核农学报，2005，19（6）：413-416.

[9] 韩瑞锋，李建明，胡晓辉，等. 甜瓜幼苗叶片光合变化特性[J]. 生态学报，2012，32（5）：1471-1480.

[10] 雷逢进，温祥珍，李亚灵，等. 两种不同矮蔓型西葫芦冠层光合特性的差异分析[J]. 核农学报，2010，24（2）：382-388.

[11] 罗亚勇，赵学勇，岳广阳，等. 绿豆和大豆叶片光合作用对科尔沁沙地光照条件的

响应[J]. 中国沙漠,2009,29(2):260-263.

[12] Blackman F F. Optima and limiting factors[J]. Annals of Botany, 1905, 19(3): 281-295.

[13] 闫小红,胡文海,王宁,等. 美洲商陆光合光响应曲线及其模型拟合[J]. 井冈山自然科学学报,2013,34(3):28-33.

[14] KUBISKE M E, PREGITZER K S. Effects of elevated CO_2 and light availability on the photosynthetic light response of trees of contrasting shade tolerance[J]. Tree Physiology, 1996, 16(3): 351-358.

[15] 叶子飘. 光合作用对光响应新模型及其应用[J]. 生物数学学报, 2008, 23(4): 710-716.

[16] 蒋冬月,钱永强,费英杰,等. 柳属植物光合-光响应曲线模型拟合[J]. 核农学报, 2015,29(1):169-177.

[17] 郑慧敏,毛培胜,黄莺,等. 牧草染色体核型和带型分析研究进展[J]. 草地学报, 2015,23(1):14-20.

[18] 马诗钰,周兰英,熊海燕,等. 四川 5 种杉科植物的核型分析[J]. 西安:西北农林科技大学学报(自然科学版),2014,42(9):63-69.

[19] 黄骥,陈浙,夏志华,等. 国产黄连属植物的染色体核型分析[J]. 西北植物学报, 2013,33(5):931-938.

[20] 李晓玲,王雪松,程岁寒,等.2 种续断属植物的染色体核型分析[J]. 河南农业科学,2015,44(7):115-118.

[21] 梁文斌,聂东伶,吴思政,等. 短梗大参光合作用光响应曲线及模型拟合[J]. 经济林研究,2014,32(4):38-44.

黔东南野生大豆光合特性的研究

1 前言

1.1 野生大豆资源开发利用现状

野生大豆是栽培大豆的种质资源，目前野生大豆种质资源在我国已有 8 518 份，占全世界野生大豆种质资源的 90%以上。野生大豆生产潜势很高，具有高蛋白、高产、适应性广等特点，是我国与世界宝贵的资源财富。

目前国外野生大豆的分布及其数量较少，相关研究较少。Chen 等（2004）对美国农业部大豆种质收集材料中的白花野生大豆植株进行形态和 DNA 标记鉴定，证实白花性状源于突变。Young 等（1999）在韩国五大河流采集野生大豆群体，SSR 标记分析表明栽培大豆遗传分化系数与遗传多样性均显著低于当地野生群体。Wang K J 等研究显示日本野生大豆遗传多样性低于中国野生大豆，这种差异源于地理环境差异，推测两地野生大豆起源不同。

国内对野生大豆的起源进化、生态学、遗传学、植物保护等研究较多。研究表明：野生大豆变异类型较栽培大豆更丰富，且对病虫害及逆境抗性更强。野生大豆叶片光合速率与栽培大豆存在生育期差异，其营养生长期光合速率显著高于栽培大豆，但花期与结荚期则明显偏低。

绿色植物能量源于光合作用，光是其生命活动的物质基础，而光合作用被视为对逆境最敏感的生理过程。周三等（2002）研究发现野生大豆在 13 h 日长条件下开花促进作用最佳，且随日照缩短生长速度与光合速率下降。杨文杰等（1983）证实白光下野生大豆光合速率最高，红光、蓝光、绿光条件下则显著降低。

1.2 研究的目的与意义

本研究以黔东南野生大豆为研究对象，在自然状态下生长，对其生长旺盛期、花期、结荚期三个时期进行光合特性测定及分析，测定其光合日变化与光响应曲线。力求全面阐述光合特性，为黔东南野生大豆资源的发掘和应用提供理论依据。

2 材料与方法

2.1 种植地自然概况

提供试验的野生大豆源于贵州省黔东南州凯里市经济开发区凯里学院后山丁扒山（海拔：1 025 m）自然生长的野生植株。

2.2 试验设计

选取长势良好的野生大豆植株；待野生大豆在生长旺盛期（茎十二节）、花期（盛花期）、结荚期（鼓粒期）三个时期，选择适宜的天气分别对其进行光合日变化和光响应曲线的测定及数据处理和分析。

2.3 试验仪器

Li-6400 便携式光合测定仪

2.4 试验测定方法与项目

2.4.1 光合日变化的测定

本试验选择无风无云的晴天，对野生大豆的生长旺盛期、花期、结荚期三个时期分别采用 Li-6400 便携式光合测定仪，从 08：00—18：00 进行测定，每 2 h 测定一次光合指标。测定时选取同一位置植株主茎上的功能叶，每个处理重复测定 3 株，每株重复测定功能叶 3 片，每片功能叶读取 5 次数，并取平均值。测定指标包括净光合速率（*Pn*，μmol/（m^2·s））、气孔导度（*Gs*，mol/（m^2·s））、胞间 CO_2 浓度（*Ci*，μmolCO_2/（m^2·s））、蒸腾速率（*Tr*，mmol/（m^2·s））、叶室温度（*Ta*，℃）等参数。

2.4.2 光响应曲线的测定

本试验选择晴天，在野生大豆的生长旺盛期、花期、结荚期分别采用 Li-6400 便携式光合测定仪进行测定。在每个时期选取生长势优良的植株，每个处理重复测定 3 株，每株测定功能叶 3 片。通过调节 Li-6400 系统，将叶片温度控制为（26 ± 1）℃，CO_2 体积分数设定为 400 μmol/mol，设定等待时间为 120~180 s。光合有效辐射（*PAR*，μmol/（m^2·s））设定 12 个梯度，由高到低分别为 2 000 μmol/（m^2·s）、1 600 μmol/（m^2·s）、1 200 μmol/（m^2·s）、800 μmol/（m^2·s）、400 μmol/（m^2·s）、200 μmol/（m^2·s）、150 μmol/（m^2·s）、100 μmol/（m^2·s）、80 μmol/（m^2·s）、50 μmol/（m^2·s）、25 μmol/（m^2·s）、0 μmol/（m^2·s）。由仪器“Light-curve”程序自动测定植株叶片的净

光合速率（*Pn*，μmolCO_2/（m^2·s））、胞间 CO_2 浓度（*Ci*，μmolCO_2/（m^2·s））、气孔导度（*Gs*，mol/（m^2·s））、蒸腾速率（*Tr*，mmol/（m^2·s））等指标。以净光合速率为纵坐标，以光量子通量密度（PPFD）为横坐标，拟合光合响应方程，并计算光饱和点（*LSP*）、光补偿点（*LCP*）、最大光合速率（P_{max}）、暗呼吸速率（R_{day}）、表观光量子密度（*AQY*）等参数。

光响应曲线用非直角双曲线拟合，模型理论公式为：

$$Pn=\frac{\phi I+P_{max}-\sqrt{(\varphi I+P_{max})^2-4\times k\times\phi I\times P_{max}}}{2k}-R_{day}$$

其中：*Pn* 为净光合速率，φ 为表观量子效率，*I* 为光照强度（计算光照强度 ϕ 即为光补偿点 *LCP*），P_{max} 为最大净光合速率，*k* 为曲角，R_{day} 为暗呼吸速率。

2.5 试验数据处理

试验数据的光合特性指标采用 Li-6400 便携式光合测定仪进行测定。数据处理及图表制作使用 Microsoft Excel 2013 完成。采用 SPSS 软件进行非直角双曲线模型拟合，数据分析则使用 DPS 7.05 进行，确保数据分析的准确性和科学性。

3 结果与分析

3.1 光合日变化曲线

根据图 1 可以看出，野生大豆生长旺盛期、花期、结荚期在 8：00—18：00 时段内光合速率的变化特征如下。8：00 三个时期的光合速率无明显差异；10：00 花期的光合速率显著高于生长旺盛期与结荚期，且后两者无显著差异；12：00 三个时期的光合速率均达到峰值；12：00—14：00 花期与生长旺盛期的光合速率无显著差异，但显著高于结荚期；16：00 生长旺盛期的光合速率显著高于花期与结荚期，且后两者无显著差异；18：00 生长旺盛期的光合速率>花期>结荚期。这说明花期植株叶片对光适应性强，生长旺盛期植株叶片光合利用率高，而结荚期植株叶片对光的适应性与利用率均较弱。

图 2 显示，野生大豆三个时期在 8：00—18：00 时段内气孔导度的变化趋势如下。各时期气孔导度均呈下降趋势，其中花期与生长旺盛期的气孔导度无显著差异，且两者均低于结荚期。气孔导度直接影响蒸腾速率，气孔导度越大蒸腾速率越高，表明三个时期的蒸腾速率随时间逐渐降低。

图 3 显示，野生大豆三个时期在 8：00—18：00 时段内胞间 CO_2 浓度的变化趋势如下。8：00 生长旺盛期与花期的胞间 CO_2 浓度无显著差异，且均高于结荚期；10：00 生长旺盛期与结荚期的胞间 CO_2 浓度无显著差异，且均低于花期；12：00—14：00 三个时

期的胞间 CO_2 浓度无显著差异；16：00—18：00 生长旺盛期的胞间 CO_2 浓度显著低于花期与结荚期，且花期与结荚期之间无显著差异。

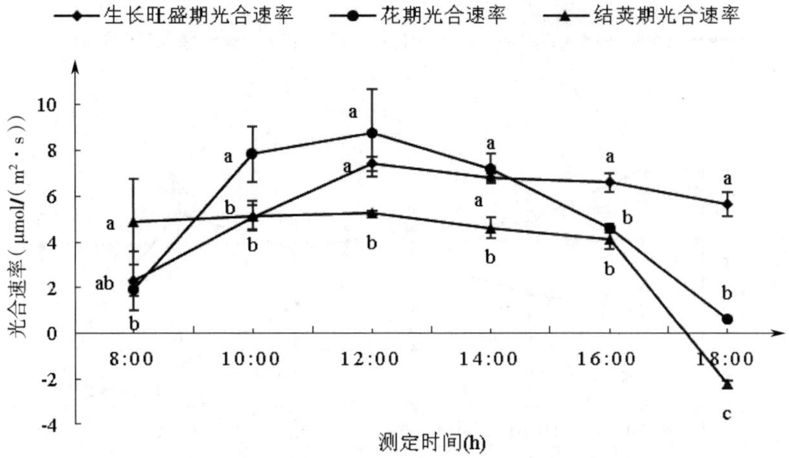

图 1 生长旺盛期、花期、结荚期光合速率日变化

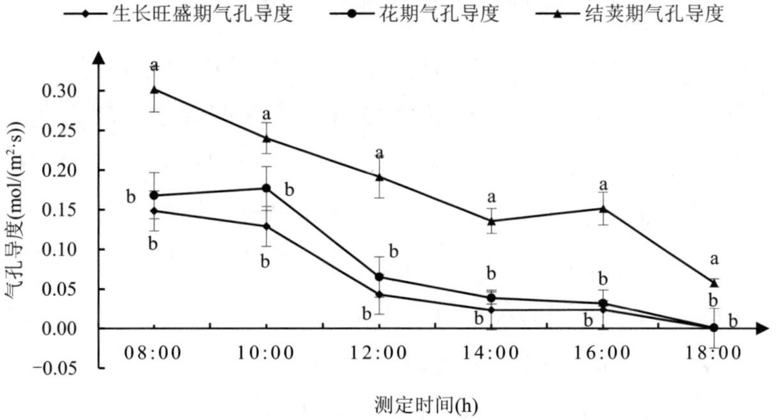

图 2 生长旺盛期、花期、结荚期气孔导度日变化

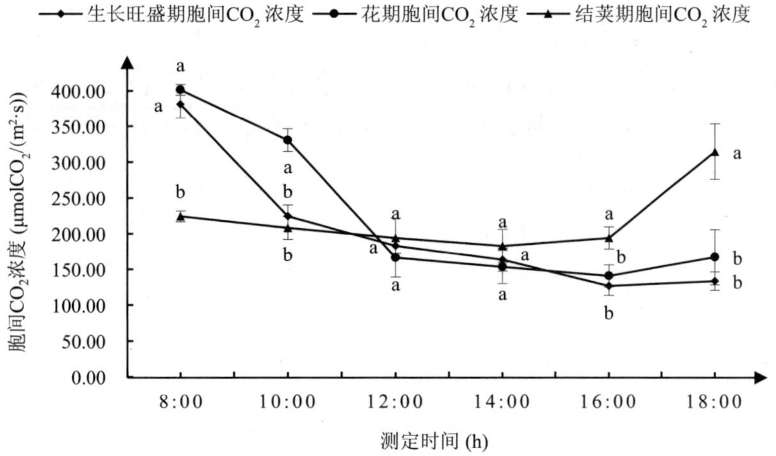

图 3 生长旺盛期、花期、结荚期胞间 CO_2 浓度日变化

旺盛期的胞间 CO_2 浓度与花期的胞间 CO_2 浓度没有明显差异，且低于结荚期的胞间 CO_2 浓度。结合图 1 可以看出胞间 CO_2 浓度和净光合作用呈正相关的关系。

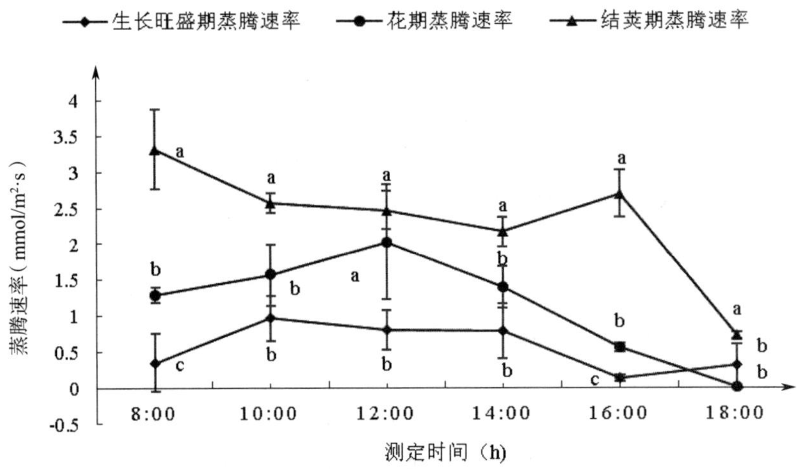

图 4　生长旺盛期、花期、结荚期蒸腾速率日变化

根据图 4 的分析，野生大豆三个时期在 8：00—18：00 时段内蒸腾速率的变化趋势如下：在 8:00 和 16:00，结荚期的蒸腾速率显著高于花期和生长旺盛期，呈现出结荚期>花期>生长旺盛期的规律；在 10：00、14：00 和 18：00，花期与生长旺盛期的蒸腾速率无明显差异，但均显著低于结荚期；在 12：00，结荚期与花期的蒸腾速率无明显差异，且均显著高于生长旺盛期。此时由于外界温度较高，生长旺盛期的叶片气孔多数关闭，导致其蒸腾速率降低。而结荚期的蒸腾速率整体高于花期和生长旺盛期，可能是由于结荚期植株叶片处于衰退阶段，气孔调控机制减弱所致。

根据图 5，野生大豆三个时期在 8：00—18：00 时段内叶室温度的变化规律如下。8：00—18：00，生长旺盛期与花期的叶室温度均显著高于结荚期；在 8：00 和 14：00，生长旺盛期与花期的叶室温度无明显差异；但在 10：00、16：00—18：00，生长旺盛期的叶室温度显著高于花期；而在 12：00，花期的叶室温度显著高于生长旺盛期。这种变化可能与不同时期植株的生理状态及外界环境条件（如光照、气温）的相互作用有关。

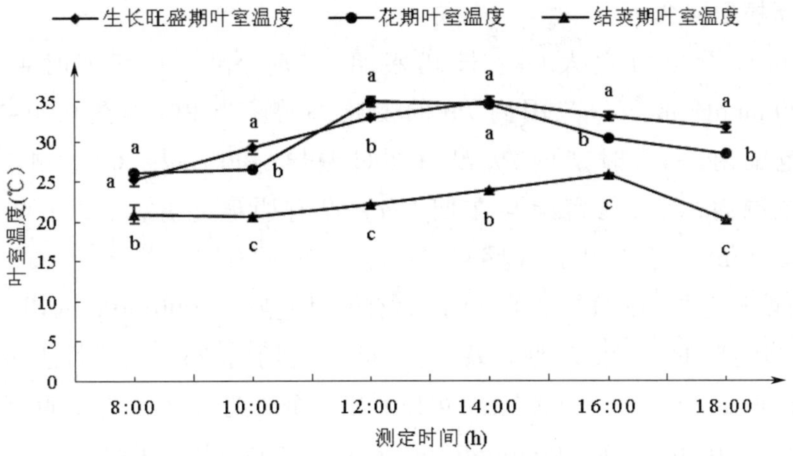

图 5　生长旺盛期、花期、结荚期叶室温度日变化

3.2　光响应曲线

3.2.1　光响应数据

在黔东南野生大豆生长旺盛期、花期、结荚期三个时期，使用 Li-6400 便携式光合测定仪采集光响应曲线数据，并对数据计算取平均值，得到表 1。通过 DPS 数据分析，将光通量密度和净光合速率两列数据输入 Microsoft Excel 2013 电子表格，以 PPFD 为横坐标轴，*Pn* 为纵坐标轴，生成散点图（图 6）。图 6 直观地展示了不同时期野生大豆光合作用对光强度的响应关系，为进一步分析其光合特性提供了重要依据。

表 1　生大豆生长旺盛期、花期、结荚期三个时期的光合速率

光照强度梯度（μmol/（m²·s））	生长旺盛期光合速率（μmol/（m²·s））	花期光合速率（μmol/（m²·s））	结荚期光合速率（μmol/（m²·s））
2 000	5.61	6.97	5.42
1 600	6.72	7.19	5.81
1 200	7.76	7.41	5.88
800	7.97	7.45	5.69
400	6.83	6.47	5.37
200	5.63	5.41	4.66
150	4.55	4.47	4.24
100	3.37	3.36	3.36
80	2.62	2.64	2.85
50	1.54	1.68	1.92
25	0.66	0.71	0.99
0	-0.63	-0.63	-0.41

3.2.2 新模型拟合

由图 6 可以看出野生大豆生长旺盛期、花期、结荚期三个时期在 PPFD 为 0.00~2 000.00 μmol/(m²·s)范围内 *Pn* 的变化趋势。当 PPFD 在 0.00~200.00 μmol/(m²·s)的范围内，三个时期的 *Pn* 没有明显差异；PPFD 为 200.00~1 200.00 μmol/(m²·s)的范围内，生长旺盛期与花期的 *Pn* 没有明显差异，且高于结荚期的 *Pn*；1 600.00 μmol/(m²·s)时，生长旺盛期与花期的 *Pn* 没有明显差异，生长旺盛期与结荚期的 *Pn* 没有明显差异，花期与结荚期的 *Pn* 有明显差异；2 000.00 μmol/(m²·s)时，生长旺盛期与结荚期的 *Pn* 没有明显差异，且低于花期的 *Pn*。从线性上分析 PPFD 为 200.00~2 000.00 μmol/(m²·s)的范围，可以看出三个时期的 *Pn* 为生长旺盛期>花期>结荚期；PPFD 为 1 200.00~2 000.00 μmol/(m²·s)的范围内，生长旺盛期为下降趋势，花期与结荚期没有明显变化；说明生长旺盛期植株叶片对 PPFD 为 1 200.00 μmol/(m²·s)之后的强光下有光抑制性。

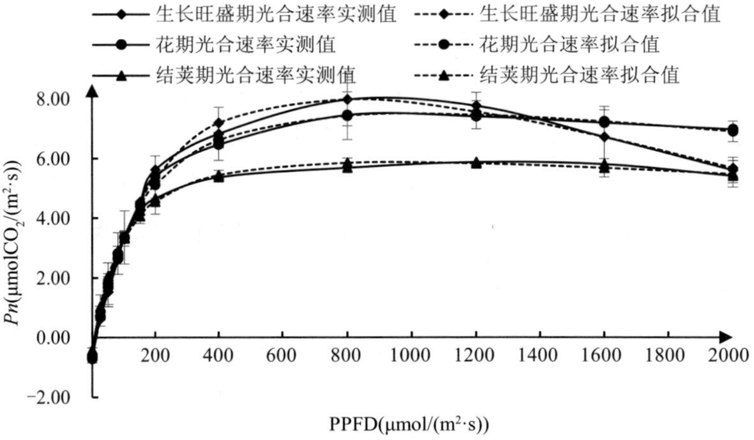

图 6　野生大豆生长旺盛期、花期、结荚期新模型拟合光合光响应曲线与实测值

将野生大豆生长旺盛期、花期、结荚期三个时期进行 DPS 数据分析，并以 PPFD-*Pn* 的形式输入 DPS，设 *Pn* 为 *y*，光合有效辐射为 *x*；可以得出生长旺盛期二次方程 $y=-1.146\times10^{-5}x^2+0.054\ 581\ 7x-0.663$，$R^2=0.996\ 6$，当 PPFD 为零时，可以得到暗呼吸速率为-0.663 μmolCO_2/(m²·s)；在用此方程进行计算，可以得出 *LSP* 为 887 μmol/(m²·s)，并得出最大净光合速率为 12.178 μmol/(m²·s)。同理可以得出花期二次方程 $y=-1.344\times10^{-5}x^2+0.062\ 456\ 8x-0.677\ 6$，$R^2=0.995\ 8$，当 PPFD 为零时，可以得出暗呼吸速率为 -0.677 6 μmolCO_2/(m²·s)；并用此方程进行计算，可以得出 *LSP* 为 845 μmol/(m²·s)，并得出最大净光合速率为 10.875 μmol/(m²·s)。结荚期二次方程 $y=-7.64\times10^{-6}x^2+0.071\ 628\ 2x-0.482$，$R^2=0.997\ 3$，当 PPFD 为零时，可以得出暗呼吸速率

为−0.482 μmolCO_2/(m^2·s)；并用此方程进行计算，可以得出 *LSP* 为 1 005 μmol/(m^2·s)，并得出最大净光合速率为 6.734 μmol/(m^2·s)。

3.2.3 非直线双曲线模型拟合

采用 SPSS 软件对光合响应曲线进行非直线双曲线模型拟合统计分析，并设置初始值为：曲角(k)=0.5、最大净光合速率(P_{max})=8、表观量子效率(φ)=0.05、暗呼吸速率(R_{day})=2。在约束子对话框中进一步设置参数的限制范围：$k \leqslant 1$，$P_{max} \leqslant 15$，$\varphi \leqslant 0.125$。根据 SPSS 软件可得出生长旺盛期 k、P_{max}、φ、R_{day} 分别为 0.951，7.481 μmolCO_2/(m^2·s)，0.038，−0.408 μmolCO_2/(m^2·s)；拟合曲线 R^2=0.957。花期 k、P_{max}、φ、R_{day} 分别为 0.806，7.981 μmolCO_2/(m^2·s)，0.046，−0.517 μmolCO_2/(m^2·s)；拟合曲线 R^2=0.996。结荚期 k、P_{max}、φ、R_{day} 分别为 0.754，6.199 μmolCO_2/(m^2·s)，0.051，−0.342 μmolCO_2/(m^2·s)；拟合曲线 R^2=0.996。并以 *Pn* 与 PPFD 输入 Microsoft Excel 2013 电子表格绘制散点图(图 7)。通过图 7，可以反映出野生大豆在优良的外界环境下，*Pn* 随着 PPFD 的变化趋势。在光照强度 100 μmol/(m^2·s)及光照强度 100 μmol/(m^2·s)以下的低光照强度条件下，*Pn* 接近直线上升趋势，此时期为光合作用诱导期。三个时期的实测值与拟合值相近。

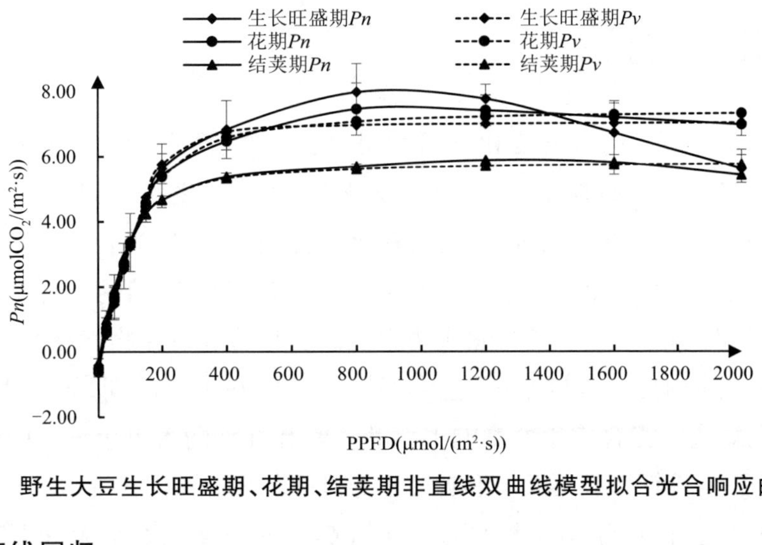

图 7 野生大豆生长旺盛期、花期、结荚期非直线双曲线模型拟合光合响应曲线

3.2.4 直线回归

由图 6 与图 7 可以看出在低光照强度条件下，在 PPFD<100 μmol/(m^2·s)的范围内，生长旺盛期、花期、结荚期三个时期的光合速率接近直线迅速增高。通过在 PPFD≤100 μmol/(m^2·s)的范围内，将三个时期对 *Pn*-PPFD 进行直线回归(图 8)。

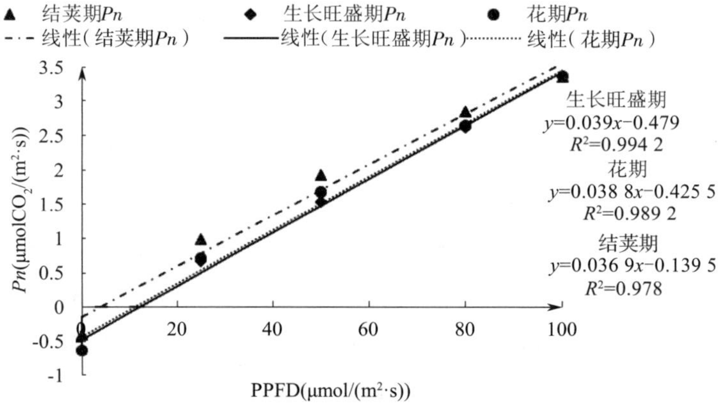

图 8 野生大豆生长旺盛期、花期、结荚期 PPFD 为 0~100 μmol/(m²·s)*Pn*-PPFD 直线回归

通过图 8 可以看出,生长旺盛期的直线与 *x* 轴有交点,即光补偿点,经过计算得出光补偿点为 12.28 μmol/(m²·s),直线方程的斜率为 0.039,即表观量子效率。花期的直线与 *x* 轴有交点为 10.97 μmol/(m²·s),即光补偿点,直线方程的斜率为 0.038 8,即表观量子效率。结荚期的直线与 *x* 轴有交点为 3.78 μmol/(m²·s),直线方程的斜率为 0.036 9,即表观量子效率。随着植株的生长,光饱和点向 PPFD=0 μmol/(m²·s)移动。

4 结论与讨论

通过对黔东南野生大豆日变化的研究得出,平均光照强度下野生大豆在生长旺盛期、花期、结荚期这三个时期中,净光合速率花期>生长旺盛期>结荚期。野生大豆在生长旺盛期由于叶片尚未发育完全,净光合速率较低;在花期净光合速率则是叶片发育完全而没有开始进入衰老,即花期净光合速率较高;结荚期净光合速率低则是由于叶片已经衰老,即结荚期净光合速率低。除作物本身的遗传特性对作物光合特性有影响,生长环境对作物也有影响;试验表明:野生大豆同一植株在不同时期,光合速率不同;光照强度对野生大豆进行光合作用的影响很显著。气孔导度随着野生大豆的生长也有着明显的变化,生长旺盛期气孔导度<花期气孔导度<结荚期气孔导度,反映出野生大豆的叶片随着植株的生长水分在逐渐下降。胞间 CO_2 的浓度在野生大豆生长旺盛期随着光照强度的增强下降趋势很明显,胞间 CO_2 的浓度在花期与结荚期趋于动态平衡。野生大豆的蒸腾速率在生长旺盛期与花期随着光照强度的变化趋势相同,在结荚期趋于下降状态,同时看出生长旺盛期蒸腾速率<花期蒸腾速率<结荚期蒸腾速率;反映出野生大豆的叶片随着植株的生长的过程中,水分散失逐渐上升。野生大豆的叶室温度随着光照强度的变化而变化,反映出外界温度对叶室温度有影响。

通过对黔东南野生大豆光响应曲线的测定，测定不同植物的光合特性，需要不同的模型。本试验通过 DPS、SPSS 软件、直线回归对三个时期进行分析；得出 DPS 分析出的二项式模型拟合决定系数 $R^2>0.99$；SPSS 软件分析出的非直线双曲线模型拟合生长旺盛期决定系数 $R^2<0.99$，花期与结荚期决定系数 $R^2>0.99$；直线回归模型拟合三个时期的决定系数 $R^2<0.99$。试验表明：野生大豆同一植株不同时期，测定需要的模型也不一定相同，野生大豆更适合二项式模型拟合。

因为 DPS 与 SPSS 软件在低光照强度 0 μmol/(m²·s)至 200 μmol/(m²·s)的条件下，不能看出明显差异；根据叶子飘的研究，对野生大豆的生长旺盛期、花期、结荚期进行 0~200 μmol/(m²·s) Pn-PPFD 直线回归。试验表明：在 PPFD≤200 μmol/(m²·s)时，Pn 呈线性增高；当 Pn 为 0 μmol/(m²·s)，且在野生大豆生长旺盛期与花期时，直线与 PPFD 有交点，即光补偿点，且生长旺盛期的光补偿点>花期的光补偿点；而在野生大豆结荚期，且 Pn 为 0 μmol/(m²·s)时，直线与 PPFD 没有交点，即没有光补偿点。

参考文献

[1] 金晓飞，曹凤臣，徐丽娟，等. 浅谈利用野生大豆创制育种资源和新品种[J]. 东北农业科学，2017，42(1)：12-15.

[2] 王岚，孙君明，李斌，等. 中国野生大豆和它的近缘的收集、保存和利用[J]. 大豆科学，2017，8(2)：179-186.

[3] 杨文杰，苗以农. 大豆光合生理生态的研究第 2 报 野生大豆和栽培大豆光合作用特性的比较研究[J]. 大豆科学，1983，2(2)：83-92.

[4] 范虎，赵团结，丁艳来，等. 中国野生大豆群体特征和地理分化的遗传分析[J]. 中国农业科学，2012，45(3)：414-425.

[5] CHEN Y，NELSON R L. Identification and characterization of a white-flowered wild soybean plant[J]. Crop Sci，2004，44(1)：339-342.

[6] YOUNG C I，WANG K J，SONG H S，et al. Genetic diversity measured by simple sequence repeat variations among the wild soybean (Glycine soja) collected along the riverside of five major rivers in Korea[J]. Genes and Genetic Systems，1999，74(4)：69-77.

[7] WANG K J，TAKAHATA Y. A preliminary comparative evaluation of genetic diversity between Chinese and Japanese wild soybean (Glycine soja) germplasm pools using SSR markers[J]. Genetic Resources and Crop Evolution，2007，54(1)：57-65.

[8] 李向华，王克晶，李福山，等. 野生大豆（Glycine soja）研究现状与建议[J]. 大豆科学，2005，24（4）：305-309.

[9] 岳德荣，郭守桂，单玉莲. 野生大豆（Glycine soja）抗蚜鉴定技术方法研究初报[J]. 吉林农业科学，1988，（3）：1-3,11.

[10] 王宇，张锴，孙伟明，等. 冀东野生大豆对大豆花叶病毒的抗性鉴定及抗病反应[J]. 大豆科学，2017，36（1）：92-97.

[11] 付永彩，张贤泽. 野生、半野生及栽培大豆的几个主要光合特性的研究[J]. 大豆科学，1993，（3）：255-258.

[12] 孙备，李建东，王国骄，等. 一年生野生大豆（Glycine soja）生理生态学和种群生态学研究进展[J]. 大豆科学，2008，（4）：687-692.

[13] 张丽华，赵洪祥，谭国波，等. 灌溉方式对大豆光合性状及土壤水分利用率的影响[J]. 大豆科学，2012，31（4）：613-616.

[14] 马爽，宗婷，邵帅，等. 野生大豆（Glycine soja）光合生理学研究进展[J]. 吉林农业科学，2012，37（3）：7-11.

[15] 周三，赵可夫. 耐盐野生大豆（Glycine soja）的光周期效应[J]. 植物生理与分子生物学学报，2002（2）：145-152.

[16] 杨文杰，苗以农. 大豆光合生理生态的研究：第 2 报 野生大豆和栽培大豆光合作用特性的比较研究[J]. 大豆科学，1983，（2）：83-92.

[17] 董英山. 中国野生大豆研究进展[J]. 吉林农业大学学报，2008，30（4）：394-400.

[18] 满为群，杜维广，张桂茹，等. 高光效大豆品种光合作用的日变化[J]. 中国农业科学，2002，35（7）：860-862.

[19] 郭奥楠，杨学达，王树宇. 铁豆 74 叶片光合生理参数和光合日变化分析[J]. 农业开发与装备，2017，12（1）：83，111.

[20] 张玲玲.5 种植物光响应曲线最适拟合模型筛选[J]. 西南林业大学学报，2017，37（1）：20-25.

[21] 陶磊，严俊霞，陈良富，等. 太原盆地玉米和大豆光合作用日变化和光合光响应[J]. 安徽农业科学，2011，39（5）：2521-2523.

[22] 闫小红，尹建华，段世华，等. 四种水稻品种的光合光响应曲线及其模型拟合[J]. 生态学杂志，2013，32（3）：604-610.

[23] 万盼，刘芸，黄小辉，等. 套种大豆对油桐幼苗光合特性及其生长的影响[J]. 西南大学学报（自然科学版），2016，38（9）：26-33.

[24] 唐江华，苏丽丽，李亚杰，等. 不同耕作方式对复播大豆光合特性、干物质生产及

经济效益的影响[J]. 应用生态学报,2016,27(1):182-190.

[25] 索荣臻,王明玖,刘雪骄,等.3 个野生大豆与栽培大豆杂交后代品系的光合光响应曲线及模型拟合[J]. 大豆科学,2017,36(4):561-568.

[26] 柴胜丰,唐健民,杨雪,等. 四种模型对黄枝油杉光合光响应曲线的拟合分析[J]. 广西科学院学报,2015,31(4):286-291.

[27] 叶子飘. 光合作用对光和 CO_2 响应模型的研究进展[J]. 植物生态学报, 2010, 34(6):727-740.

不同氮素水平接种根瘤菌对野生大豆和栽培大豆生长发育的影响

1 前言

1.1 选题背景

野生大豆(Glycine soja)为栽培大豆的野生祖先种,在我国拥有丰富的资源和广泛的分布。野生大豆茎细长蔓生,其种子、根、茎、叶皆具有药用价值。研究发现,野生大豆具备品质优良、抗病、抗虫及耐逆等多种优势特性。大豆是需氮量较高的作物,氮素充足可以有效提高大豆产量,豆科植物可与根瘤菌共生固氮体系,利用空气中的氮气作为氮素营养来满足自身生长发育。合理利用根瘤菌共生固氮体系来提高鲜食大豆产量和品质,减少氮肥的投入,是鲜食大豆产业可持续发展的重要措施。

张艳琴等研究发现不同豌豆品种接种根瘤菌促生长发育适应性有差异;孙栋研究发现小豆减氮接种根瘤菌有益于生长发育和茎粗;田艺心等研究发现夏大豆减氮接种根瘤菌有利于生长发育;孙庆圣等研究发现黑大豆减氮接种根瘤菌有利于产量提高;徐玥等研究发现接种不同根瘤菌的大豆均会增加根瘤和产量;向友珍等和王连霞等研究发现相同肥力下接种根瘤菌有利于大豆植株生长;刘美洲研究发现大豆接种根瘤菌增加了大豆产量收益;吴树等研究发现根瘤菌接种的方式和根瘤菌种类能不同程度提高大豆产量;王莹研究出野生大豆接种根瘤菌会增加株高并减少盐害作用;郭佳舒研究发现野生大豆接种根瘤菌会促进地下部分。针对不同氮素与接种根瘤菌两种不同类型大豆的影响未见报道。

1.2 研究目的与意义

本研究旨在筛选出最佳的野生大豆材料和最佳的氮素配方,为本地大豆生产建立合理科学的施氮技术,为指导大豆氮肥利用提供有力依据,对避免资源浪费、减轻环境污染、提高产量具有现实指导意义。

2 材料与方法

2.1 试验材料

野生大豆为凯豆（凯里学院）、丁豆（丁扒山）和川豆（四川地区），以栽培大豆黄豆为对照。根瘤菌由当年田间种植的凯豆分离所得。

供试肥料：硫酸铵（含 N 46%），过磷酸钙（含 P_2O_2 43%），硫酸钾（含 K_2O 52%）。

松针土的养分含量测得：有机质 211.070 g/kg、速效氮 99.75 mg/kg、速效钾 30.8 mg/kg、速效磷 1.662 5 mg/kg，pH 值 4.68。

2.2 试验方法

于 2023 年 4 月 12 日在凯里学院卓越农林人才培养实训基地采用直径为 0.40 m、高 0.40 m 的美植袋，每袋种 5 棵，每个株系 240 棵，常规管理。当植株主茎长至两节时，四个株系分别连续施 5 天根瘤菌，每株施 20 mL，每个株系分别以不施为对照，配制菌根提取液浓度为：取凯豆的新生根瘤 3 g，清洗研碎后加水定容至 1 L。供试肥料为 $(NT4)_2SO_4$：设 4 个氮浓度梯度，分别为 0 g/袋、0.470 8 g/袋、0.941 5 g/袋、1.412 3 g/袋，每个处理 3 次重复。对应处理记为 CK（不施肥和根瘤菌）、T1（不施肥加根瘤菌）、T2（含氮量 0.470 8 g/袋不加根瘤菌）、T3（含氮量 0.470 8 g/袋加根瘤菌）、T4（含氮量 0.941 5 g/袋不加根瘤菌）、T5（含氮量 0.941 5 g/袋加根瘤菌）、T6（含氮量 1.412 3 g/袋不加根瘤菌）、T7（含氮量 1.412 3 g/袋加根瘤菌）。试验根据播种前不施肥，第一个月一次性埋施硫酸钾 0.840 0 g/袋和过磷酸钙 0.316 4 g/袋，开花期第一朵开花后 10 天一次性埋施过磷酸钙 0.393 6 g/袋。每个处理为 10 株，荚裂期收获。

2.3 测定指标

2.3.1 物候期

种植大豆后进行观察记录，记录大豆发芽期、始花期、始荚期等。

2.3.2 根瘤数目和质量

在大豆成熟期中每个处理随机选取 5 株。采用传统挖掘法将大豆地下部分完整取出，从大豆主茎的第一节间处剪断，将地上部和地下部分离。地下部分带根土放入尼龙网袋，用水浸泡 30 min 后缓慢冲洗干净根系，洗净后控干水分，记录根瘤数目，用天平进行称重。

2.3.3 大豆农艺性状

在大豆裂荚收获时进行考种，考种指标为株高、分枝数、荚粒重、叶茎重量。取样后整小区收获、脱粒和测单株产量。

2.3.4 数据分析

所有数据均采用 Microsoft Excel 进行数据整理，SPSS 软件进行差异显著性分析，显著性水平为 α=0.05，用 Microsoft Excel 绘图。

3 结果与分析

3.1 物候期

由表 1 可知，黄豆 T2、T3、T4、T5 的成熟期一致，但 T2 与 T3 的初花期一致，T4、T5 的初花期一致，且 T2 与 T3 的初花期比 T4 与 T5 的初花期早 5 天；T2 与 T3 的末花期和盛荚期均比 T4 与 T5 的末花期和盛荚期早 3 天，T2 与 T3 的鼓粒期比 T4 与 T5 的鼓粒期早 4 天；T6、T7 的成熟期一致，T6 的末花期比 T7 的末花期晚 1 天，其他时期一致；CK 的末花期比 T1 晚一周，但 CK 的始荚期比 T1 早 2 天。开花期表现最好的处理为 CK、T1，其次为 T2。成熟期表现最好的处理为 CK，其次为 T1。

表 1 不同氮含量与根瘤菌对四种大豆的物候期影响

材料名称	是否接根瘤菌	氮肥含量（g/袋）	播种期	出苗期	初花期	末花期	始荚期	盛荚期	鼓粒期	成熟期
黄豆	否	0	4.12	4.15	5.17	6.1	5.20	6.3	6.10	6.21
	是	0	4.12	4.15	5.17	5.26	5.22	6.3	6.10	6.23
	否	0.470 8	4.12	4.15	5.20	6.7	6.1	6.7	6.13	6.30
	是	0.470 8	4.12	4.15	5.20	6.7	6.1	6.7	6.13	6.30
	否	0.941 5	4.12	4.15	5.25	6.10	6.1	6.10	6.17	6.30
	是	0.941 5	4.12	4.15	5.25	6.10	6.1	6.10	6.17	6.30
	否	1.412 3	4.12	4.15	6.1	6.14	6.4	6.18	6.26	7.15
	是	1.412 3	4.12	4.15	6.1	6.13	6.4	6.18	6.26	7.15

续表

材料名称	是否接根瘤菌	氮肥含量（g/袋）	播种期	出苗期	初花期	末花期	始荚期	盛荚期	鼓粒期	成熟期
凯豆	否	0	4.10	4.15	5.1	7.20	6.1	7.27	8.14	8.22
	是	0	4.10	4.15	5.3	7.20	6.1	7.27	8.14	8.22
	否	0.470 8	4.10	4.15	5.3	7.30	6.14	7.31	8.20	9.1
	是	0.470 8	4.10	4.15	5.6	7.30	6.14	7.31	8.20	9.1
	否	0.941 5	4.10	4.15	5.6	7.30	6.20	7.31	8.20	9.20
	是	0.941 5	4.10	4.15	6.1	8.4	6.20	7.31	8.26	9.20
	否	1.412 3	4.10	4.15	6.1	8.4	7.1	8.1	8.25	9.15
	是	1.412 3	4.10	4.15	6.1	8.4	7.1	8.1	8.27	9.15
丁豆	否	0	4.10	4.15	5.14	7.24	6.14	8.2	8.10	9.1
	是	0	4.10	4.15	5.14	7.24	6.14	8.2	8.10	9.1
	否	0.470 8	4.10	4.15	5.28	7.25	6.21	8.2	8.16	9.23
	是	0.470 8	4.10	4.15	5.28	7.25	6.21	7.25	8.16	9.23
	否	0.941 5	4.10	4.15	5.28	7.30	7.12	7.25	8.20	9.18
	是	0.941 5	4.10	4.15	5.28	8.3	7.12	8.3	8.20	9.18
	否	1.412 3	4.10	4.15	5.24	8.3	6.19	8.13	8.20	9.18
	是	1.412 3	4.10	4.15	5.20	8.3	6.24	8.13	8.20	9.18
川豆	否	0	4.10	4.15	5.17	8.3	7.1	7.27	8.2	9.15
	是	0	4.10	4.15	5.17	7.25	7.1	7.27	8.26	9.18
	否	0.470 8	4.10	4.15	5.24	7.25	7.12	7.27	8.25	9.20
	是	0.470 8	4.10	4.15	5.24	7.25	7.12	8.17	8.27	9.25
	否	0.941 5	4.10	4.15	5.24	7.30	7.15	8.17	8.27	9.28
	是	0.941 5	4.10	4.15	5.24	7.30	7.15	8.19	8.26	9.28
	否	1.412 3	4.10	4.15	5.24	8.1	7.24	8.19	8.25	9.30
	是	1.412 3	4.10	4.15	5.24	8.1	7.24	8.20	8.27	9.30

注：表中记录日期为2023年；日期格式月.日。

凯豆CK与T1、T2与T3、T4与T5、T6与T7的成熟期一致，但CK的初花期比T1早2天，T2的初花期比T3早3天，T4的初花期比T5早27天，T4的末花期比T5早6天，T6与T7的所有时期一致。开花期表现最好的处理为CK，其次为T1、T2。成熟期表现最好的处理为CK、T1，其次为T2、T3。

丁豆成熟期CK与T1、T2与T3、T4与T5、T6与T7一致，CK与T1所有时期一致，但T2的盛荚期比T3晚9天，T4与T5的初花期一致，且均比T6晚4天、比T7晚8天，末花期T5、T6、T7一致，T4的末花期比T5早5天，T4与T5的始荚期一致，且均比 T6 晚 24 天、比 T7 晚 19 天，T6 与 T7 的盛荚期一致,且均比 T4 晚 20 天、比 T5 晚 11 天。开花期表现最好的处理为 CK、T1,其次为 T7。成熟期表现最好的处理为 CK、T1,其次为 T4、T5、T6、T7。

川豆成熟期 T4 与 T5、T6 与 T7 一致，T4 的盛荚期比 T5 早 3 天，T6 的盛荚期比 T7 早 1 天。开花期表现最好的处理为 CK、T1,其次为其他处理。成熟期表现最好的处理为 CK,其次为 T1。

该结果表明,不施肥均能使大豆物候期提前,且与是否接种根瘤菌无关。其中,黄豆、凯豆、丁豆、川豆的 CK 处理在开花期和成熟期表现最早,其次是 T1 处理的开花期和成熟期较早。

3.2 大豆株高

如图 1(a)所示,凯豆 5 月 1 日 T5 与 CK 差异显著，T5 高于 CK 处理 23%，T1、T2、T3、T4、T6 和 T7 之间差异不显著；6 月 1 日 T5、T4、CK、T2 和 T6 之间差异显著,T5、T4 高于 CK 分别为 131.2%、86.6%，T2、T6 低于 CK 分别为 22.8%、40.6%，CK、T1、T3 和 T7 之间差异不显著,凯豆株高的最好处理是 T5,其次是 T4；7 月 1 日，T4、T7、T3、CK、T6 和 T1 之间差异显著，T4、T7、T3 高于 CK 分别为 53.0%、40.6%、10.1%,T6 和 T1 低于 CK 分别为 16.3%和 29.3%,T4、T5、CK、T2 之间差异不显著,凯豆株高的最好处理是 T4,其次是 T5；8 月 1 日和 9 月 1 日，T4、CK 和 T1 之间差异显著，8 月、9 月的 T4 高于 CK 分别为 30.0%、25.5%，8 月、9 月的 T1 低于 CK 分别为 22.0%、23.5%,T4、T5 与 T6,CK、T2、T3 与 T7 之间差异不显著,凯豆株高的最好处理是 T4,其次是 T5。

如图 1(b)所示,丁豆 5 月 1 日 CK 与 T7 差异显著，T7 高于 CK49.7%,其他处理之间无显著差异；6 月 1 日,CK、T1、T4 和 T7 之间差异显著,T1、T4 和 T7 低于 CK 分别为 27.7%、50.7%和 74.7%,CK 与 T5,T1、T2 与 T3,T4 与 T6 之间均无显著差异,丁豆株高的最好处理是 CK,其次是 T5；7 月 1 日,T5、T3、T4、T7、T2、CK 之间差异显著,T5、T3、T4、T7、T2 高于 CK 分别为 208.3%、188.7%、139.5%、123.2%、98.4%,T3、T6、CK、T1 之间无显著差异,丁豆株高的最好处理是 T5,其次是 T3；8 月 1 日和 9 月 1 日,T5、T6、T2、CK 和 T1 之间差异显著,T5、T6、T2 高于 CK 分别为 28.4%、13.7%、9.1%,T1 低于 CK23.4%,T5、T4、T7、CK、T1 之间差异显著,T2、T7,T5、T4 之间无显著差异,丁豆株高的最好处理是 T5,其次是 T4。

如图 1(c)所示,川豆 5 月 1 日 T1 与 T3 差异显著,T1 高于 T3 处理 40.6%；6 月 1 日 T4、T3、T1、T2、CK、T6 之间差异显著，T4、T3、T1、T2 高于 CK 分别为 95.0%、

69.1%、41.7%、22.7%，T6 低于 CK64.9%，CK、T5，T6、T7 之间无显著差异，川豆株高的最好处理是 T4，其次是 T3；7 月 1 日 T3、T4、T1、T2、T6 之间差异显著，T3、T4、T1 高于 CK 分别为 59.6%、33.6%、6.6%，T2、T6 低于 CK12.4%、48.3%，T3、T5，T2、T7 之间无显著差异，川豆株高的最好处理是 T3，其次是 T5；在 8 月 1 日 T1、T3 和 CK 之间差异显著，T1、T3 高于 CK63.4%、25.1%，T1、T6、T3、CK 之间差异显著，T6 高于 CK49.5%，CK、T2，T3、T4、T5 和 T7 之间无显著差异，川豆株高的最好处理是 T1，其次是 T6；9 月 1 日，T6、T7、T5、T1、T3、CK 和 T2 之间差异显著，T6、T7、T5、T1、T3 高于 CK 分别为 130.4%、101.8%、71.8%、63.4%、25.1%，T4、T5 差异不显著，川豆株高的最好处理是 T6，其次是 T7。

如图 1(d)所示，黄豆 5 月 1 日 T2 与 T4 差异显著，T2 高于 CK7.8%，T7 低于 CK12.6%，CK、T3 与 T6 之间差异显著，T3 高于 CK4.7%，T6 低于 CK9.7%；6 月 1 日和 7 月 1 日，T1、T5 和 T7 之间差异显著，T1 高于 CK 分别为 7.5%，T5、T7 低于 CK 分别为 38.8%、30.3%，CK 与 T1 与 T2 与 T4、T3 与 T5 与 T7 之间差异不显著，黄豆株高的最好处理是 T1，其次是 T2。结论表明：随着氮素的增加，每个处理的株高有不同程度变化，氮素达到 0.941 5 g/袋时，呈下降趋势，即成熟期时凯豆 T4，丁豆 T5、川豆 T6 和黄豆 T1 效果最好。

不同品种的大豆株高随着氮素浓度处理有不同程度变化，株高振幅程度为川豆>凯豆>丁豆>黄豆。

3.3 茎叶质量

如图 2(a)所示，不同氮素条件下：凯豆 T5、T3、CK、T2 之间显著差异，T5、T3 高于 CK 分别为 263.6%、45.4%，T2 低于 CK27.2%，CK、T1，T2、T4，T6、T7 之间差异不显著，凯豆茎叶重量的最好处理是 T5，其次是 T3；丁豆 T4、T3、T7、CK、T5 之间差异显著，T4、T3、T7 高于 CK 分别为 135.7%、64.3%、28.6%，T5 低于 CK50%，CK、T1、T6 之间差异不显著，丁豆茎叶质量的最好处理是 T4，其次是 T3；川豆 T6、T7、T1、CK、T4、T2 之间显著差异，T6、T7、T1 高于 CK 分别为 226.7%、93.3%、40%，T2、T4 低于 CK 分别为 60%、20%，T2 与 T5 差异不显著，川豆茎叶质量的最好处理是 T6，其次是 T7；黄豆 T3、T2、CK 之间显著差异，T1、T2、T4、T5、T6、T7 之间差异不显著，黄豆茎叶质量的最好处理是 T3，其次是 T6。结论表明：随着氮素的增加，每个处理的茎叶有不同程度变化，氮素达到 0.941 5 g/袋左右时，呈下降趋势，即凯豆 T5、丁豆 T4、川豆 T6 和黄豆 T3 处理效果最好。

不同品种的大豆茎叶质量随着氮素浓度处理有不同变化，茎叶质量振幅程度为凯豆>川豆>丁豆>黄豆。

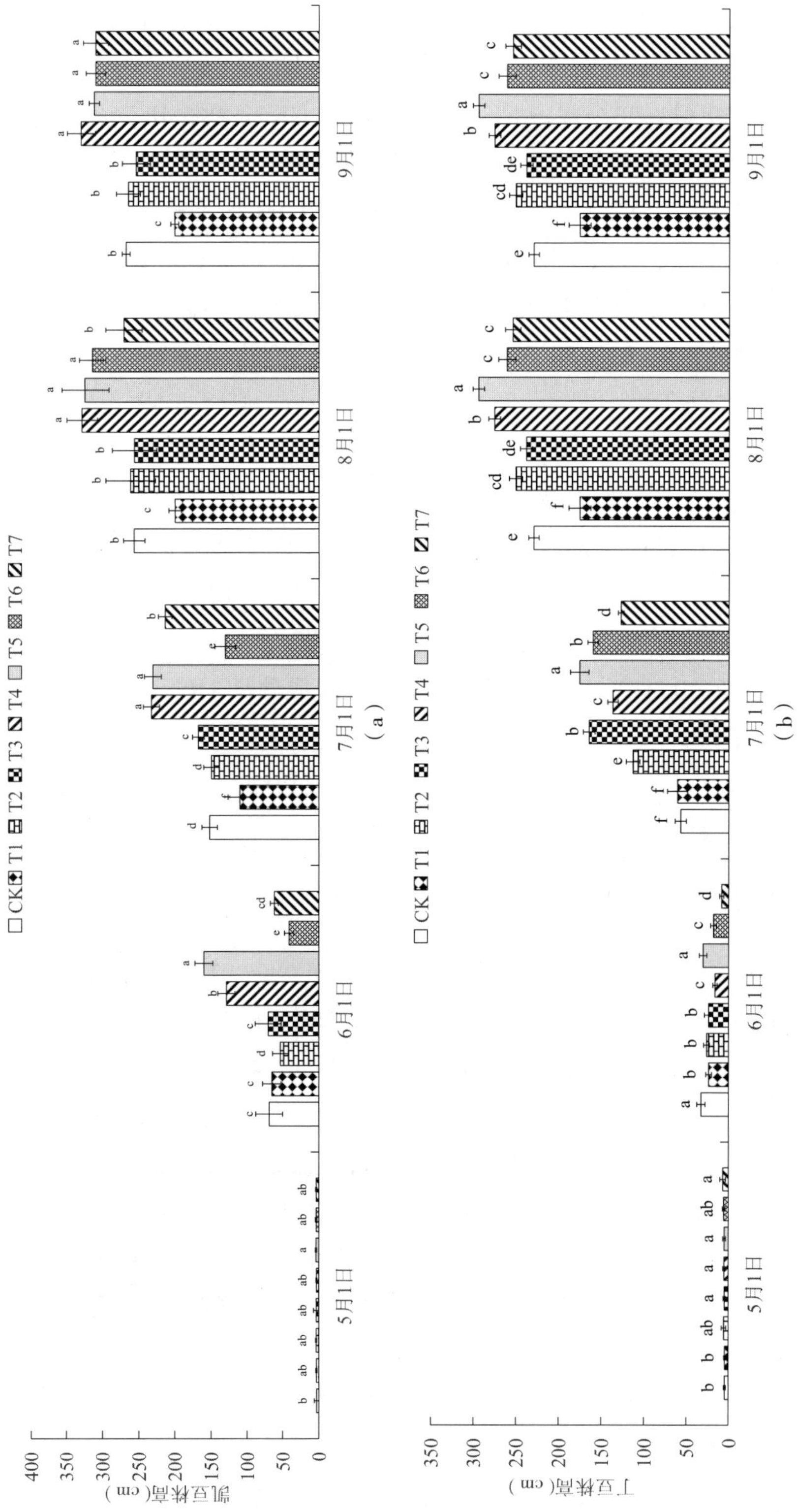
CK T1 T2 T3 T4 T5 T6 T7
5月1日
6月1日
7月1日
8月1日
9月1日
(a)
(b)

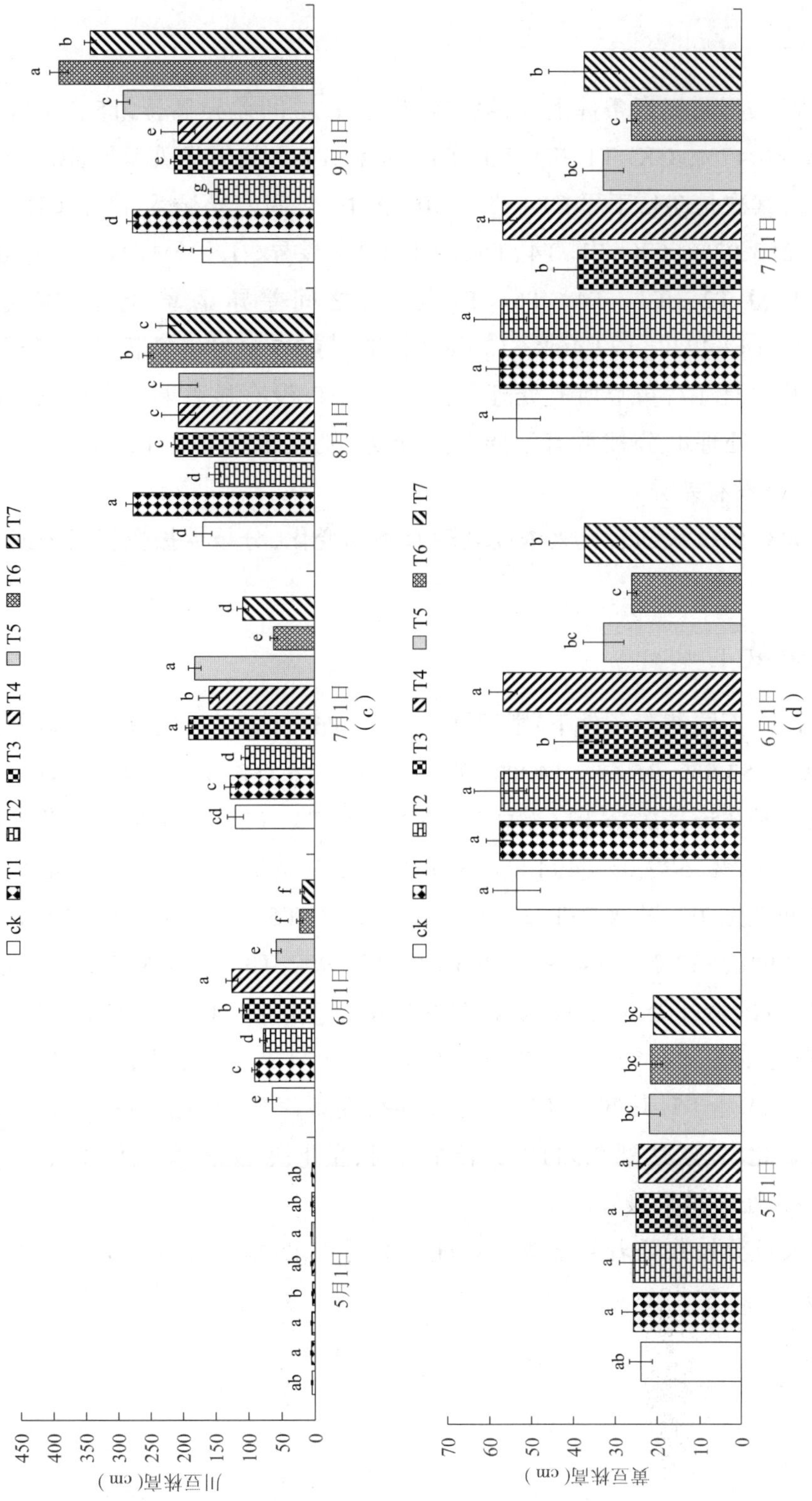

图2 不同大豆株高对比

(a)凯豆株高;(b)丁豆株高;(c)川豆株高;(d)黄豆株高

注:小写字母表示0.05水平。

3.4 分枝数

如图 2(b)所示,不同氮素条件下:凯豆 T5、T6、CK 之间差异显著,T5、T3 高于 CK 分别为 239.06%、80.47%,CK、T1,T2、T3,T3、T4 和 T7 之间无显著差异,凯豆分枝数的最好处理是 T5,其次是 T4;丁豆 CK、T2、T3 和 T7 之间差异显著,高于 CK 分别为 300%、171.43%、263.03%,CK、T1、T4、T5 之间无显著差异,丁豆分枝数的最好处理是 T2,其次是 T7;川豆 T2、T3、T4、T6、T7 与 CK 之间差异显著,高于 CK 分别为 54.55%、124.24%、142.42%、122.46%、133.87%,T2 与 T5 差异不显著,川豆分枝数的最好处理是 T4,其次是 T7;黄豆所有处理分枝数均为 1,没有显著差异。结论表明:随着氮素的增加,每个处理的分枝数有不同程度变化,凯豆 T5、丁豆 T2 与 T7、川豆 T4 处理效果最好,黄豆没有差异。

不同品种的大豆分枝数随着氮素浓度处理有不同变化,分枝数振幅程度为凯豆>丁豆>川豆>黄豆。

3.5 地上质量

如图 2(c)所示,不同氮素条件下:凯豆 T5、T4、T6、T2、CK 之间差异显著,高于 CK 分别为 160.9%、53.9%、35.6%、14.8%,T3、T4,T1、T6,T2、T7 差异不显著,凯豆地上质量的最好处理是 T5,其次是 T3;丁豆 T6、T4、T7、T3、T2、T1、CK 之间差异显著,高于 CK 分别为 638.0%、577.0%、494.8%、381.8%、53.9%,T3 与 T5 差异不显著,丁豆地上质量的最好处理是 T6,其次是 T4;川豆 T6、T7、T3、T5、T1、CK 之间差异显著,高于 CK 分别为 688.9%、527.0%、142.0%、243.8%、102.9%,T3、T4,CK、T2 之间差异不显著,川豆地上质量的最好处理是 T6,其次是 T7;黄豆 T5、T3、T2、T4、CK 之间差异显著,高于 CK 分别为 125.2%、73.4%、49.3%、24.0%,T1、T2、T6 之间差异不显著,黄豆地上质量的最好处理是 T5,其次是 T3。结论表明:随着氮素的增加,每个处理的地上质量有不同程度变化,氮素达到 0.941 5 g/袋左右时,呈下降趋势,即凯豆 T5、丁豆 T6、川豆 T6 和黄豆 T5 处理效果最好。

不同品种的大豆分枝数随着氮素浓度处理有不同变化,地上部分振幅程度为川豆>黄豆>凯豆>丁豆。

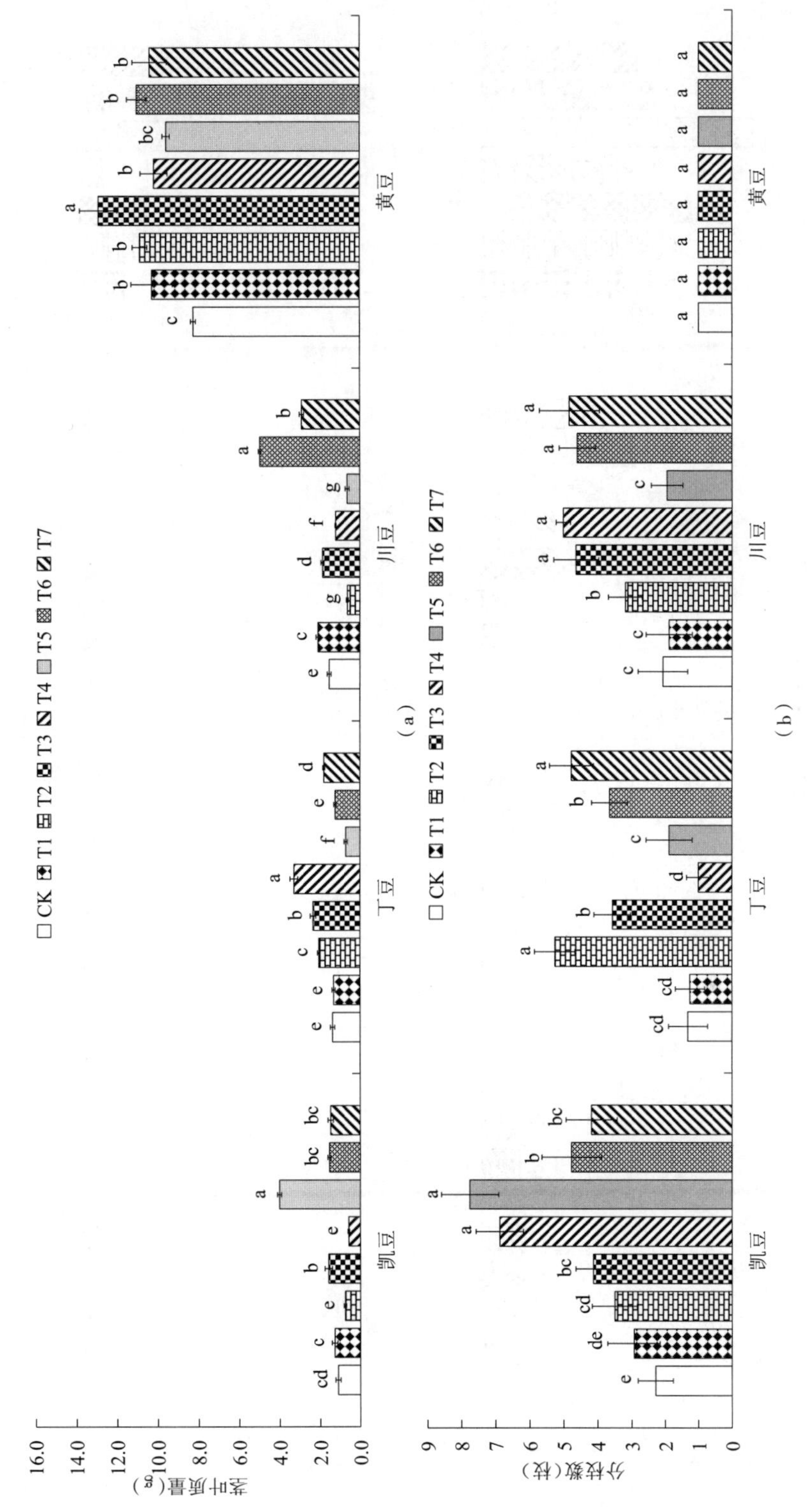
CK T1 T2 T3 T4 T5 T6 T7
茎叶质量(g)
分枝数(枝)
凯豆
丁豆
川豆
黄豆
(a)
(b)

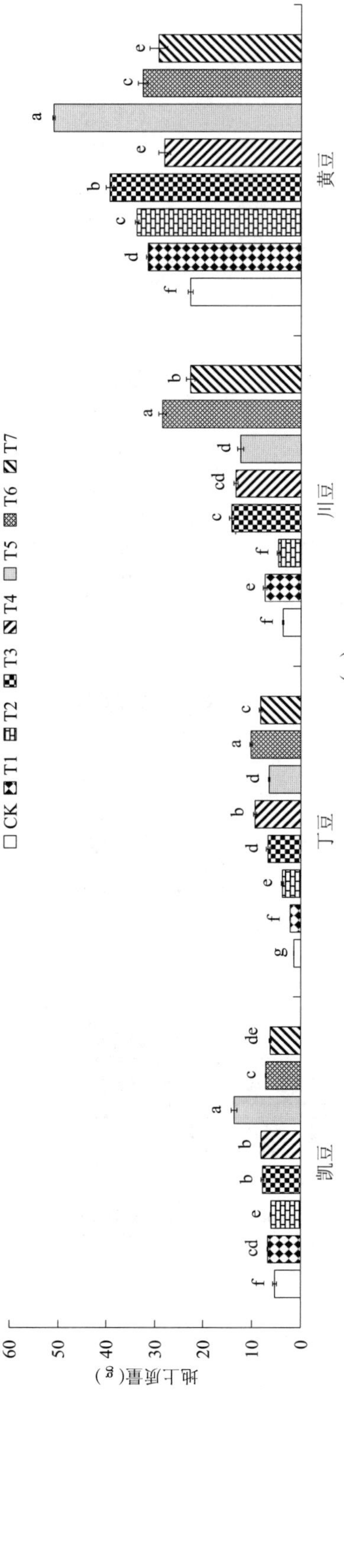
CK T1 T2 T3 T4 T5 T6 T7
地上质量(g)
60 50 40 30 20 10 0
凯豆
丁豆
川豆
黄豆

（c）

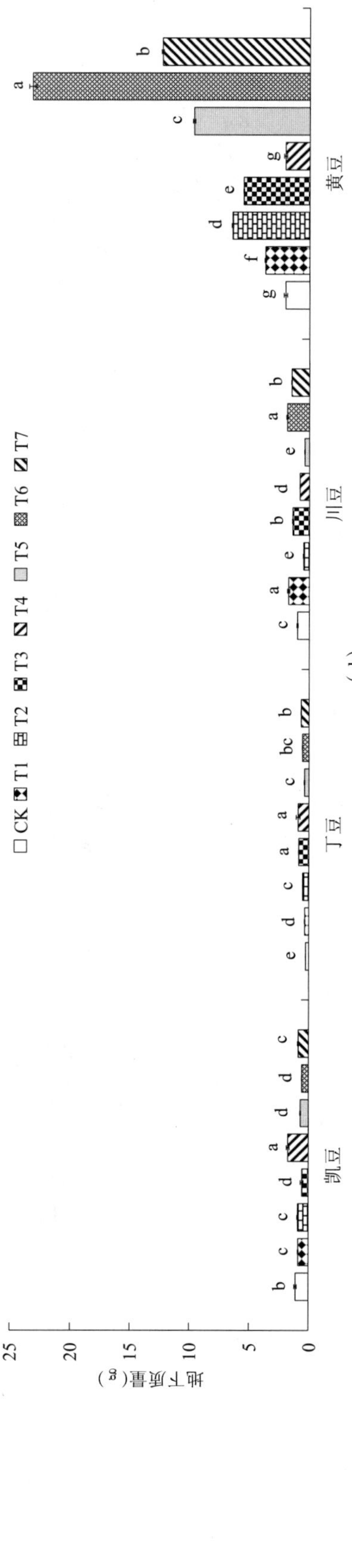
CK T1 T2 T3 T4 T5 T6 T7
地下质量(g)
25 20 15 10 5 0
凯豆
丁豆
川豆
黄豆

（d）

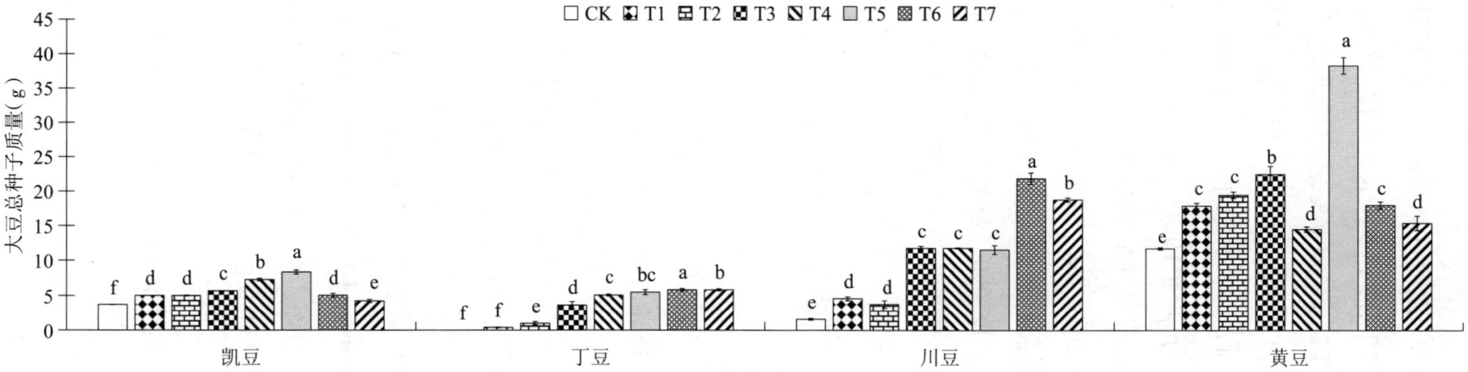

(e)

图 3　不同大豆其他农业性状对比

(a)大豆茎叶质量;(b)大豆分枝数;(c)大豆地上质量;(d)大豆地下质量;(e)大豆总种子质量

注:小写字母表示 0.05 水平。

3.6 地下质量

如图 2(d)所示,不同氮素条件下:凯豆 T4、CK、T3 之间显著差异,T4 高于 CK 为 58.7%,T3 低于 CK49.5%,T1、T2、T7,T3、T5、CK 之间差异不显著,凯豆地下质量的最好处理是 T5,其次是 T4;丁豆 T4、T7、T1 和 CK 之间显著差异,T4、T7、T1 高于 CK 分别为 669.4%、457.5%、193.5%,T3、T4,T2、T6,T1、T5 之间差异不显著,丁豆地下质量的最好处理是 T2,其次是 T3;川豆 T6、T7、CK、T4、T2 差异显著,T6、T7 高于 CK 分别为 87.9%、51.3%,T4、T2 低于 CK 分别为 19.4%、50.6%,T1、T6,T3、T7,T2、T5 之间差异不显著,川豆地下质量的最好处理是 T6,其次是 T7;黄豆 T6、T7、T5、T2、T3、T1 与 CK 之间显著差异,分别高于 CK1054.0%、515.0%、382.3%、221.5%、133.87%,CK 与 T4 差异不显著,黄豆地下质量的最好处理是 T6,其次是 T7。结论表明:随着氮素的增加,每个处理的地下质量有不同程度变化,氮素达到 0.941 5 g/袋时,呈下降趋势,即凯豆 T5、丁豆 T2 与 T7、川豆 T6 和黄豆 T6 处理效果最好。

不同品种的大豆分枝数随着氮素浓度处理有不同变化,地下质量振幅程度为黄豆>凯豆>川豆>丁豆。

3.7 大豆种子质量

如图 2(e)所示,在不同氮素条件下:凯豆 T5、T4、T3、T1、CK、T7 之间显著差异,高于 CK 分别为 125%、96%、54%、35%、14%,T1、T2、T6 之间差异不显著,凯豆种子质量的最好处理是 T5,其次是 T4;丁豆 T6、T7、T3、T2、CK 之间差异显著,T2、T3、T4 和 T7 高于 CK 分别为 1 g、3.61 g、5.84 g、5.84 g, T4、T5 和 T7, T2 和 T1 之间差异不显著,丁豆种子质量的最好处理是 T6,其次是 T7;川豆 T6、T7、T1、CK 之间显著差异,高于 CK 分别为 127.3%、10.78%、188.0%,T1、T2,T3、T4 和 T5 之间差异不显著,川豆种子质量的最好处理是 T6,其次是 T7;黄豆 T5、T3、T1、T4、CK 之间显著差异,高于 CK 分别为 227.0%、92.0%、53.0%、24.0%, T1、T2 和 T6, T4 和 T7 之间差异不显著,黄豆种子质量的最好处理是 T5,其次是 T3。结论表明:随着氮素的增加,每个处理的种子重量有不同程度变化,氮素达到 0.941 5 g/袋时,呈下降趋势,凯豆 T5、丁豆 T6、川豆 T6 和黄豆 T5 处理效果最好。

不同品种的大豆茎叶质量随着氮素浓度处理有不同变化,种子质量振幅程度为黄豆>川豆>凯豆>丁豆。

3.8 根瘤数量

如表 2 所示,在不同氮素条件下:凯豆 T1、T3、CK 之间差异显著,高于 CK 分别为

7个、4个、1个，CK、T2、T4、T5、T6、T7之间差异不显著，凯豆根瘤数量的最好处理是T1，其次是T3；丁豆T3与CK差异显著，高于CK4个，T3、T5，CK、T1、T2、T4、T6和T7之间差异不显著，丁豆根瘤数的最好处理是T3，其次是T5；川豆T7与CK差异显著，高于CK5个，T1、T5和T6，CK、T2和T4之间差异不显著，川豆根瘤数量的最好处理是T3，其次是T7；黄豆整个生育期无根瘤。结论表明：没有接种根瘤菌的未出现根瘤菌，代表松针土没有适合这几种材料的菌群，在接种根瘤菌中凯豆T5、丁豆T6、川豆T6处理效果最好，黄豆未出现根瘤。

表2 不同氮含量与根瘤菌对四种大豆的根瘤菌数量

材料名称 / 是否接种根瘤菌	黄豆		凯豆		丁豆		川豆	
	否	是	否	是	否	是	否	是
0	0+0a	0+0a	0+0 d	6.53 ± 1.30a	0+0b	0+0b	0+0 d	1 ± 1.10c
0.470 8	0+0a	0+0a	0+0 d	3.5 ± 1.00b	0+0b	3.5 ± 1.13a	0+0 d	3.31 ± 1.10b
0.941 5	0+0a	0+0a	0+0 d	0+0 d	0+0b	0+1.26a	0.07 ± 0.25 d	1 ± 0.87c
1.412 3	0+0a	0+0a	0+0 d	0.65 ± 0.48c	0+0b	0+0b	0.94 ± 1.86c	5 ± 1.89a

注：小写字母表示0.05水平。

不同品种的大豆根瘤菌数量随着氮素浓度处理有不同变化，根瘤数量振幅程度为凯豆>川豆>丁豆>黄豆。

3.9 大豆单株产量

由表3，在不同氮素条件下：凯豆T5、T4、T3、T1、CK之间差异显著，高于CK分别为109.9%、83.3%、43.4%、26.2%，T1、T2和T6，CK和T7之间差异不显著，凯豆单株产量的最好处理是T5，其次是T4；丁豆T6、T7、T4、T3、T2、CK之间差异显著，高于CK分别为1.70 g、1.17 g、1.01 g、0.74 g、0.20 g，T5、T7，CK、T1之间差异不显著，丁豆单株产量的最好处理是T6，其次是T7；川豆T6、T7、T3、T1、T2、CK之间显著差异，高于CK分别为1 231.2%、1 078.0%、639.4%、187.6%、75%，T3、T4和T5之间差异不显著，川豆单株产量的最好处理是T6，其次是T7；黄豆T5、T3、T2、T1、T7、T4、CK之间显著差异，高于CK分别为228.0%、91.8%、66.0%、52.0%、31.7%、24.0%，T1与T6差异不显著，黄豆产量的最好处理是T5，其次是T3。结论表明：随着氮素的增加，每个处理的地下重量有不同程度变化，氮素达到0.941 5 g/袋时，呈下降趋势，凯豆T5、丁豆T6、川豆T6和黄豆T5处理效果最好。

表 3 不同氮含量与根瘤菌对四种大豆的单株产量

材料名称 / 是否接种根瘤菌	黄豆		凯豆		丁豆		川豆	
	否	是	否	是	否	是	否	是
0	0.79 ± 0.07 g	1.00 ± 0.13 d	0.79 ± 0.10f	1.00 ± 0.08 d	0+0 h	0.4 ± 0.01 g	0.32 ± 0.03f	0.91 ± 0.06 d
0.470 8	1.00 ± 0.11c	1.14 ± 0.24b	1.00 ± 0.04 d	1.14 ± 0.07c	0.20 ± 0.05f	0.74 ± 0.10e	0.75 ± 0.11e	2.35 ± 0.08c
0.941 5	1.45 ± 0.09f	1.67 ± 0.23a	1.45 ± 0.06b	1.67 ± 0.09a	1.01 ± 0.09 d	1.1 ± 0.12Bc	2.35 ± 0.05c	2.30 ± 0.17c
1.412 3	1.00 ± 0.14 d	0.84 ± 0.21e	1.00 ± 0.08 d	0.84 ± 0.04e	1.70 ± 0.08a	1.17 ± 0.14b	4.23 ± 0.18a	3.75 ± 0.13b

注:小写字母表示 0.05 水平。

不同品种的大豆茎叶质量随着氮素浓度处理有不同变化,单株产量振幅程度为黄豆>川豆>丁豆>凯豆。

4 结论与讨论

本研究发现综合性状表现为:凯豆>川豆>丁豆>黄豆,虽然凯豆与丁豆原产地近于凯豆与川豆原产地,但四川土壤与凯豆土壤的 pH 相近,即川豆比丁豆的综合性状好。其中随着氮素浓度的增加,凯豆在 T5、T4 最好;黄豆在 T5、T3 最好;川豆在 T6、T7 最好;丁豆在 T6、T5 最好,因此最佳处理为 T5、T6。不同材料随着氮含量的综合性状先升高后下降,与姬月梅等研究不同施氮量条件下大豆品种的株高、地上部分先上升后下降的结果一致;与王囡囡等研究随着氮施肥量的升高对大豆产量先增加后减少的结果一致,可见氮素浓度水平增加到一定程度抑制生长发育。

本研究中随着氮素含量的升高,四个材料的成熟期均延迟,且不同程度增加茎叶重量。这与刘建萍等研究不同复合肥施用量对大豆农艺性状的影响结果一致,可能是氮肥过量容易导致贪青晚熟现象。

同肥力条件下,四种材料接种根瘤菌的综合性状显著高于未接种,与王连霞等研究同等肥力条件接种根瘤菌对大豆生长发育高于未接种结果一致;但氮素过高,接种根瘤菌的综合性状低于未接种,与孙栋研究减施氮肥下接种根瘤菌对小豆农艺性状结果不同,可能是地区施氮量不同,导致结果不一致。

同时发现,三种野生大豆接种根瘤菌随着氮素含量升高,根瘤菌数量先升高后下降,与夏玄研究氮素营养对大豆结瘤固氮影响研究结果一致,表明高浓度氮对根瘤形成(根瘤数量)和发展(根瘤重量)的影响是一种接触性的局部抑制。黄豆在整个生育期中未发现根瘤,可能的原因是本研究采用的是凯豆根瘤,对黄豆可能与凯豆根瘤的共生性差与王晋龙研究接种根瘤菌对不同大豆生长共生性有差异结果一致,但黄豆的综合性状表现优良,可见接种根瘤菌可提高土壤养分,改善土壤微生物环境,间接影响黄豆的生长情况。

参考文献

[1] 李炜,毕影东,刘建新,等. 寒地野生大豆资源农艺性状的相关性和主成分分析[J]. 土壤与作物,2022,11(1):10-17.

[2] 徐艳平,胡翠美,张文会,等. 干旱胁迫对野生大豆幼苗光合作用相关指标的影响[J]. 大豆科学,2013,32(3):341-344,348.

[3] 刘红云,周强,李淑梅,等. 豫南地区野生大豆种质资源的 SSR 遗传多样性分析[J]. 种子,2021,40(3):64-67.

[4] 胥雅馨,徐玥,李玲,等. 氮肥与根瘤菌配施对南疆春大豆结瘤和生长的影响[J]. 大豆科学,2021,40(2):241-248.

[5] 关兴照,李成泰,张朝清,等. 大豆施氮肥接种根瘤菌效果研究[J]. 黑龙江农业科学,2000,(4):20-21.

[6] 魏启舜,郭东森,王琳,等. 不同施肥条件下接种根瘤菌对鲜食大豆结瘤和产量的影响[J]. 江苏农业科学,2021,49(23):77-82.

[7] 张艳琴,陈远学, PENTTINEN P,等. 豌豆根瘤菌 SCAU P10 的接种效果、促生特性及系统发育研究[J]. 四川农业大学学报:1-18.

[8] 田艺心,高凤菊,曹鹏鹏,等. 减氮接种根瘤菌剂对黄淮海地区高蛋白夏大豆生长发育产量和经济效益的影响[J]. 河北农业科学,2022,26(6):72-77,82.

[9] 孙栋. 减施氮肥下接种根瘤菌对小豆产量和品质的影响[D]. 保定:河北农业大学,2022.

[10] 孙庆圣,原程,张玉先. 减施氮肥和接种根瘤菌对黑大豆光合特性及产量的影响[J]. 作物杂志,2022,(4):132-137.

[11] 徐玥,李玲,胥雅馨,等. 根瘤菌接种方式对复播大豆生长及结瘤的影响[J]. 新疆农业科学,2022,59(4):810-817.

[12] 向友珍,张威,唐子竣,等. 减施氮肥和接种根瘤菌对大豆生理生长与氮素利用效率及产量的影响[J]. 农业机械学报,2024,55(3):340-351.

[13] 刘美洲. 大豆根瘤菌土壤接种对产量及品质的影响[J]. 基层农技推广, 2023, 11(4):48-50.

[14] 吴树,徐玥,胥雅馨,等. 根瘤菌接种方式对复播大豆生长发育的影响[J]. 新疆农业科学,2023,60(1):52-60.

[15] 王莹. 接种根瘤菌对栽培和野生大豆盐害的调控效应及其机理研究[D]. 南京:南

京农业大学,2022.

[16] 郭佳舒. 不同供氮水平及根瘤菌接种对盐胁迫栽培和野生大豆幼苗的生理调控效应[D]. 南京:南京农业大学,2019.

[17] 田鑫,钟程,龙丽萍. 两种野生大豆生境及生长发育的调查[J]. 农村实用技术,2021,(2):70-73.

[18] 张厅,刘晓,唐晓波,等. 四川茶园施肥现状与措施分析[J]. 四川农业科技, 2021(9):39-40.

[19] 姬月梅,赵志刚,罗瑞萍,等. 不同施氮量条件下大豆品种接种根瘤菌筛选[J]. 江苏农业科学,2017,45(23):80-83.

[20] 王囡囡,张春峰,张洪权,等. 不同氮磷钾施肥量对大豆产量的影响[J]. 农业科技通讯,2021,(3):166-169.

[21] 刘建萍,龙莹,李晓红. 不同复合肥施用量对大豆农艺性状的影响[J]. 安徽农业科学,2022,50(12):146-148,177.

[22] 夏玄. 氮素营养对大豆结瘤固氮及相关调控物质影响的研究[D]. 哈尔滨:东北农业大学,2019.

[23] 王晋龙. 接种根瘤菌对豆科作物生长及矿区复垦土壤生物化学性状的研究[D]. 太原:山西农业大学,2022.

樱桃番茄与树番茄越冬抗寒性评价

1 前言

1.1 选题背景

樱桃番茄,又名圣女果、小番茄,属一年生或多年生草本植物,是茄科番茄属的一个变种。其原产于南美洲,在中国的栽培范围广,除了果实含有普通番茄果实中的所有营养物质外,维生素含量还比普通番茄高。樱桃番茄被联合国粮农组织列为优先推广的“四大水果之一”,经济价值高,市场需求大。

在贵州黔东南,人们有“三天不吃酸,走路打蹿蹿”之说,由此看出当地人对酸的喜爱。由于当地丰富的樱桃番茄资源以及人们的消费观念,樱桃番茄比普通番茄更受大家喜爱,经常作为菜肴调料,还以此为原材料,制作出了具有民族和地方特色的标志性传统食物:凯里红酸汤。贵州省内就有100多家红酸汤加工生产企业。随着中国经济发展,凯里红酸汤作为特色鲜明的文化饮食远播海外。但由于黔东南气候环境因素影响,大面积种植番茄容易受病害危害等,因此,引进外地优良樱桃番茄品种,可改善有些本地樱桃番茄品种产量低、品质差、抗病性差的现状,同时,引进新品种小果型树番茄,它具有营养丰富、产量高、生长周期长、抗性强、适应性强、耐贮运等优点,在我国西藏南部和云南地区都有栽培,能提高产量,满足市场需求,同时还能丰富本地种质资源。

番茄是喜温植物,近年黔东南地区冬季极端天气较多,在黔东南冬季露地栽培会使番茄植株死亡。为满足市场对番茄周年需求,本研究以树番茄及外地不同品种樱桃番茄和本地不同品种樱桃番茄为材料,对樱桃番茄和树番茄在黔东南地区温室越冬栽培的抗寒性进行评价,以便筛选出适宜黔东南地区温室越冬栽培的品种。

1.2 研究目的与意义

本试验通过对樱桃番茄及树番茄温室越冬栽培,对其生长性状和抗寒性生理指标进行测定与综合评价,筛选出适宜黔东南本地温室越冬栽培的品种,以满足市场需求,服务地方经济。

2 材料与方法

2.1 试验材料

本次试验材料种子为云南西双版纳的树番茄、陕西省西安市的樱桃番茄——粉娜198F1（抗TY）和紫玉F1、吉林省长春市的樱桃番茄——台湾正宗黑贝贝（小黑珍珠）以及黔东南本地樱桃番茄——M16、M17、M18。

2.2 试验方法

樱桃番茄及树番茄2021年8月20日浸种催芽，2021年9月6日至2022年3月6日种植在30 cm×30 cm美植袋中，一盆种植一棵，于凯里学院卓越农林人才培养实训基地内的温室中进行越冬栽培与统一管理。本试验对不同品种植株整枝均采用单干整枝方式进行。

2.2.1 气温测量

测量试验期间室内外最高气温与最低气温。

2.2.2 生长指标测量

七个试验材料于定植后每隔一个月记录每个品种植株的生长变化：株高、茎粗、叶片数量、最大叶长、最大叶宽、节间数、始花节位、坐花率。每个品种三次重复。

坐花率=（花总数-落花数）/花总数 ×100%。

2.2.3 生理生化指标测定

用日本KONICA MINOLTA公司的叶绿素测定仪SPAD-502Plus测定不同品种越冬各时期叶绿素相对含量。取样时，选取长势一致、自生长点上往下数第五片叶开始的同一方位叶片，每个品种测三株，每株三片叶，每片叶测三个部位。

于2022年3月6日，摘取各长势一致的品种自生长点上往下数第五片叶开始同一方位中等高度叶片，每个品种摘取五株植株的叶片，混合取样，三次重复。将采下的叶片放入标记好品种名称的塑封袋后，迅速放入液氮中，带到试验室-80 ℃冰箱中保存。

采用酸性茚三酮比色法测定脯氨酸含量，硫代巴比妥酸法测定丙二醛含量，蒽酮比色法测定可溶性糖含量，考马斯亮蓝法测定可溶性蛋白质含量。

2.2.4 综合评价

对所有品种各指标综合差异显著性进行汇总比较，从而对不同品种越冬抗寒性进行综合评价。

2.2.5 数据处理

试验数据通过 Microsoft Excel 进行整理和分析，使用 Origin 软件进行绘图，采用 SPSS 软件进行单因素差异显著性分析。

3 结果与分析

3.1 试验期间气温变化情况

试验期间室内外气温变化情况如图 1 所示。在整个试验测量温室内外气温变化情况期间，2021 年 10 月 1 日至 6 日出现了连续六天的高温，室内最高气温达到 38 ℃。在 2021 年 11 月 22 日、11 月 30 日、12 月 12 日、12 月 17 日、12 月 25 日、12 月 26 日、2022 年 1 月 29 日、2 月 21 日、2 月 22 日这九天出现了零下气温，温室内最低气温达到-3 ℃。由图 1 知，试验期间室内最高气温与最低气温都比室外高，在 2021 年 11 月下旬至 2022 年 2 月最高气温及最低气温较低，说明各品种植株在 2021 年 11 月下旬至 2022 年 2 月生长时会受到低气温的影响。

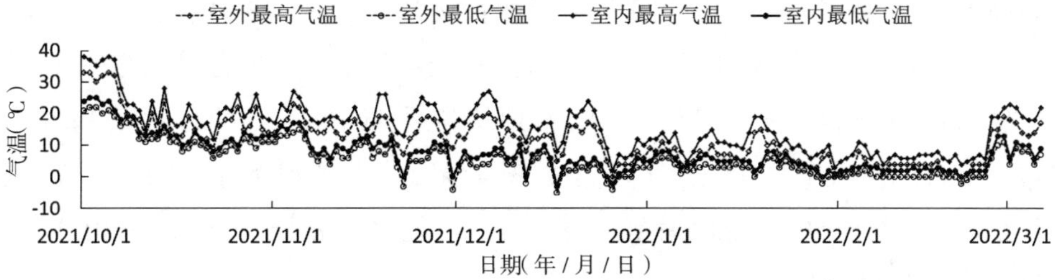

图 1 试验期间室内外气温变化情况

3.2 各品种在不同时期生长指标对比

3.2.1 株高比较

2021 年 10 月至 2022 年 3 月各品种株高变化情况如图 4(a)所示。由图 4(a)知，2021 年 10 月至 2022 年 1 月，各品种株高生长速度快，1 月之后生长速度变缓，说明在越冬时，植株受低温影响，高度的生长受到抑制。2022 年 1 月，M16 株高最高，其次是粉娜 198F1，然后到紫玉 F1，三者无显著差异，树番茄株高最低，其次是 M17、台湾正宗黑贝贝、M18，四者差异显著($P<0.05$)。到 2022 年 3 月，树番茄株高显著低于其他品种，樱桃番茄中 M17 株高最低，其次是台湾正宗黑贝贝，两者差异显著($P<0.05$)，剩下四个品种无显著差异。

3.2.2 茎粗比较

2021 年 10 月至 2022 年 3 月各品种茎粗变化情况如图 4(b)所示。由图 4(b)知，2021 年 10 月，树番茄茎粗值显著低于其他品种，到 11 月，其他品种茎粗生长速率相差不大，紫玉 F1 茎粗值最低。到 2022 年 1 月， M18 显著高于其他品种，紫玉 F1 仍处于最低，而到 2 月，紫玉 F1 茎粗增长速度变快，茎粗值仅次于 M18。树番茄茎粗值由最开始测量时的最低到 3 月变成最高，樱桃番茄中 M18 茎粗值最高，其次是紫玉 F1，三者无显著差异。M17 茎粗值最低，其次是台湾正宗黑贝贝、粉娜 198F1、M16，四者之间无显著差异，与其他三个品种差异显著($P<0.05$)。

各品种茎形态对比如图 2(a)。由图 2(a)可看出，各品种樱桃番茄的茎表面都着生绒毛，而树番茄的茎表面是光滑的；台湾正宗黑贝贝及树番茄的节间距较短，且台湾正宗黑贝贝的茎干颜色偏紫黑色，其他品种茎是绿色；树番茄是木本番茄，其茎较粗。

3.2.3 叶片数量比较

2021 年 10 月至 2022 年 3 月各品种叶片数量变化情况如图 4(c)所示。由图 4(c)知， 2021 年 10 月至 12 月，各品种叶片数量在稳步增长，从 2021 年 12 月至 2022 年 1 月，各品种叶片数量大幅增长， 1 月至 2 月，增长速度变缓，2 月至 3 月，除树番茄、M17、M16 仍在稳步增长外，其余四个品种增长缓慢。1 月到 3 月，黔东南本地三个樱桃番茄品种 M16、M17、M18 显著高于外地三个樱桃番茄品种台湾正宗黑贝贝、紫玉 F1、粉娜 198F1，显著高于树番茄。3 月，本地樱桃番茄中，三者叶片数量基本一致，无显著差异，外地樱桃番茄中紫玉 F1 叶片数量最多，其次是粉娜 198F1、台湾正宗黑贝贝，三者也无显著差异，树番茄叶片数量最少，与其他品种差异显著($P<0.05$)。

3.2.4 最大叶长比较

2021 年 10 月至 2022 年 3 月各品种最大叶长变化情况如图 4(d)所示。由图 4(d)知，所有品种从 2021 年 10 月到 2022 年 1 月最大叶长值都在增长， 1 月到 2 月，除紫玉 F1 与树番茄最大叶长趋于稳定外，其余品种均在变小。2 月到 3 月，除树番茄最大叶长还在小幅增长外，其余品种均下降。3 月，台湾正宗黑贝贝最大叶长显著高于树番茄和 M17($P<0.05$)，其余品种无显著差异。

3.2.5 最大叶宽比较

2021 年 10 月至 2022 年 3 月各品种最大叶宽变化情况如图 4(e)所示。由图 4(e)知， 2021 年 10 月至 2022 年 1 月各品种最大叶宽都在增长， 1 月至 2 月，除紫玉 F1、M18、树番茄最大叶宽仍在增长外，其余品种均下降。2 月至 3 月，除树番茄最大叶宽小幅增长外，其他品种都在下降。3 月，粉娜 198F1 最大叶宽显著高于 M17 与树番茄，其余四个品种差异不显著($P>0.05$)。从整个测量时期来看，粉娜 198F1 最大叶宽值都比其他品种高,而树番茄都比其他品种低。

图 2　不同品种植株叶、茎、种子形态对比

(a)不同品种植株茎形态对比;(b)不同品种植株叶片正反面形态对比;(c)不同品种植株种子形态对比

注:A、A′ 为台湾正宗黑贝贝;B、B′ 为紫玉 F1;C、C′ 为粉娜 198F1(抗 TY);D、D′ 为 M16;E、E′ 为 M17;F、F′ 为 M18;G、G′ 为树番茄。

各品种叶正反面形态对比如图 2(b)。由图 2(b)可看出,各品种樱桃番茄的叶呈羽状,正反面都着生有绒毛,台湾正宗黑贝贝的叶片较小,且叶正反面靠近叶基部呈紫色,M17 的叶片较大;树番茄的叶是卵状心形,叶全缘,叶正面深绿,叶背面淡绿,着生短柔毛。

3.2.6　节间数比较

2021 年 10 月至 2022 年 3 月各品种节间数变化情况如图 4(f)所示。由图 4-F 知,从整个测量时期来看,所有品种节间数都在上升,且黔东南本地三个樱桃番茄品种 M16、M17、M18 显著高于外地三个樱桃番茄品种台湾正宗黑贝贝、紫玉 F1、粉娜 198F1,显著高于树番茄($P<0.05$)。3 月,本地樱桃番茄中, M18 节间数最多,其次是

M16、M17，三者无显著差异，外地樱桃番茄中粉娜 198F1 节间数最多，其次是紫玉 F1、台湾正宗黑贝贝，三者也无显著差异，树番茄节间数最少，与其他品种差异显著（$P<0.05$）。

3.2.7 坐花率比较

在 2021 年 10 月至 2022 年 3 月整个试验测量期间，树番茄都没有花，故树番茄不与其他品种进行有关花的指标比较。

从 2021 年 12 月至 2022 年 2 月各品种樱桃番茄坐花率变化情况如图 4（g）所示。由图 4（g）知，2021 年 12 月至 2022 年 1 月，各品种坐花率大幅下降，1 月至 2 月，除 M16 坐花率仍下降外，其余品种均上升。在 2021 年 12 月各品种初花期，粉娜 198F1 显著高于 M18、M16、M17、紫玉 F1、台湾正宗黑贝贝，M17 与紫玉 F1 无显著差异外，其余品种均存在差异显著性（$P<0.05$）。到 2022 年 1 月中花期，粉娜 198F1 仍显著高于 M18、M16、台湾正宗黑贝贝、紫玉 F1、M17。到 2022 年 2 月末花期，粉娜 198F1 坐花率仍较其他品种高，其次到 M18；M17 坐花率最低，其次到台湾正宗黑贝贝、M16、紫玉 F1。

3.2.8 始花节位比较

从 2021 年 12 月至 2022 年 2 月各品种樱桃番茄始花节位变化情况如图 4-H 所示。由图（h）知，黔东南本地三个樱桃番茄品种 M16、M17、M18 始花节位显著高于外地三个樱桃番茄品种台湾正宗黑贝贝、紫玉 F1、粉娜 198F1，本地樱桃番茄中，M16 始花节位最高，其次是 M17，然后到 M18，三者无显著差异；外地樱桃番茄中粉娜 198F1 始花节位最高，其次是紫玉 F1，然后到台湾正宗黑贝贝，台湾正宗黑贝贝与粉娜 198F1 和紫玉 F1 存在差异显著性（$P<0.05$），粉娜 198F1 和紫玉 F1 无显著差异。

各品种花形态对比如图 3。由图 3 可看出，各品种樱桃番茄的花萼呈辐射状，裂片披针形，花冠辐状，黄色，各品种樱桃番茄中，M17 的花较其他品种小。

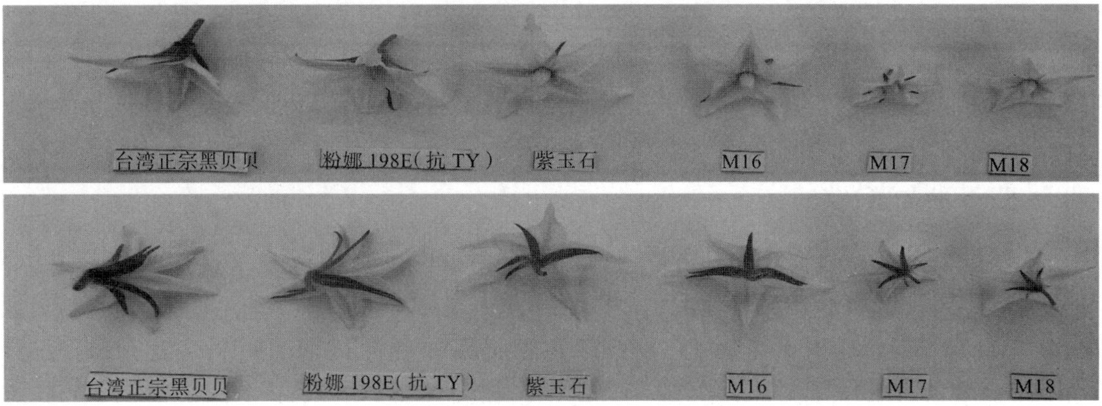

图 3 不同品种植株花形态对比

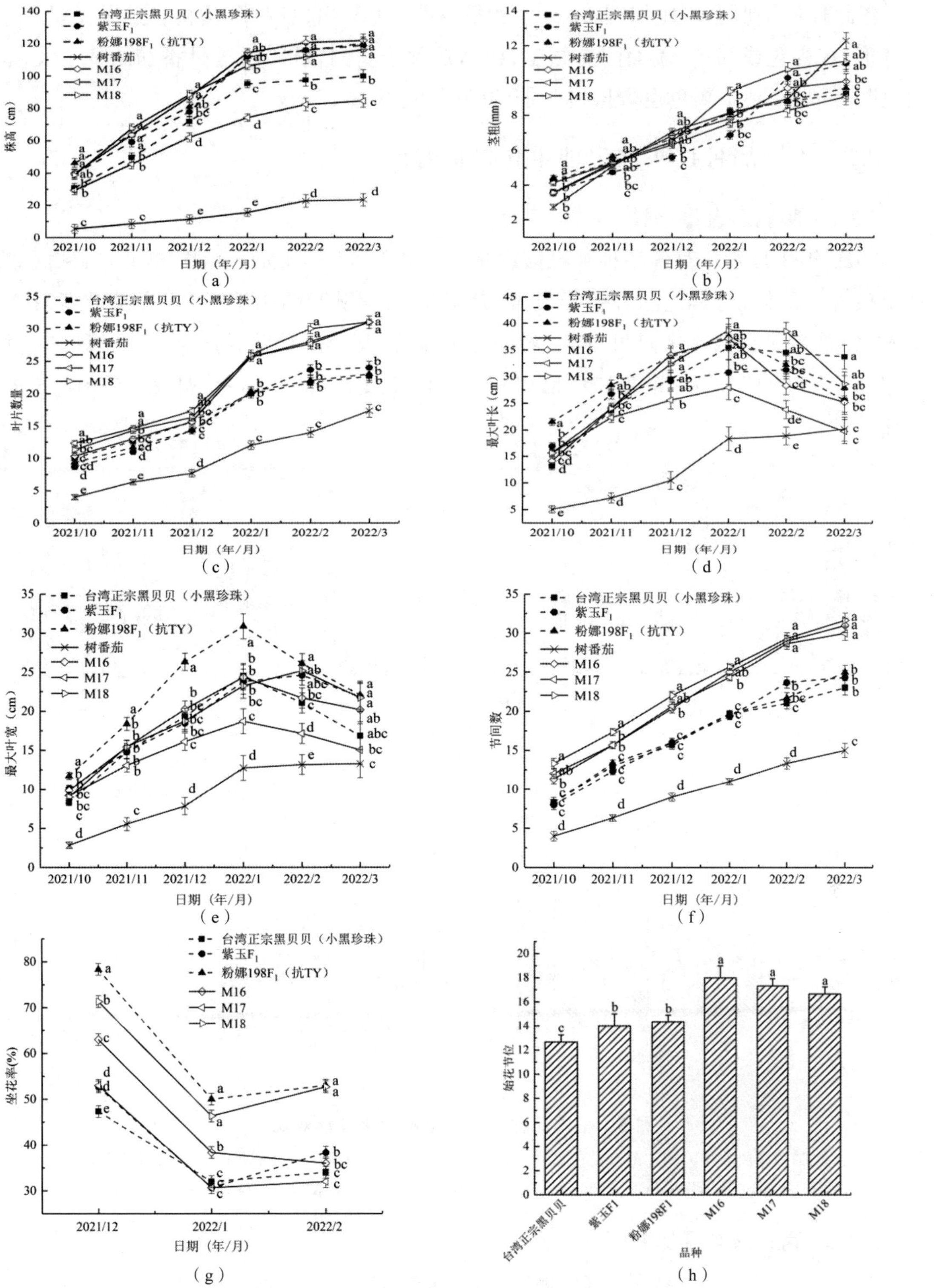

图 4 不同品种植株各生长指标变化情况对比

(a)株高;(b)茎粗;(c)叶片数量;(d)最大叶长;(e)最大叶宽;(f)节间数;(g)坐花率;(h)始花节位

注:图 4 所有图中,同一时间点不同品种间标记不同小写字母表示差异显著(P<0.05)。

各品种种子形态对比如图 2(c)。由图 2(c)可看出,各品种樱桃番茄种子呈扁平的肾形,灰褐色或褐色,表面附有绒毛,树番茄种子呈圆盘形,较樱桃番茄的种子大,表面也附有绒毛,种子颜色也较樱桃番茄的种子颜色深。

3.3 不同品种抗寒性生理生化指标对比

3.3.1 脯氨酸含量比较

2022 年 3 月 6 日对各品种脯氨酸含量比较如图 5(a)所示。由图 5(a)知,树番茄脯氨酸含量最低,与其他品种差异显著(P<0.05),樱桃番茄中紫玉 F1 含量最高,其次是 M17,然后是台湾正宗黑贝贝,三者差异不显著,其余品种差异显著。各品种脯氨酸含量由高到低依次为:紫玉 F1>M17>台湾正宗黑贝贝>M16>粉娜 198F1>M18>树番茄。

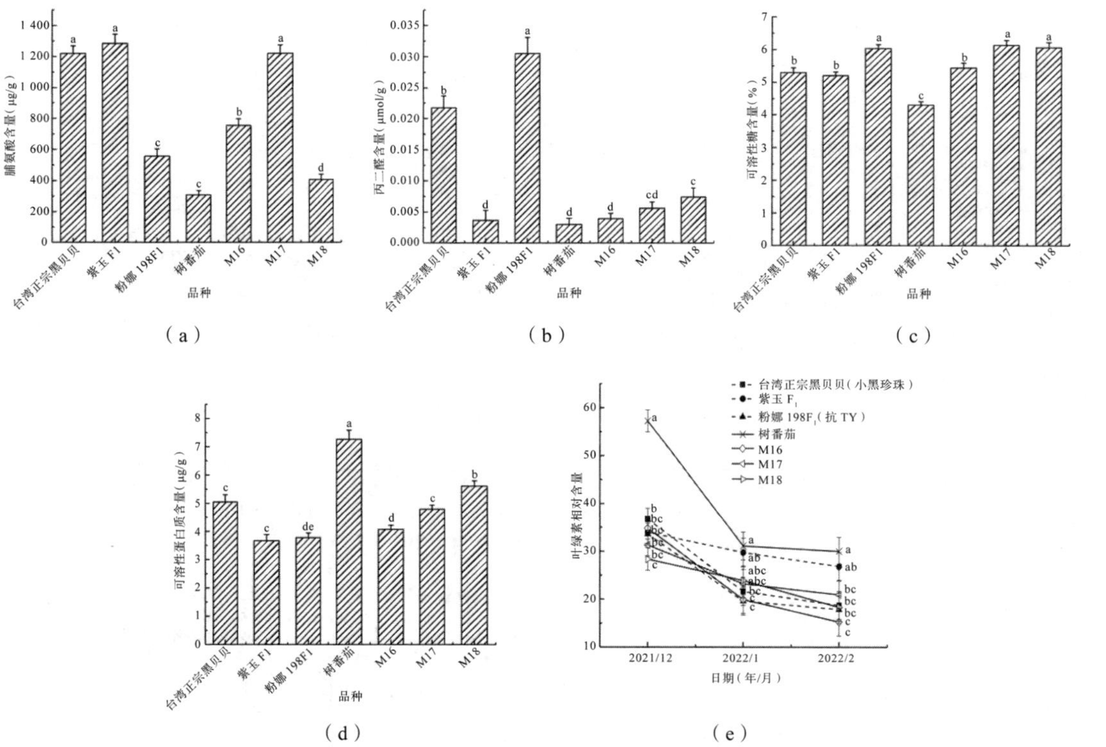

图 5 不同品种抗寒性生理生化指标对比

(a)脯氨酸含量;(b)丙二醛含量;(c)可溶性糖含量;(d)可溶性蛋白质含量;(e)叶绿素相对含量

注:图 5 所有图中,同一时间点不同品种间标记不同小写字母表示差异显著(P<0.05)。

3.3.2 丙二醛含量比较

2022 年 3 月 6 日对各品种脯氨酸含量比较如图 5(b)所示。由图 5(b)知,树番茄丙二醛含量最低,与 M16、M17 无显著性差异,与其他品种均差异显著(P<0.05)。粉

娜 198F1 丙二醛含量显著高于其他品种。各品种丙二醛含量由高到低依次为:粉娜 198F1>台湾正宗黑贝贝>M18>M17>M16>紫玉 F1>树番茄。

3.3.3 可溶性糖含量比较

2022 年 3 月 6 日对各品种脯氨酸含量比较如图 5(c)所示。由图 5(c)知,树番茄可溶性含量最低,与各品种差异显著(P<0.05)。樱桃番茄中 M17 含量最高,其次是 M18,然后是粉娜 198F1,三者无显著差异。各品种可溶性糖含量由高到低依次为:M17>M18>粉娜 198F1>M16>台湾正宗黑贝贝>紫玉 F1>树番茄。

3.3.4 可溶性蛋白质含量比较

2022 年 3 月 6 日对各品种脯氨酸含量比较如图 5(d)所示。由图 5(d)知,树番茄可溶性蛋白质含量显著高于其他品种,樱桃番茄中紫玉 F1 含量最低,与粉娜 198F1 无显著差异外,与其他品种均差异显著(P<0.05)。各品种可溶性蛋白质含量由高到低依次为: :树番茄>M18>台湾正宗黑贝贝>M17>M16>粉娜 198F1>紫玉 F1。

3.3.5 叶绿素相对含量比较

从 2021 年 12 月至 2022 年 2 月各品种叶绿素相对含量变化情况如图 5(e)所示。由图 5(e)知,从整个测量时期看,各品种的叶绿素相对含量都在下降。在 2021 年 12 月,树番茄的叶绿素相对含量最高,与其他品种有显著性差异(P<0.05),樱桃番茄里面台湾正宗黑贝贝含量最高, M18 含量最低,两者存在显著性差异,其余四个品种无显著差异。到 2022 年 1 月,树番茄叶绿素相对含量下降速度最快,但依旧比其他品种含量高,粉娜 198F1 含量最低,其次是 M16、台湾正宗黑贝贝、M17、M18、紫玉 F1。到 2022 年 2 月,树番茄叶绿素相对含量最高,和紫玉 F1 无显著性差异外,与其他品种均差异显著(P<0.05)。M16 叶绿素相对含量最低,其次到粉娜 198F1、M18、台湾正宗黑贝贝、M17、紫玉 F1。

3.4 综合评价

所有品种各指标综合显著差异性汇总情况如表 1 所示。在本试验总的 13 个指标中,始花节位和丙二醛含量的值越低,品种抗寒性越好,其余 11 个指标值越高,品种抗寒性越好。故通过对所有品种各指标综合显著差异性汇总及比较,一定程度可比较各品种越冬抗寒性。

表 1 不同品种各指标差异显著性汇总对比

指标	品种						
	台湾正宗黑贝贝（小黑珍珠）	紫玉 F_1	粉娜 198F_1（抗 TY）	树番茄	M16	M17	M18
株高(cm)	74.1 ± 2.8b	87.2 ± 2.8a	89.7 ± 2.8a	14.5 ± 2.8 d	91.2 ± 2.8a	62.9 ± 2.8c	88.1 ± 2.8a
茎粗(mm)	7.04 ± 0.2b	7.00 ± 0.2b	7.21 ± 0.2ab	7.38 ± 0.2ab	7.16 ± 0.2ab	6.77 ± 0.2b	7.75 ± 0.2a
叶片数量	17.1 ± 0.6b	16.9 ± 0.6b	16.8 ± 0.6b	10.2 ± 0.6c	20.6 ± 0.6a	21.4 ± 0.6a	21.5 ± 0.6a
最大叶长(cm)	28.4 ± 1.4a	26.8 ± 1.4ab	30.2 ± 1.4a	13.4 ± 1.4c	27.2 ± 1.4a	22.5 ± 1.4b	29.7 ± 1.4a
最大叶宽(cm)	17.47 ± 1.1bc	18.92 ± 1.1b	22.57 ± 1.1a	9.23 ± 1.1 d	18.61 ± 1.1b	14.87 ± 1.1c	18.88 ± 1.1b
节间数	16.78 ± 0.5b	17.28 ± 0.5b	17.33 ± 0.5b	9.78 ± 0.5c	22.06 ± 0.5a	21.89 ± 0.5a	23.22 ± 0.5a
始花节位	12.7 ± 0.6c	14.0 ± 1.0b	14.3 ± 0.6b	—	18.0 ± 1.0a	17.3 ± 0.6a	16.7 ± 0.6a
坐花率(%)	37.8 ± 0.7e	40.6 ± 0.7 d	60.4 ± 0.7a	—	45.8 ± 0.7c	38.6 ± 0.7de	56.8 ± 0.7b
叶绿素相对含量(SPAD)	25.7 ± 2.6b	30.2 ± 2.6b	23.7 ± 2.6b	39.4 ± 2.6a	23.3 ± 2.6b	25.2 ± 2.6b	23.5 ± 2.6b
脯氨酸含量(μg/g)	1220.3 ± 48.1a	1285.0 ± 59.0a	558.0 ± 45.8c	308.2 ± 26.8e	754.1 ± 42.6b	1221.2 ± 53.2a	407.2 ± 33.9 d
丙二醛含量(μmol/g)	0.021 7 ± 0.002b	0.003 7 ± 0.002 d	0.030 5 ± 0.003a	0.003 0 ± 0.001 d	0.004 0 ± 0.001 d	0.005 6 ± 0.001cd	0.007 4 ± 0.001c
可溶性糖含量(%)	5.30 ± 0.15b	5.21 ± 0.11b	6.03 ± 0.12a	4.30 ± 0.12c	5.44 ± 0.15b	6.13 ± 0.15a	6.06 ± 0.16a
可溶性蛋白质含量(μg/g)	5.05 ± 0.26c	3.67 ± 0.22e	3.77 ± 0.17de	7.26 ± 0.32a	4.07 ± 0.15 d	4.79 ± 0.15c	5.61 ± 0.19b

综上,结合表 1 知如下内容。

(1)株高。M16、粉娜 198F1、M18、紫玉 F1 株高显著高于台湾正宗黑贝贝、M17、树番茄,台湾正宗黑贝贝株高显著高于 M17、树番茄,M17 株高显著高于树番茄,M16、粉娜 198F1、M18、紫玉 F1 四者无显著差异。各品种株高从高到低依次为 M16>粉娜 198F1>M18>紫玉 F1>台湾正宗黑贝贝>M17>树番茄。

(2)茎粗。M18 茎粗显著高于台湾正宗黑贝贝、紫玉 F1、M17,台湾正宗黑贝贝、紫玉 F1、M17、树番茄、粉娜 198F1、M16 无显著差异。各品种茎粗值从高到低依次为 M18>树番茄>粉娜 198F1>M16>台湾正宗黑贝贝>紫玉 F1>M17。

(3)叶片数量。M18、M17、M16 叶片数量显著高于台湾正宗黑贝贝、紫玉 F1、粉娜 198F1、树番茄,台湾正宗黑贝贝、紫玉 F1、粉娜 198F1 叶片数量显著高于树番茄,M18、M17、M16 三者之间无显著差异,台湾正宗黑贝贝、紫玉 F1、粉娜 198F1 三者之间差异不显著。各品种叶片数量值从高到低依次为 M18>M17>M16>台湾正宗黑贝贝>紫玉 F1>粉娜 198F1>树番茄。

(4)最大叶长。粉娜 198F1、M18、台湾正宗黑贝贝、M16 最大叶长显著高于 M17、树番茄,紫玉 F1、M17 最大叶长显著高于树番茄,粉娜 198F1、M18、台湾正宗黑贝贝、M16、紫玉 F1 五者之间无显著差异,紫玉 F1、M17 两者之间差异不显著。各品种最大叶长值从高到低依次为粉娜 198F1>M18>台湾正宗黑贝贝>M16>紫玉 F1>M17>树番茄。

(5)最大叶宽。粉娜 198F1 最大叶宽显著高于紫玉 F1、M18、M16、台湾正宗黑贝贝、M17、树番茄,台湾正宗黑贝贝、M17 最大叶宽显著高于树番茄,紫玉 F1、M18、M16、台湾正宗黑贝贝四者之间无显著差异,台湾正宗黑贝贝、M17 两者之间差异不显著。各品种最大叶宽值从高到低依次为粉娜 198F1>紫玉 F1>M18>M16>台湾正宗黑贝贝>M17>树番茄。

(6)节间数。M18、M16、M17 节间数显著高于粉娜 198F1、紫玉 F1、台湾正宗黑贝贝、树番茄,粉娜 198F1、紫玉 F1、台湾正宗黑贝贝节间数显著高于树番茄, M18、M16、M17 三者之间无显著差异,粉娜 198F1、紫玉 F1、台湾正宗黑贝贝之间差异不显著。各品种节间数值从高到低依次为 M18>M16>M17>粉娜 198F1>紫玉 F1>台湾正宗黑贝贝>树番茄。

(7)始花节位。M16、M17、M18 始花节位显著高于粉娜 198F1、紫玉 F1、台湾正宗黑贝贝,粉娜 198F1、紫玉 F1 始花节位显著高于台湾正宗黑贝贝, M18、M16、M17 三者之间无显著差异,粉娜 198F1、紫玉 F1 差异不显著。各品种始花节位值从高到低依次为 M16>M17>M18>粉娜 198F1>紫玉 F1>台湾正宗黑贝贝。

(8)坐花率。粉娜 198F1 坐花率显著高于 M18、M16、紫玉 F1、M17、台湾正宗黑贝贝, M18 坐花率显著高于 M16、紫玉 F1、M17、台湾正宗黑贝贝, M16 坐花率显著高于紫玉 F1、M17、台湾正宗黑贝贝,紫玉 F1、M17 两者之间无显著差异,M17、台湾正宗黑贝贝之间差异不显著。各品种坐花率从高到低依次为粉娜 198F1>M18>M16>紫玉 F1>M17>台湾正宗黑贝贝。

(9)叶绿素相对含量。树番茄叶绿素相对含量显著高于其他品种,紫玉 F1、台湾正宗黑贝贝、M17、粉娜 198F1、M18、M16 之间差异不显著。各品种叶绿素相对含量从高到低依次为树番茄>紫玉 F1>台湾正宗黑贝贝>M17>粉娜 198F1>M18>M16。

(10)脯氨酸含量。紫玉 F1、M17、台湾正宗黑贝贝脯氨酸含量显著高于 M16、粉娜 198F1、M18、树番茄，M16 脯氨酸含量显著高于粉娜 198F1、M18、树番茄，粉娜 198F1 脯氨酸含量显著高于 M18、树番茄，M18 脯氨酸含量显著高于树番茄，紫玉 F1、M17、台湾正宗黑贝贝三者之间无显著性差异。各品种脯氨酸含量从高到低依次为紫玉 F1>M17>台湾正宗黑贝贝>M16>粉娜 198F1>M18>树番茄。

（11）丙二醛含量。粉娜 198F1 丙二醛含量显著高于台湾正宗黑贝贝、M18、M17、M16、紫玉 F1、树番茄，台湾正宗黑贝贝丙二醛含量显著高于 M18、M17、M16、紫玉 F1、树番茄，M18、M17 丙二醛含量显著高于 M16、紫玉 F1、树番茄，M18、M17 两者之间无显著差异，M17、M16、紫玉 F1、树番茄差异不显著。各品种丙二醛含量从高到低依次为粉娜 198F1>台湾正宗黑贝贝>M18>M17>M16>紫玉 F1>树番茄。

（12）可溶性糖含量。M17、粉娜 198F1、M18 可溶性糖含量显著高于 M16、台湾正宗黑贝贝、紫玉 F1、树番茄，M16、台湾正宗黑贝贝、紫玉 F1 可溶性糖含量显著高于树番茄，M17、粉娜 198F1、M18 三者之间无显著差异，M16、台湾正宗黑贝贝、紫玉 F1 之间差异不显著。各品种可溶性糖含量从高到低依次为 M17>M18>粉娜 198F1>M16>台湾正宗黑贝贝>紫玉 F1>树番茄。

（13）可溶性蛋白质含量。树番茄可溶性蛋白质含量显著高于 M18、台湾正宗黑贝贝、M17、M16、粉娜 198F1、紫玉 F1，M18 可溶性蛋白质含量显著高于台湾正宗黑贝贝、M17、M16、粉娜 198F1、紫玉 F1，台湾正宗黑贝贝、M17 可溶性蛋白质含量显著高于 M16、粉娜 198F1、紫玉 F1。M16 可溶性蛋白质含量显著高于紫玉 F1，台湾正宗黑贝贝、M17 两者之间无显著差异，M16、粉娜 198F1 之间差异不显著，粉娜 198F1、紫玉 F1 之间差异也不显著。各品种可溶性蛋白质含量从高到低依次为树番茄>M18>台湾正宗黑贝贝>M17>M16>粉娜 198F1>紫玉 F1。

从各品种在相应指标的综合显著性高低排序和抗寒性来看，台湾正宗黑贝贝抗寒性从高到低的各指标数量为 1、0、4、1、4、3、1；紫玉 F1 抗寒性从高到低的各指标数量为 1、4、0、2、3、2、1；粉娜 198F1 抗寒性从高到低的各指标数量为 3、1、3、1、2、2、1；树番茄抗寒性从高到低的各指标数量为 3、1、0、0、0、0、7；M16 抗寒性从高到低的各指标数量为 1、1、3、5、1、1、2；M17 抗寒性从高到低的各指标数量为 1、2、1、3、2、3、1；M18 抗寒性从高到低的各指标数量为 3、4、2、1、1、2、0。

4 结论与讨论

在越冬生长时，低温冷害是影响番茄生长的主要自然灾害之一，不仅影响植株正常生理生化代谢，还会损伤植物形态结构，但不同品种面对越冬生长时的低温胁迫，抗寒能力强弱也会不同。番茄生长发育适宜温度为 25 ℃，低于 15 ℃时容易落花，导致坐花率降低。低温下，番茄的株高等生长速度也会减慢，本试验对坐花率、株高等生长指标的测量结果与其研究结果一致。

正常条件下，植物组织中游离脯氨酸含量低，遇到低温等逆境时，游离脯氨酸会积累，而脯氨酸亲水性强，能稳定原生质体及组织内的代谢过程，降低冰点，防止细胞脱水，抗寒性强的品种，脯氨酸含量高。低温等逆境条件下，若植物受伤害，会发生膜脂过氧化作用，其最终分解产物是丙二醛，故丙二醛含量高，植株抗寒能力弱。黄治远等对龙眼叶片可溶性糖含量研究表明可溶性糖含量高的品种，其抗寒性高。可溶性蛋白质是一种可溶于水的小分子物质，亲水性较强，能提高细胞保水能力，抗寒性强的品种，可溶性蛋白质含量高。因此，对各品种的脯氨酸含量、丙二醛含量、可溶性糖含量以及可溶性蛋白质含量进行测定与对比，在一定程度上可以比较出各品种的越冬抗寒性差异。

郭树勋等研究表明低温使不同品种光合能力大幅下降，叶绿素相对含量降低，叶片细胞膜相对透性升高，膜脂过氧化程度加剧，本试验结果与其研究结果一致。

本试验发现，坐花率较高的粉娜 198F1，其丙二醛含量较高；可溶性糖含量较高的 M17，其茎粗却较细；叶绿素相对含量较高的树番茄，其叶片数量较少、脯氨酸含量、可溶性糖含量都较低。单以某指标为依据，无法评价各品种越冬抗寒性。

因此，本试验对不同品种 13 个指标综合显著差异性进行汇总与比较，发现 M18、粉娜 198F1、树番茄有 3 个指标排到最抗寒，其余品种只有 1 个指标排到最抗寒，其次 M18 有 4 个指标抗寒排到第二，而粉娜 198F1 和树番茄都只有 1 个指标排到第二抗寒，树番茄有 7 个指标排到最不抗寒，而粉娜 198F1 只有 1 个指标排到最不抗寒，故 M18 较粉娜 198F1 抗寒，较树番茄抗寒；只有 1 个指标排到最抗寒的品种中，紫玉 F1 有 4 个指标抗寒排到第二，M17 有 2 个指标抗寒排到第二，台湾正宗黑贝贝有 4 个指标排到抗寒性第三，M16 只有 3 个指标排到抗寒性第三，且 M16 有 2 个指标排到最不抗寒，台湾正宗黑贝贝只有 1 个指标排到最不抗寒，故紫玉 F1 较 M17 抗寒，较台湾正宗黑贝贝抗寒，较 M16 抗寒。综上，七个品种在黔东南地区温室越冬栽培抗寒性强弱总体表现为 M18>粉娜 198F1>树番茄>紫玉 F1>M17>台湾正宗黑贝贝>M16。

参考文献

[1] 王慧茹. 幼苗期整枝方式对樱桃番茄生长发育、冠层截获及果实品质影响的研究[D]. 银川：宁夏大学，2021.

[2] 周永舜. 六个品种樱桃番茄种植技术研究[D]. 佛山：佛山科学技术学院，2018.

[3] 张彩玉. 早春单拱棚樱桃番茄引种栽培比较[J]. 新农业，2021（6）：52-54.

[4] 鲁青松. 凯里红酸汤口服液开发及功能性评价[D]. 贵阳：贵州大学，2029.

[5] 潘季红. 红酸汤干制工艺及烹饪肉类食品品质研究[D]. 贵阳：贵州大学，2020.

[6] 张东亚，徐俐，鲁青松，等. 菌群强化凯里红酸汤"番茄浆"及发酵工艺的优化[J]. 食品科技，2018，43（5）：313-318.

[7] 曲子晗. 凯里红酸汤对高脂血症大鼠肠道影响[D]. 贵阳：贵州医科大学，2020.

[8] 吴凤莲，李星，姜发洋，等. 黔东南苗侗酸汤原料地方番茄品比试验[J]. 耕作与栽培，2019（1）：13-15.

[9] 鲁杨. 凯里红酸汤成分及其对大鼠血脂调节作用研究[D]. 贵阳：贵州医科大学，2019.

[10] 董琼，李世民，高尚杰，等. 不同种源树番茄果实品质比较及综合分析[J]. 食品与发酵工业，2022，48（4）：266-273.

[11] 马倩倩，鲍荣粉，廖明安. 不同水温浸种对树番茄种子发芽的影响[J]. 北方园艺，2018（15）：92-96.

[12] 杨立香. 腾冲市树番茄生产现状与发展对策思考[J]. 南方农业，2019，13（5）：113-114.

[13] 植爽，吴钰祥，王玉杰，等. 树番茄高频再生体系的建立[J]. 湖北农业科学，2014，53（23）：5880-5883.

[14] 中国科学院中国植物志编辑委员会. 中国植物志[M]. 北京：科学出版社，1978.

[15] 陈杏禹. 蔬菜栽培（第二版）[M]. 北京：高等教育出版社，2020.

[16] 史树德，孙亚卿，魏磊. 植物生理学试验指导[M]. 北京：中国林业出版社，2011.

[17] 张兴丽，王永敏. 生物化学试验指导[M]. 北京：中国轻工业出版社，2017.

[18] 苍晶，赵会杰. 植物生理学试验教程[M]. 北京：高等教育出版社，2013.

[19] 罗丹，张喜春，田硕. 低温胁迫对番茄幼苗脯氨酸积累及其代谢关键酶活性的影响[J]. 中国农学通报，2013，29（16）：90-95.

[20] 何凌仙子，贾志清，刘涛，等. 植物适应逆境胁迫研究进展[J]. 世界林业研究，2018，31（2）：13-18.

[21] 霍清枝，李志鑫，付崇毅，等. 樱桃番茄温室越冬栽培不同品种比较试验[J]. 北方园艺，2013（14）：57-60.

[22] 黄治远，李隆华，张云贵，等. 龙眼叶片可溶性糖含量与耐寒性的关系[J]. 西南园

艺,2004(4):18-19.

[23] 郭树勋,杨然,胡晓辉,等.低温和亚低温对番茄幼苗生长及生理特性的影响[J].山西农业科学,2021,49(9):1050-1054.

不同氮素形态对树番茄生长发育的影响

1 前言

1.1 概述

树番茄原产秘鲁，又叫洋酸茄、木本番茄等，为茄科多年生常绿灌木，是一种集观花、观果、食用于一体的植物。树番茄果实可作为水果生食，果实中含有丰富的果胶质，可制作果酱和果胶，并且果实富含矿物质及维生素 C 等各种对人体有益的微量元素。

科学施肥不仅可以提供苗木整个生长发育过程中所需养分，提高苗木对养分的吸收效率和生物量的积累，进而提升苗木质量，而且可避免多余肥料所造成的环境污染。氮素是促进作物生长和形成产量的大量营养元素之一，作物对土壤中有效氮的吸收量是反映其生长状况的重要指标。氮素可为植物生长提供所需营养，对植物的生长发育、产量与品质起到非常重要的作用，参与了植物体内多种功能物质的合成，因此，植株对于氮素的需求远高于其他元素。在所有营养元素中，氮肥对植物生长起着最为基础关键性作用。

在国外，Huang Y 等人发现尿素、铵态氮和硝态氮对植株生长和光合能力均有促进作用。Sun J 等发现施用氮肥可以提高酶活性促进光合作用和糖积累，加快番茄生长。在国内，张莉发现尿素、硝酸钙和硫酸铵处理茅苍术株高、茎粗等均高于对照，其中硝态氮肥更利于茅苍生长。胡家钰等研究发现麦套花生追施硫酸铵、硝酸铵钙和尿素等氮肥可促进其生长并提高产量，其中硝酸铵钙的增产效果最佳。张家运发现施用尿素、硝酸钾对大豆产量和品质的影响中，尿素较适合在大豆种植中使用。马拉新发现大棚盆栽试验中，硝酸铵相比硫酸铵和尿素对木薯生长和提高产量效果最好。王德兵等研究发现氮肥对辣椒产量和净收益的影响较大，且辣椒产量随着氮肥施用量的增加而增加。郭标、余庆柱的试验都发现合理施用氮肥可以提高辣椒的产量和品质。张文发现当有机氮肥、铵态氮和硝态氮比例为一定量时，辣椒产量可以达到最高。刘文希等发现尿素、硫酸钾等灌溉施肥可以提高番茄产量以及提高叶绿素含量。刘新红等试验发现在育苗基质中氨基酸氮肥较不施肥对照和化学氮肥最能实现壮苗目标。徐大兵等发现优化施用过磷酸钙、硝酸钾等氮肥对番茄产量和品质都有显著提高。蔡东升的试验发现增施不同硝酸钾和氯化铵配比均能够提高壮苗指数，还可显著提高番茄幼苗的生物量，促进其生长，也有利于可溶性糖含量积累。由此可见，不同植株对氮肥的喜好不一，而施用不同氮素形态（酰胺态氮肥、硝态氮肥、铵态氮肥）对树番茄生长的影响未见报道。

1.2 研究的目的与意义

本研究通过研究不同氮肥对树番茄生长发育的影响，旨在筛选出适宜树番茄生长的最佳氮肥，为合理优化树番茄生产、降低氮肥施用成本、高效生态栽培和本地规模化生产提供理论依据，为地方经济发展做出贡献。

2 材料与方法

2.1 种植地自然概况

试验地位于凯里学院卓越农林人才培养实训基地。根据凯里农业气象站数据，凯里年均气温 16.2 ℃，最高气温 37 ℃，最低气温为-7 ℃，年均降水量 1 240 mm，无霜期 280 天以上。测得种植基质 pH 为 6.1，含氮量为 4.3 g/kg。

2.2 试验材料

云南西双版纳引种的树番茄。

2.3 试验方法

2022 年 9 月进行树番茄的穴盘育苗（受室外盛长期的树番茄难以越冬的影响，故选择秋播以确保顺利越冬），2022 年 10 月进行移栽定植到 40 × 40 美植袋中，种植基质配比为园土：园松针土：园草炭=1：2：1。

每个美植袋施 2.857 kg 有机肥+0.043 kg 过磷酸钙做基肥（试验根据每 667 m^2 施有机肥 1 000 kg，每 667 m^2 种植 350 株）。每个美植袋施用尿素 0.007 kg 做第一次追肥（每 667 m^2 用尿素 2.5 kg、硫酸钾 3 kg 兑水提苗）。每个美植袋施用尿素 0.023 kg 做后续追肥（每 667 m^2 用尿素 8 kg、钾肥 5 kg 追施两次）。尿素氮含量为 45%~46%，硫酸铵为 21.2%，硝酸钙为 34%~35%，保证 N 的施加量一致。四组试验施肥情况见表 1。

表 1　不同氮肥的施肥情况

组数	追肥次数	磷酸二氢钾	硫酸铵	尿素	硝酸钙	碳酸氢钙	硫酸钾
第一组施肥方案	第 1 次追肥 第 2 次追肥 第 3 次追肥	0.005 kg 0.005 kg 0.005 kg	0.015 kg 0.046 kg 0.046 kg			0.006 kg 0.018 kg 0.018 kg	0.009 kg 0.009 kg
第二组施肥方案	第 1 次追肥 第 2 次追肥 第 3 次追肥	0.005 kg 0.005 kg 0.005 kg		0.007 kg 0.023 kg 0.023 kg		0.006 kg 0.018 kg 0.018 kg	0.009 kg 0.009 kg
第三组施肥方案	第 1 次追肥 第 2 次追肥 第 3 次追肥	0.005 kg 0.005 kg 0.005 kg			0.009 kg 0.030 kg 0.030 kg		0.009 kg 0.009 kg
第四组施肥方案	第 1 次追肥 第 2 次追肥 第 3 次追肥	0.005 kg 0.005 kg 0.005 kg				0.006 kg 0.018 kg 0.018 kg	0.009 kg 0.009 kg

选取温室内种植的多年生树番茄为试验材料，设置三个处理组（尿素（酰胺态氮肥）、硝酸钙（硝态氮肥）、硫酸铵（铵态氮肥））和一个对照组（不同氮肥），试验采用水肥一体化，每美植袋施 2 L 水，总水量为 72 L。为平衡硝酸钙中的钙离子，在其他三组施加钙肥，后续记录不同氮素形态对树番茄的影响。

2.3.1　物候期观测

在种植树番茄后进行观察记录，记录树番茄的发芽期、幼苗期、营养生长盛期、始花期、始果期。

2.3.2　生长指标测量

开春后每隔一个月记录每组植株的生长变化，施肥后每隔十天记录每组植株的生长变化。用直尺测定树番茄的株高和叶片开展度，用游标卡尺测定树番茄的茎粗，并记录节间数。

2.3.3　生理代谢指标测定

于 2023 年 10 月 20 日与 2024 年 2 月 20 日取样，随机选取九株生长一致、植株健壮、无病虫害的树番茄，自生长点上往下数第五片叶开始，每个重复选三个不同方位的叶片，每个处理重复三次。采用日本 KONICA MINOLTA 公司的叶绿素测定仪 SPAD-502Plus 测定不同处理组和对照组的叶绿素相对含量。

生理指标取样同上。将采下的叶片放入做好标记的塑封袋，用液氮冷冻后置于-80 ℃冰箱中保存。采用蒽酮-乙酸乙酯法测定可溶性糖含量；考马斯亮蓝染色法测定可溶性蛋白含量。参考高效液相色谱法测定酚酸、黄酮的含量。

2.3.4 数据处理

试验数据通过 Microsoft Excel 进行整理和分析，用 SPSS 软件对试验数据进行 SNK 检验分析，通过 Microsoft Excel 进行绘图。

3 结果与分析

3.1 各不同施肥组在不同时期物候期对比

根据表 2 可以看出，三个处理组和对照组的物候期存在差异。硫酸铵与对照相比，营养生长盛期提前了 10 天，开花期提前了 9 天，结果期提前了 6 天；尿素处理组营养生长盛期提前了 9 天，开花期提前了 8 天，结果期提前了 4 天；硝酸钙处理组营养生长盛期提前了 4 天，开花期提前了 3 天，结果期提前了 3 天。

表 2 物候期对比

处理	发芽期	幼苗期	营养生长盛期	始花期	始果期
硫酸铵	2022 年 10 月 18 日	2022 年 10 月 25 日	2023 年 7 月 29 日	2024 年 1 月 28 日	2024 年 4 月 15 日
尿素	2022 年 10 月 18 日	2022 年 10 月 25 日	2023 年 7 月 30 日	2024 年 1 月 29 日	2024 年 4 月 17 日
硝酸钙	2022 年 10 月 18 日	2022 年 10 月 25 日	2023 年 8 月 4 日	2024 年 2 月 3 日	2024 年 4 月 18 日
不施氮素	2022 年 10 月 18 日	2022 年 10 月 25 日	2023 年 8 月 8 日	2024 年 2 月 6 日	2024 年 4 月 21 日

3.2 各不同施肥组在不同时期生长指标对比

3.2.1 株高比较

2023 年 4 月至 2023 年 8 月的株高变化情况如图 1（a）所示。发现整个株高生长过程中，四种处理之间无显著差异性。6 月期间，四种处理之间株高生长速度不显著，生长都较为缓慢；6 月至 8 月生长速度变快，株高变化从大到小依次为：硫酸铵>尿素>硝酸钙>CK。

3.2.2 茎粗比较

2023 年 4 月至 2023 年 8 月，四种处理的茎粗变化情况如图 1（b）所示。2023 年 4 月至 6 月，四种处理的茎粗生长速率无显著差异性；2023 年 7 月至 8 月，不施氮素与其他三个处理差异显著（$P<0.05$），茎粗变化从大到小依次为：尿素>硫酸铵>硝酸钙>CK。

3.2.3 开展度

2023 年 4 月至 2023 年 8 月，四种处理的开展度变化情况如图 1（c）所示。在整个株高生长过程中，四种处理之间无显著差异性。2023 年 4 月至 2023 年 6 月，四种处理的最大叶展均呈增长趋势，但增长速度较缓；6月至7月，四个处理均增长较快；7月至8月，四组处理均出现下降。7月时，硫酸铵处理的最大叶展显著高于不施氮素处理，这两个处理差异显著（$P<0.05$），其余两个处理组差异不显著（$P>0.05$）。开展度变化从大到小依次为：硫酸铵>尿素>硝酸钙>CK。

3.2.4 节间数

2023年4月至2023年8月，四种处理组节间数变化情况如图1（d）所示。在整个株高生长过程中，四种处理之间无显著差异性。2023年4月至2023年8月，四种处理组的节间数均呈增长趋势，且生长速度较快。可以明显看出，硫酸铵组的节间数增长速度最快，其他三组差异不显著。四个处理组之间无显著差异（$P<0.05$），节间数变化从大到小依次为：硫酸铵>尿素>硝酸钙>CK。

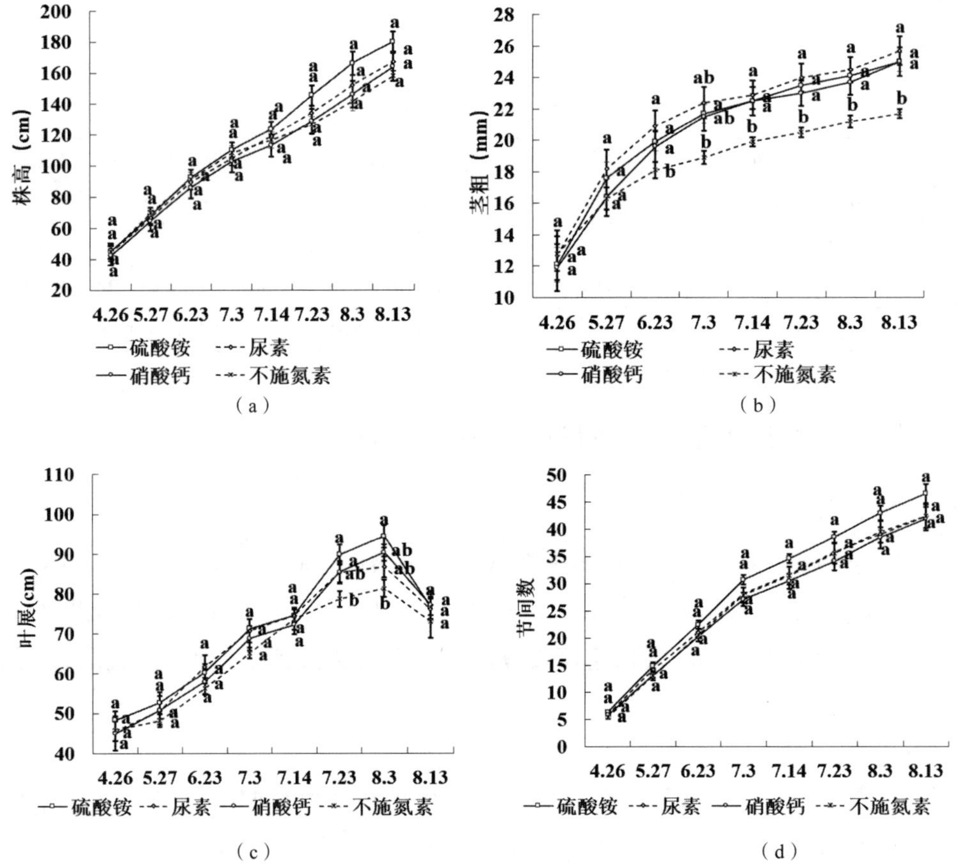

图1 不同品种植株各生长指标变化情况对比

（a）株高；（b）茎粗；（c）叶展；（d）节间数

注：图中，同一时间点不同处理标记不同小写字母表示差异显著（$P<0.05$）。

3.3 各不同施肥组在不同时期生理代谢指标对比

3.3.1 叶绿素含量比较

过冬前和过冬后分别对各组叶绿素含量比较如图 2(a)所示。结果显示,过冬前的叶绿素含量显著高于过冬后,且不施肥的对照组在过冬前和过冬后的叶绿素含量均为最低。过冬前和过冬后,三个处理组与对照组之间的叶绿素含量均差异显著($P<0.05$)。过冬前和过冬后的叶绿素含量由高到低依次为:尿素>硫酸铵>硝酸钙>不施氮素。

3.3.2 可溶性蛋白含量比较

过冬前和过冬后分别对各组可溶性蛋白含量比较如图 2(b)所示。结果显示,过冬前的可溶性蛋白含量显著低于过冬后。不施肥和硝酸钙组在过冬前和过冬后的可溶性蛋白含量均较低。过冬前后,四组之间的可溶性蛋白含量差异显著($P<0.05$)。过冬前和过冬后的可溶性蛋白含量由高到低依次为:尿素>硫酸铵>硝酸钙>不施氮素。

3.3.3 可溶性糖含量比较

过冬前和过冬后分别对各组可溶性糖含量比较如图 2(c)所示。结果显示,过冬前的可溶性糖含量显著低于过冬后。过冬前,硫酸铵组与尿素组、硝酸钙组和对照组之间存在显著差异($P<0.05$);过冬后,硫酸铵组和尿素组与硝酸钙组和对照组之间也存在显著差异($P<0.05$)。过冬前各处理组的可溶性糖含量由高到低依次为:硫酸铵>硝酸钙>尿素>不施氮素。过冬后各处理组的可溶性糖含量由高到低依次为:硫酸铵>尿素>硝酸钙>不施氮素。

3.3.4 酚酸黄酮含量比较

3.3.4.1 绿原酸含量比较

过冬前和过冬后分别对各组绿原酸含量比较如图 2(d)所示。结果显示,过冬前的绿原酸含量显著低于过冬后。过冬前,四组之间的绿原酸含量差异显著($P<0.05$);过冬后,硫酸铵组与尿素组、硝酸钙组和对照组之间也存在显著差异($P<0.05$)。过冬前,各处理组绿原酸含量由高到低依次为:硝酸钙>硫酸铵>尿素>不施氮素。过冬后,各处理组绿原酸含量由高到低依次为:硫酸铵>尿素>硝酸钙>不施氮素。

3.3.4.2 香草酸含量比较

过冬前和过冬后分别对各组香草酸含量比较如图 2(e)所示。结果显示,过冬前的香草酸含量显著低于过冬后,且过冬前后四组之间的香草酸含量差异均显著($P<0.05$)。过冬前,各处理组香草酸含量由高到低依次为:硫酸铵>尿素>硝酸钙>不施氮素。过冬后,各处理组香草酸含量由高到低依次为:硫酸铵>尿素>硝酸钙>不施氮素。

3.3.4.3 阿魏酸含量比较

过冬前和过冬后分别对各组阿魏酸含量比较如图 2(f)所示。结果表明,过冬前的阿魏酸含量显著低于过冬后,且过冬前后四组之间的阿魏酸含量差异均显著($P<0.05$)。过冬前,各处理组阿魏酸含量由高到低依次为:硫酸铵>硝酸钙>尿素>不施氮素。过冬后,各处理组阿魏酸含量由高到低依次为:硫酸铵>硝酸钙>尿素>不施氮素。

3.3.4.4 丁香酸含量比较

过冬前和过冬后分别对各组丁香酸含量比较如图 2(g)所示。结果显示,过冬前的丁香酸含量显著低于过冬后,且过冬前丁香酸含量极低,无法测量出有效数据。过冬后,丁香酸含量有所提高,且四组之间的差异显著($P<0.05$)。过冬后各处理组丁香酸含量由高到低依次为:硫酸铵>不施氮素>硝酸钙>尿素。

3.3.5.1 儿茶素含量比较

过冬前和过冬后分别对各组儿茶素含量比较如图 2(h)所示。结果表明,过冬前的儿茶素含量显著低于过冬后。过冬前,硫酸铵组和尿素组与硝酸钙组和对照组之间存在显著差异($P<0.05$);过冬后,硫酸铵组和尿素组与硝酸钙组和对照组之间也存在显著差异($P<0.05$)。过冬前,各处理组儿茶素含量由高到低依次为:硫酸铵>尿素>硝酸钙>不施氮素。过冬后,各处理组儿茶素含量由高到低依次为:尿素>硫酸铵>硝酸钙>不施氮素。

3.3.5.2 芦丁含量比较

过冬前和过冬后分别对各组芦丁含量比较如图 2(i)所示。研究结果显示,过冬前的芦丁含量显著低于过冬后。过冬前,四组之间的芦丁含量差异显著($P<0.05$);过冬后,四组之间同样存在显著差异($P<0.05$)。过冬前,各处理组芦丁含量由高到低依次为:硝酸钙>尿素>硫酸铵>不施氮素。过冬后,各处理组芦丁含量由高到低依次为:硫酸铵>硝酸钙>尿素>不施氮素。

3.3.5.3 槲皮素含量比较

过冬前和过冬后分别对各组槲皮素含量比较如图 2(j)所示。结果表明,过冬前的槲皮素含量显著低于过冬后。过冬前,四组之间的槲皮素含量差异显著($P<0.05$);过冬后,四组之间同样存在显著差异($P<0.05$)。过冬前,各处理组槲皮素含量由高到低依次为:硫酸铵>尿素>硝酸钙>不施氮素。过冬后,各处理组槲皮素含量由高到低依次为:硫酸铵>尿素>硝酸钙>不施氮素。

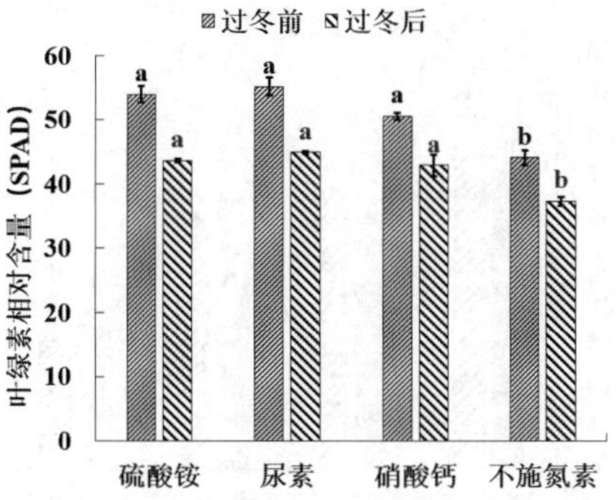
过冬前 过冬后
叶绿素相对含量（SPAD）
硫酸铵 尿素 硝酸钙 不施氮素

（a）

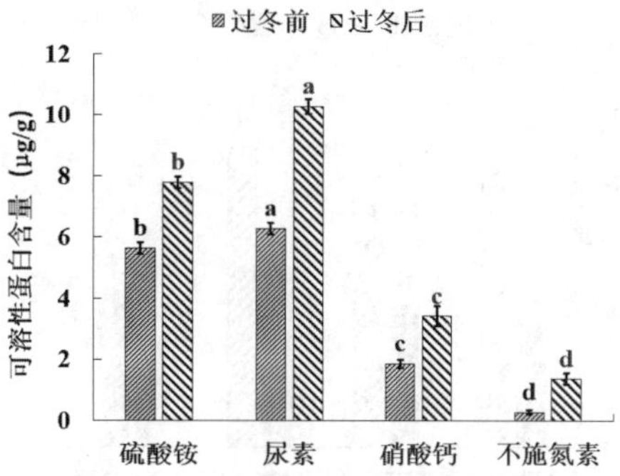
过冬前 过冬后
可溶性蛋白含量（μg/g）
硫酸铵 尿素 硝酸钙 不施氮素

（b）

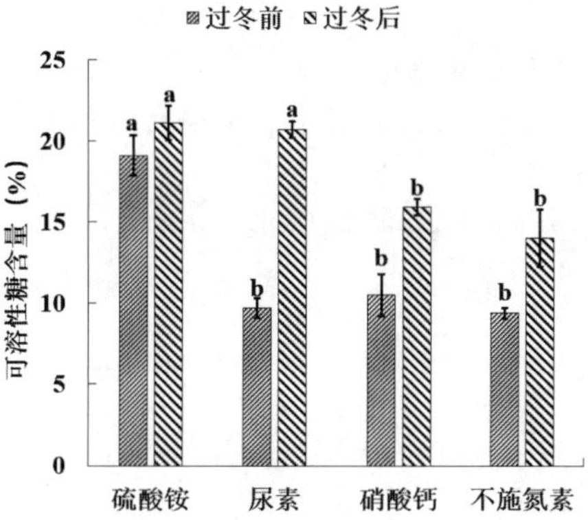
过冬前 过冬后
可溶性糖含量（%）
硫酸铵 尿素 硝酸钙 不施氮素

（c）

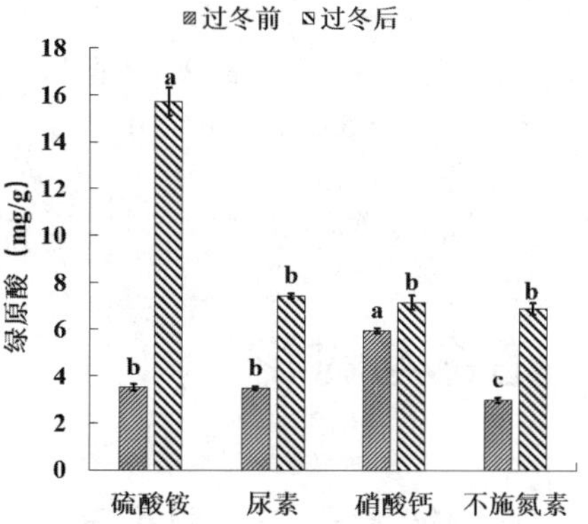
过冬前 过冬后
绿原酸（mg/g）
硫酸铵 尿素 硝酸钙 不施氮素

（d）

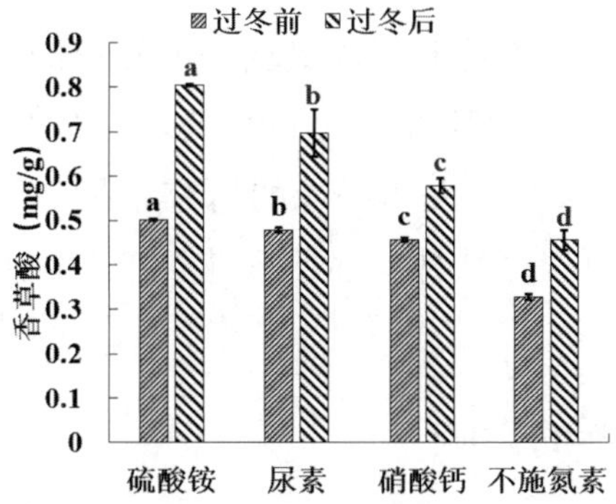
过冬前 过冬后
香草酸（mg/g）
硫酸铵 尿素 硝酸钙 不施氮素

（e）

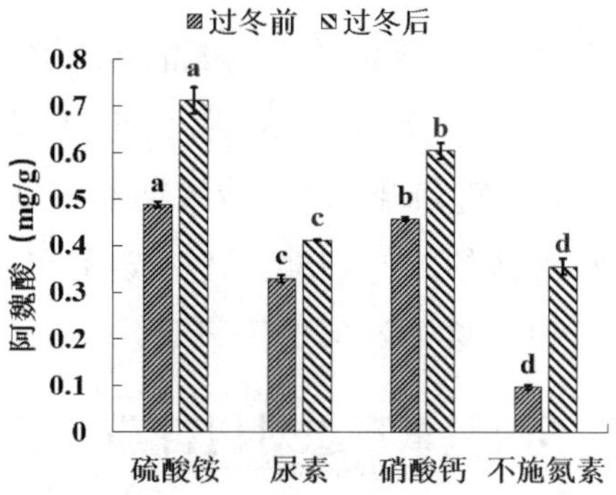
过冬前 过冬后
阿魏酸（mg/g）
硫酸铵 尿素 硝酸钙 不施氮素

（f）

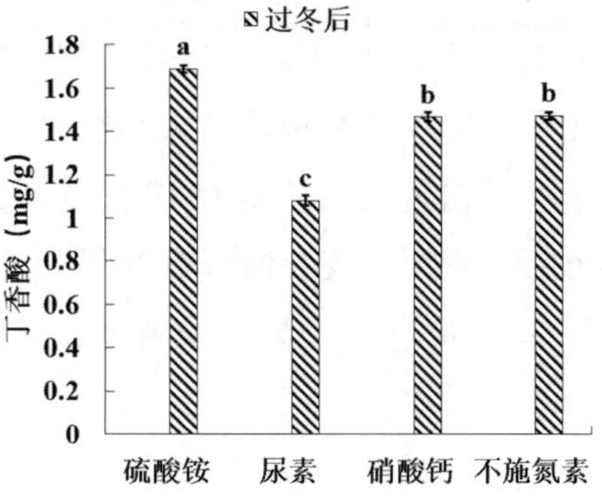
过冬后
丁香酸（mg/g）
硫酸铵 尿素 硝酸钙 不施氮素

（g）

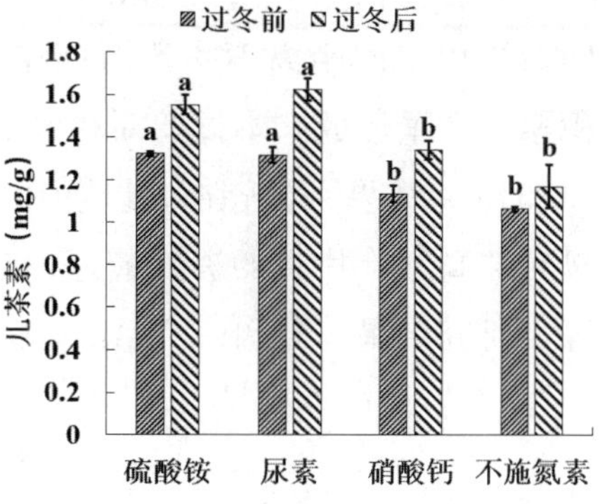
过冬前 过冬后
儿茶素（mg/g）
硫酸铵 尿素 硝酸钙 不施氮素

（h）

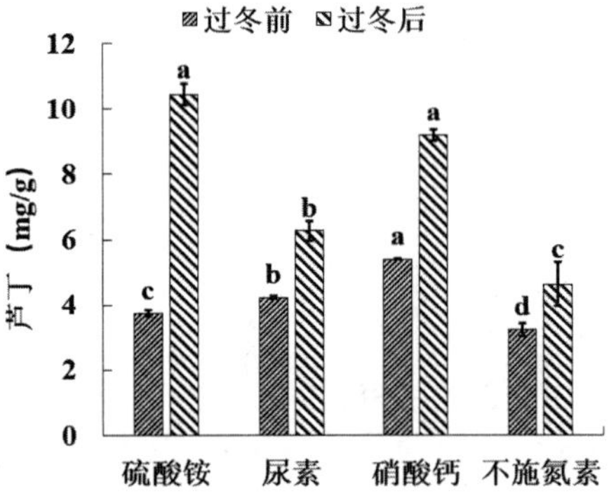

（i）

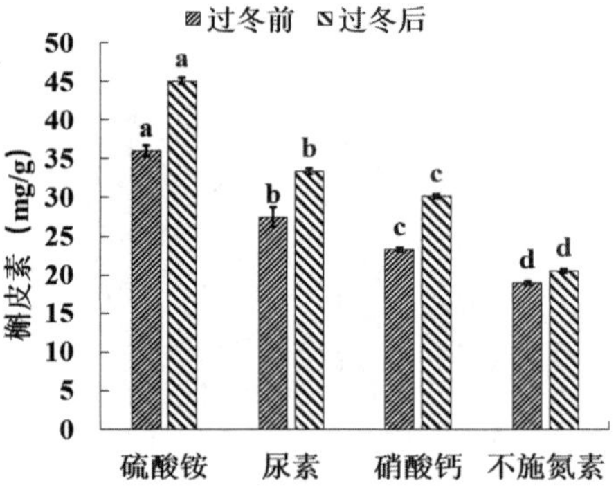

（j）

图 2　不同品种植株各生理生化指标

（a）叶绿素；（b）可溶性蛋白；（c）可溶性糖；（d）绿原酸；（e）香草酸；（f）阿魏酸；（g）丁香酸；（h）儿茶素；（i）芦丁；（j）槲皮素

注：图中，同一时间不同处理标记不同小写字母表示差异显著（$P<0.05$）。

4　结论与讨论

4.1　不同氮素形态对树番茄物候期的影响

2023 年冬季气候异常，且树番茄种植在大棚，树番茄整体出现提前开花的现象。4 组试验的营养生长盛期、开花期、结果期存在差异，可明显看出三个处理组与对照组相比，营养生长盛期和开花期、结果期有所提前，这与庞夫花等人的研究结果一致，说明氮源处理对植株的物候期会产生一定的影响，可以令植株的显蕾开花提前，其中施硫酸铵的比尿素和硝酸钙效果更为显著。

4.2　不同氮素形态对树番茄生长指标的影响

树番茄叶片会存在从下往上掉落的现象，造成树番茄叶片开展度后期呈现下降的趋势。节间数也由节间距离不一致而存在差异，各组表现不显著。开展度直接影响作物的物质积累和产量形成。本试验对株高、茎粗等生长指标的测量结果与陈丹丹、贾维嘉等人的试验研究结果一致，在一定范围内，施用不同氮素会提高植株株高、茎粗等，其中硫酸铵对株高和叶片数的提升最好，与贾维嘉的试验一致。但提升效果并不显著，与庞夫花等人研究结果一致，在一定浓度范围内，单一形态的氮源会对植株造成生长不显著。

4.3 不同氮素形态对树番茄生理代谢的影响

本试验中,施用氮肥可增加叶片叶绿素、可溶性蛋白和可溶性糖含量,这与常晓、皇甫丽云等人研究结果一致,表明施用合理的氮肥能够使叶片叶绿素含量和可溶性糖等营养物质积累增多,其中尿素对植株的叶绿素和可溶性蛋白的含量影响大于硫酸铵和硝酸钙组,与宋俊良的研究结果一致,但可溶性糖的硫酸铵组含量最高。而过冬前叶绿素的含量显著高于过冬后,这与桂晴等人的结果一致,当植物受到低温胁迫时,叶绿素合成相关的酶会受到抑制,低温也会破坏叶绿体结构,导致叶绿素含量下降。过冬前可溶性蛋白和可溶性糖的含量显著低于过冬后,与郑锋的研究结果一致,在低温胁迫下,植物细胞可以增加可溶性糖含量来提高渗透势,避免细胞过度脱水,降低原生质体冻结温度,同时可溶性蛋白增多以应对逆境。

本试验中,施用氮肥可增加叶片酚酸含量和类黄酮含量,这与秦健、徐志强等人的研究结果一致,表明施用合理的氮肥有利于次生代谢的积累,其中硫酸铵对植株次生代谢物的含量影响大于尿素和硝酸钙,与张梁的研究结果一致。王维轩的试验表明酚类化合物不仅可以捕获脂质烷氧基自由基,减轻脂质过氧化程度,还能有效清除 ROS,从而增强植物胁迫的耐受能力;番茄的总酚、类黄酮和花色素苷的积累,显著提高了番茄的还原抗氧化能力,可进一步加剧盐胁迫诱导的氧化损伤。植物可通过细胞到生理应答反应迅速启动相关基因进行转录后调控,合成相关蛋白,形成多个调控网络以响应低温胁迫,提高体内酚和黄酮的含量来缓解低温胁迫带来的伤害,内源性酚酸物质在植物抵抗非生物胁迫中起着重要作用。而过冬后的含量显著高于过冬前,与李成阳等人的研究,氮消耗会引起酚类和类黄酮含量积累的结果一致。对于丁香酸过冬前含量极低过冬后含量增多与宋宇琴的研究一致,丁香酸与抗病性存在一定关联,在两次采样中间树番茄出现问题但被分泌过多的丁香酸进行了抵御,增强了植物抗氧化能力,抵消危害所带来的负面影响,最终未出现病害。

施用氮肥能改善植株促进树番茄的生长。其中硫酸铵和尿素对植株的影响最大,对植株的生长最有利,因此,树番茄在营养生长旺盛期可以选择施用硫酸铵或尿素能更好地增加树体营养。但为制定科学施氮措施,不同氮素形态对树番茄果实品质的影响还有待进一步研究。

参考文献

[1] 郭碧瑜,周伟华,叶青莲,等. 树番茄的生物学特性及栽培技术[J]. 广东农业科学,2007(12):102-103.

[2] 张庆良，张凤霞，丰宗新，等. 树番茄引种栽培试验初报[J]. 山东林业科技，2005（3）：25-26.

[3] 辛福梅，柳文杰，张兴强，等. 不同施肥方式对巨柏苗木生长及光合作用的影响[J]. 厦门大学学报（自然科学版），2022（5）：880-887.

[4] 郭伟，樊存虎. 浅谈我国氮肥利用问题[J]. 南方农机，2021，52（20）：18-20.

[5] 李昕颖，何冠谛，赵庆霞，等. 施肥对辣椒产量和品质的影响研究[J]. 农业科技与装备，2021，（6）：11-12，15.

[6] 崔云浩，刘俊清，张帆，等. 不同氮素形态配比对辣椒幼苗生长及生理特性的影响[J]. 江苏农业科学，2022（20）：161-168.

[7] 陈江燕，孙晓辉，付乃旭. 氮素施用量对文冠果幼苗养分含量分布及转运效率影响的研究[J]. 防护林科技，2020（3）：30-31，42.

[8] 张莉，马国珠，王婧，等. 不同氮素形态对茅苍术生长和氮磷钾吸收的影响[J]. 北方园艺，2022（15）：106-112.

[9] 杨怀玉. 生物有机肥对农作物生长的促进作用[J]. 安徽农学通报，2021，27（24）：96-97，100.

[10] 谭美，向铁军，江涛，等. 不同有机肥对辣椒生长及抗病性的极刊，2022，37（4）：49-52.

[11] 沈祥军，张东旭，李莹莹，等. 氮肥有机肥耦合对黄瓜和番茄产量的影响研究[J]. 现代农村科技，2021（11）：58-59.

[12] 李美乐，陈晶，罗安红，等. 不同氮肥水平对菠菜产量和品质的影响[J]. 现代农业科技，2023（22）：41-43.

[13] 庄迎春，季林章，孙楠，等. 有机肥替代化肥对辣椒产量和土壤理化性状的影响[J]. 农业科技通讯，2022（3）：170-171，175.

[14] 郭标. 氮肥用量对辣椒产量、养分及品质的影响[J]. 安徽农业科学，2022，50（1）：158-159，162.

[15] 余庆柱. 不同氮肥施用量对辣椒品质和经济效益的影响[J]. 现代农业科技，2022（5）：42-44.

[16] 张文，谢良商，吉清妹，等. 不同形态氮肥对辣椒产量与氮肥利用率的研究[J]. 长江蔬菜，2011（8）：55-58.

[17] 刘文希，雷忻，王秀康，等. 施肥方式与施肥量对番茄生长及养分吸收利用的影响[J]. 延安大学学报（自然科学版），2022，41（1）：39-47.

[18] 刘刚，李志，郭庆茹，等. 越夏番茄有机肥替代化肥优化组合试验[J]. 农业科技通

讯,2022(1):88-91.

[19] 徐大兵,焦忠久,佀国涵,等.氮肥优化对高山避雨栽培番茄产量和养分利用率的影响[J].北方园艺,2022(5):41-46.

[20] 蔡东升,杨文洁,段伊佩,等.不同氮素形态及配比对番茄幼苗生长和生理特性的影响[J].江苏农业科学,2023(16):113-118.

[21] 杨立香.腾冲市树番茄生产现状与发展对策思考[J].南方农业,2019(5):113-114.

[22] 薛亚茹.磷对菠萝叶片矿质元素吸收及碳氮代谢的影响[D].湛江:广东海洋大学,2023.

[23] 刘帅光,张红建,马泽威,等.高效液相色谱测定青金桔中19种酚类物质方法的研究[J].粮食与食品工业,2024,31(1):51-58,63.

[24] 刘明地,刘继超,李学翠,等.高效液相色谱法测定披针叶黄花中黄酮含量[J].山西大同大学出版社(自然科学版),2022,38(6):13-17.

[25] 庞夫花,赵密珍,王静,等.不同形态氮肥供应对草莓宁玉生长的影响[J].江苏农业科学,2019,47(21):179-181.

[26] 徐强.玉米秸秆还田对玉米生长发育及产量的影响[J].中国农业文摘-农业工程,2024,36(3):56-59.

[27] 陈丹丹,王金玉,彭杰,等.氮素对棉花幼苗生长、养分分配及氮素利用效率的影响[J].棉花学报,2023,35(6):473-486.

[28] 贾维嘉.不同氮素处理对总状绿绒蒿生长生理特性和根际土壤氨氧化微生物的影响[D].昆明:西南林业大学,2022.

[29] 皇甫丽云.水分供应和氮素形态对马铃薯氮素吸收利用及产量和品质的影响[D].长春:吉林农业大学,2024.

[30] 宋俊良.不同形态氮素及氮肥运筹对大麦碳氮代谢的影响[D].通辽:内蒙古民族大学,2024.

[31] 桂晴,郝明灼,邹义萍,等.自然越冬过程中不同常绿冬青生理指标变化与抗寒性评价[J].北方园艺,2024(6):52-60.

[32] 郑锋,白小明,冉福,等.10份沿阶草族种质对低温胁迫的生理响应及抗寒性评价[J].中国草地学报,2023,45(12):21-32.

[33] 秦健.氮素对青钱柳生长及次生代谢物积累的影响[D].南京:南京林业大学,2022.

[34] 徐志强,刘化冰,张晓兵,等.不同烤烟品种成熟期氮代谢及次生代谢差异研究[J].

中国农学通报,2022,38(36):42-47.

[35] 张梁,陈琪,宛晓春,等. 中国茶叶生物化学研究40年[J]. 中国茶叶，2019，41(9):1-10.

[36] 王维轩,李世洁,梁继杰,等. 硫化氢调控酚类化合物代谢缓解番茄盐胁迫的作用机制[J]. 植物生理学报,2024,60(3):518-528.

[37] 暴会会,思彤,付婉婷,等. 冻害胁迫下马铃薯叶片中酚酸类物质研究[J]. 云南师范大学学报(自然科学版),2023,43(5):13-18.

[38] 李成阳. 不同氮素形态配比对菜用甘薯碳氮代谢及其光合产物运输分配的影响[D]. 荆州:长江大学,2022.

[39] 宋宇琴,阎伟,杨芳,等. 核桃枝条酚类物质含量与其抗性的关系[J]. 河南农业科学,2010(6):98-101.

外源 GA3 对不同温度下两种百合鳞茎生长及生理代谢的影响

1 前言

1.1 百合资源开发利用现状

百合通常指百合科百合属植物,近年来,百合在湖北、江西、甘肃、四川、贵州等地均有较大规模的种植,它是集观赏、药用和食用价值为一体的多年生草本球根植物,富含蛋白质、还原糖、多种维生素等多类保健性成分,具有较高的营养价值和保健价值。光照、温度、外源水杨酸、脱落酸、赤霉素、细胞分裂素等均会影响百合的生理代谢,其中温度和赤霉素(GA3)是影响植物生长的重要因素。李云飞等研究了贮藏温度对兰州百合鳞茎碳水化合物的影响,结果表明随着贮藏温度的降低,百合各个生育阶段均提前;吴超等研究表明外源 SA 可以有效抑制食用百合种球的采后生理变化,保持种球鳞茎的低温长期贮藏品质;黄炜等表明外源 GA3 会促进"兰州百合"休眠的解除,外源 ABA 则会抑制休眠解除;黄学勇等研究发现 5 ℃对龙牙百合的外层鳞叶中的 GA3 含量最高;董玉惠等表明低温和外源 GA3 处理均能有效解除气生鳞茎休眠,促进萌发;魏传斌等研究表明龙牙百合鳞茎中脯氨酸、丙二醛对干旱胁迫的响应性比较好。而龙牙百合在外源 GA3 和不同温度处理方面的研究未见报道。本试验探究外源 GA3 对不同温度下龙牙百合和湖北百合(为本地野生种,具有抗性强的特点)鳞茎生长及生理代谢的影响,从而为进一步了解百合鳞茎贮藏期相关的生理代谢调控提供资料。

1.2 研究的目的与意义

本试验以外源 GA3 处理不同温度下龙牙百合和湖北百合鳞茎,测定其贮藏期间根系变化和生理代谢变化,以得到促进百合生理代谢的最佳贮藏温度,不仅可以为百合的快速繁殖栽培和规模化种植提供参考,而且在百合种质资源开发利用中具有重要意义。

2 材料与方法

2.1 试验材料

本试验供试材料为凯里学院卓越农林人才培养实训基地的龙牙百合和湖北百合，植株生长健壮、无病害，株高一致，采收后，选取鳞片抱合紧密、无病虫伤害、鳞茎盘无损伤，大小一致，质量约 100 g 的鳞茎。

2.2 试验方法

将挑选好的鳞茎清洗干净，用 50%多菌灵可湿性粉剂 800 倍液浸泡 30 min 后，放入 100 mg/L 的 GA3 溶液中浸泡 30 min，晾干，分 5 组，每组 30 个鳞茎，装入底部垫有薄膜的已消毒、含水量为 70%的锯木屑中保湿，放在塑料筐中，分别放于 5 ℃、15 ℃、35 ℃的智能气候箱进行保湿贮藏，以 25 ℃为对照，所有处理分别贮藏 0 天、20 天、40 天、60 天、80 天，智能人工气候箱采取光暗周期 12 h / 12 h，照明是 8 000 lx，相对湿度为 70 %，贮藏期间每 10 天对锯木屑表面喷洒 50 %多菌灵可湿性粉剂 800 倍浸泡液杀菌一次，每隔 20 天取一次样，每次随机选取 3 个百合鳞茎，共取 5 次，观测其生根变化，之后将其内、中、外鳞片混合冷冻研磨，置于-80 ℃冰箱保存。

2.3 测定方法

2.3.1 根系指标测定

用直尺测量根长，游标卡尺测量根茎，并记录根的数量。

2.3.2 生理指标的测定

2.3.2.1 可溶性糖含量的测定

参照周鹿等人的方法进行相关试验操作或数据分析。

2.3.2.2 可溶性蛋白含量的测定

参照覃琳岚的方法进行试验操作或数据分析。

2.3.2.3 酶活性测定

参照孙红梅等人的方法进行试验操作或数据分析。

2.3.3 代谢指标的测定

2.3.3.1 酚酸含量测定

参照孙红梅等人的方法进行试验操作或数据分析。

2.3.3.2 黄酮含量测定

参照李章念等人的方法进行试验操作或数据分析。

3 结果与分析

3.1 不同温度下两种百合鳞茎根系生长比较

3.1.1 不同温度和 GA_3 处理下两种百合鳞茎根数量变化

如图 1(a)所示,龙牙百合根的数量随着贮藏时间的增加而增加。在贮藏 20 天时,15 ℃处理的根数量与 25 ℃、5 ℃、35 ℃处理有极显著差异,15 ℃超过对照组 283.5%,5 ℃、25 ℃、35 ℃处理之间无显著差异,温度在 15 ℃条件下的百合鳞茎生根数量最多,达到 7.67 条;在贮藏 40 天时,15 ℃、35 ℃处理与对照有极显著差异,15 ℃处理超过对照 60.76%,35 ℃处理低于对照 100%,5 ℃处理与对照之间没有极显著差异,贮藏温度为 15 ℃处理的百合鳞茎生根数量最多,达到 12.33 条;在贮藏 60 天时,15 ℃、5 ℃、35 ℃处理与对照之间差异极显著,15 ℃处理超过对照 54.89%,5 ℃、35 ℃处理分别低于对照 38.72%、100%,15 ℃处理生根数量最多,达到 16 条;在贮藏 80 天时,15 ℃、25 ℃、5 ℃、35 ℃处理之间差异极显著,15 ℃处理高于对照 46.67%,5 ℃、35 ℃处理分别低于对照 53.33%、100%,15 ℃处理生根数量最多,达到 22 条。

如图 1(b)所示,湖北百合根的数量随着贮藏时间的增加而增加。在贮藏 20 天时,15 ℃处理与 5 ℃、35 ℃处理之间差异极显著,15 ℃处理超过对照 50.38%,35 ℃处理低于对照 100%,15 ℃处理与 25 ℃处理、5 ℃处理与 35 ℃处理无显著差异,15 ℃、25 ℃处理生根数量最多,分别达到 2 条和 1.33 条;在贮藏 40 天时,15 ℃处理与 35 ℃处理有极显著差异,15 ℃处理超过对照 23.09%,35 ℃处理低于对照 100%,15 ℃处理与 25 ℃处理、5 ℃处理与 35 ℃处理没有显著差异,在 15 ℃条件贮藏的百合鳞茎生根数量最多,达到 5.33 条;在贮藏 60 天时,15 ℃处理与 35 ℃处理有极显著差异,15 ℃处理超过对照 36.97%,35 ℃处理低于对照 100%,15 ℃处理与 25 ℃处理差异显著,5 ℃处理与 35 ℃处理没有显著性差异,贮藏在 15 ℃条件的百合鳞茎生根数量最多,达到 8.67 条;在贮藏 80 天时,15 ℃处理与 35 ℃处理有极显著差异,15 ℃处理超过对照 19.15%,35 ℃处理低于对照 100%,15 ℃处理与 25 ℃处理没有显著差异,5 ℃处理与 35 ℃处理没有显著差异,15 ℃、25 ℃处理生根数量最多,分别达到 10.33 条、8.67 条。

3.1.2 不同温度和 GA_3 处理下两种百合鳞茎根长变化

如图 1(c)所示,龙牙百合 5 ℃、25 ℃、35 ℃处理根长随贮藏时间的增加而增加。贮藏 20 天时,15 ℃处理与 25 ℃、5 ℃、35 ℃处理无显著差异;在贮藏 40 天时,15 ℃与

35 ℃之间有极显著差异，15 ℃超过对照 1.35%，35 ℃低于对照 100%；15 ℃与 25 ℃、5 ℃与 35 ℃没有显著差异，贮藏温度在 15 ℃、25 ℃条件下的百合鳞茎根长最长，分别达到 8.7 cm、8.93 cm。在贮藏 60 天时，15 ℃、25 ℃、5 ℃、35 ℃处理之间差异极显著，15 ℃处理高于对照 35.16%，5 ℃、35 ℃处理分别低于对照 45.99%、100%，15 ℃处理根长最长，达到 12.34 cm。在贮藏 80 天时，15 ℃、25 ℃、5 ℃、35 ℃处理之间差异极显著，15 ℃超过对照 66.13%，5 ℃、35 ℃处理分别低于对照 57.66%、100%，15 ℃处理根长最长，达到 27.63 cm。

如图 1(d)所示，湖北百合在贮藏 20 天时，35 ℃与对照差异极显著，35 ℃处理低于对照 100%，15 ℃与 25 ℃、5 ℃与 35 ℃没有显著差异，25 ℃、15 ℃根长最长，分别达到 5.26 cm、3.22 cm。在贮藏 40 天时，15 ℃与 35 ℃差异极显著，15 ℃超过对照 11.91%，35 ℃低于对照 100%，15 ℃与 25 ℃、5 ℃与 35 ℃之间没有显著差异，贮藏温度在 15 ℃、25 ℃条件下的百合鳞茎根长最长，分别达到 10.49 cm、9.37 cm。在 60 天时，5 ℃、35 ℃与对照之间差异极显著，5 ℃、35 ℃分别低于对照 82.94%、100%，15 ℃与 25 ℃无显著差异，15 ℃、25 ℃处理根长最长，分别达到 14.33 cm、16.41 cm。在贮藏 80 天时，15 ℃、5 ℃之间差异极显著，15 ℃处理高于对照 17.15%，5 ℃处理低于对照 83.04%，35 ℃与 5 ℃、15 ℃与 25 ℃差异不显著，15 ℃处理根长最长，达到 26.75 cm。

3.1.3 不同温度和 GA_3 处理下两种百合鳞茎根茎粗变化

如图 1(e)所示，在贮藏 20 天时，龙牙百合 15 ℃、25 ℃、35 ℃之间差异极显著，15 ℃超过对照 13.68%，35 ℃低于对照 100%，5 ℃与 35 ℃没有显著差异，贮藏温度在 15 ℃条件下的百合鳞茎根茎粗最好，达到 2.16 mm。在贮藏 40 天时，35 ℃与对照有极显著差异，35 ℃处理低于对照 100%，15 ℃、5 ℃分别与对照之间没有显著差异，贮藏温度在 5 ℃、25 ℃、15 ℃条件下的百合鳞茎根茎粗最好，分别达到 1.87 mm、1.75 mm、1.6 mm。在贮藏 60 天时，三个处理与对照之间差异极显著，15 ℃、35 ℃分别低于对照 23.25%、100%，5 ℃超过对照 32.33%；5 ℃根茎粗最好，达到 1.90 mm。在贮藏 80 天时，25 ℃、15 ℃、35 ℃之间差异极显著，15 ℃、35 ℃分别低于对照 41.20%、100%，贮藏温度在 5 ℃条件下的百合鳞茎根茎粗与对照之间没有显著差异；25 ℃、5 ℃处理根茎粗最好，分别达到 1.67 mm、1.5 mm。

如图 1(f)所示，湖北百合在贮藏 20 d 时，35 ℃与对照差异极显著，35 ℃处理低于对照 100%，15 ℃与 25 ℃、5 ℃与 35 ℃没有显著差异，贮藏在 15 ℃、25 ℃条件下的百合鳞茎根茎粗最好，分别达到 2.23 mm、2.12 mm。在贮藏 40 天时，25 ℃、5 ℃、35 ℃之间有极显著差异，15 ℃与 5 ℃有显著差异，25 ℃处理根茎粗最好，达到 2.53 mm。

在贮藏 60 天时，25 ℃、15 ℃、5 ℃、35 ℃之间差异极显著，5 ℃、15 ℃、35 ℃分别低于对照 60.79%、20.74%、100%；25 ℃处理根茎粗最好，达到 2.89 mm。在贮藏 80 天时，25 ℃、15 ℃、5 ℃、35 ℃处理之间差异极显著，15 ℃处理、5 ℃处理、35 ℃处理分别低于对照 63.38%、44.35%、100%；25 ℃处理根茎粗最好，达到 2.33 mm。

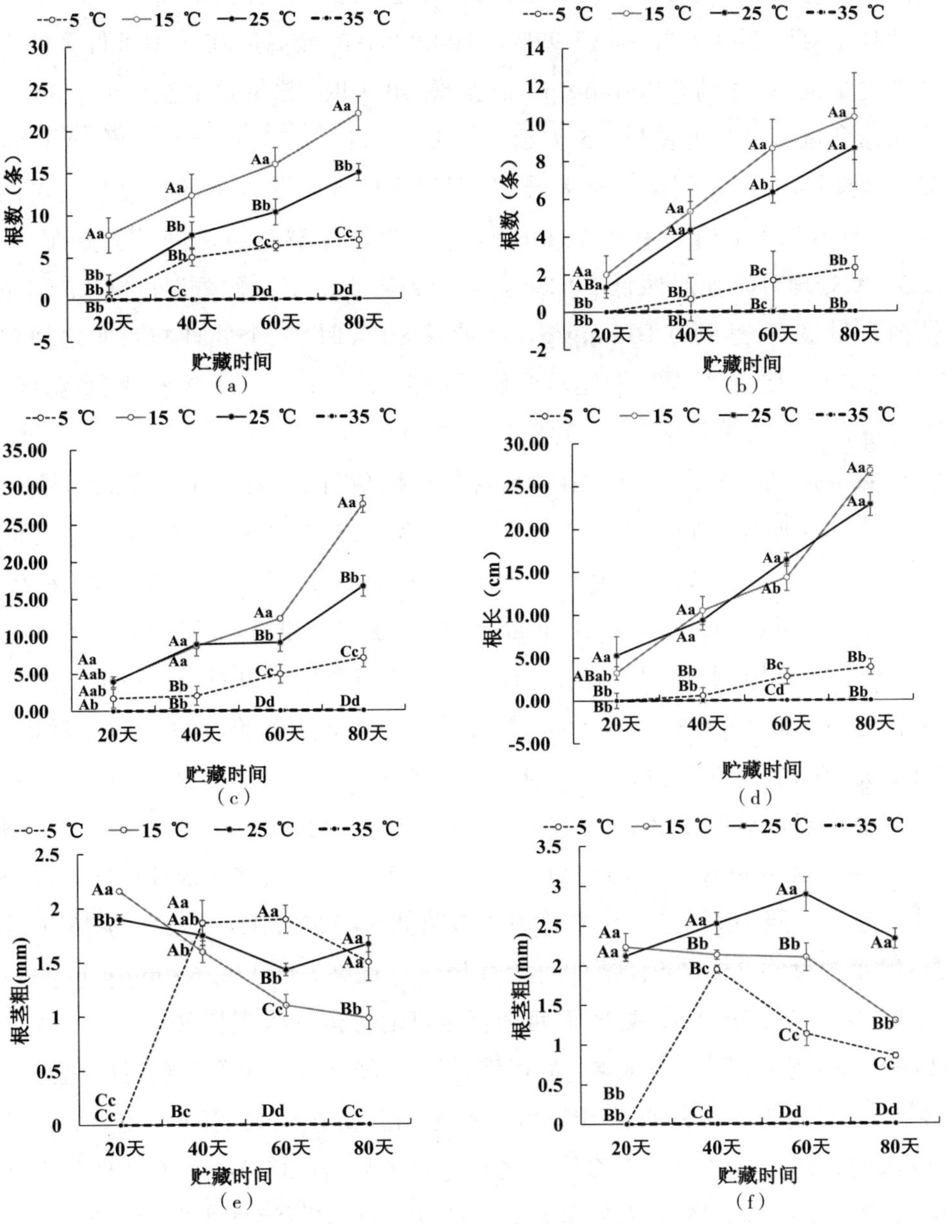

图 1　不同温度和 GA_3 处理下两种百合鳞茎根系指标对比

(a)龙牙百合根数；(b)湖北百合根数；(c)龙牙百合根长；(d)湖北百合根长；(e)龙牙百合根茎粗；(f)湖北百合根茎粗

注：小写字母表示 0.05 水平，大写字母表示 0.01 水平。

3.2 不同温度和 GA_3 处理下两种百合鳞茎生理指标的比较

3.2.1 不同温度和 GA_3 处理下两种百合鳞茎可溶性糖含量比较

如图 2(a)所示,龙牙百合的可溶性糖含量在贮藏期间总体呈现先升高后下降的趋势。在贮藏 20 天时,5 ℃、15 ℃、25 ℃、35 ℃处理之间差异极显著,5 ℃、15 ℃、35 ℃处理分别高于对照 247.22%、137.97%、108.04%;贮藏温度在 5 ℃条件下的百合鳞茎可溶性糖含量最高,达到 0.066 mg/g。在贮藏 40 天时,贮藏温度在 5 ℃、35 ℃条件下的可溶性糖含量有极显著差异, 5 ℃超过对照 48.91%, 35 ℃低于对照 14.17%, 15 处理、35 ℃处理与对照之间无显著差异,贮藏温度在 5 ℃条件下的百合鳞茎可溶性糖含量最高,达到 0.073 mg/g。在贮藏 60 天时,三个处理与对照之间差异极显著, 5 ℃、15 ℃、35 ℃处理分别比对照低 20.19%、41.12%、54.14%;贮藏温度在 25 ℃条件下的可溶性糖含量最高,达到 0.106 mg/g。在贮藏 80 天时,三个处理与对照之间差异极显著,5 ℃、15 ℃、35 ℃处理分别比对照低 16.16%、51.12%、38.05%;贮藏温度在 25 ℃条件下的百合鳞茎可溶性糖含量最高,达到 0.085 mg/g。

如图 2(b)所示,湖北百合可溶性糖含量在贮藏前 20 天期间呈降低趋势, 20 天后总体随着时间增加而增加。在贮藏 20 天时, 5 ℃、15 ℃、25 ℃、35 ℃处理之间差异极显著,5 ℃、15 ℃、35 ℃处理分别低于对照 25.9%、10.21%、82.02%;贮藏在 25 ℃条件下的可溶性糖含量最高,达到 0.035 mg/g。在贮藏 40 天时,15 ℃、25 ℃、5 ℃、35 ℃处理之间有极显著差异,贮藏温度在 15 ℃的可溶性糖含量超过对照 50.41%, 5 ℃、35 ℃处理分别比对照低 17.83%、68.86%;贮藏在 15 ℃条件下的可溶性糖含量最高,达到 0.061 mg/g。在贮藏 60 天时, 5 ℃、15 ℃、25 ℃、35 ℃处理之间差异极显著, 5 ℃、15 ℃处理分别超过对照 163.12%、247.42%, 35 ℃低于对照 64.02%; 5 ℃可溶性糖含量最高,达到 0.203 mg/g。在贮藏 80 天时, 35 ℃、25 ℃、5 ℃处理之间差异极显著, 35 ℃处理超过对照 106.58%, 5 ℃处理比对照低 54.36%, 15 ℃处理与 25 ℃处理有显著差异;贮藏温度在 35 ℃条件下的可溶性糖含量最高,达到 0.265 mg/g。

3.2.2 不同温度和 GA_3 处理下两种百合可溶性蛋白含量比较

如图 2(c)所示,龙牙百合鳞茎的可溶性蛋白含量总体随着贮藏时间呈先上升后下降趋势,贮藏温度为 5 ℃的百合鳞茎可溶性蛋白含量在贮藏期间一直呈上升趋势。在贮藏 20 天时, 25 ℃、35 ℃、5 ℃处理之间差异极显著, 35 ℃、5 ℃处理分别低于对照 37.9%、9.4%, 15 ℃与 25 ℃无显著差异; 25 ℃、15 ℃可溶性蛋白含量最高,分别达到 0.44 mg/gFW、0.43 mg/gFW。在贮藏 40 天时,25 ℃、15 ℃、5 ℃、35 ℃处理之间有极显著差异, 15 ℃、5 ℃、35 ℃处理分别低于对照 15.86%、28.99%、44.13%;贮藏在

25 ℃条件下的可溶性蛋白含量最高，达到0.74 mg/gFW。在贮藏60天时，15 ℃、35 ℃、25 ℃之间差异极显著，15 ℃、35 ℃分别超过对照50.59%、9.29%，5 ℃与25 ℃之间无显著差异；贮藏温度在15 ℃条件下的可溶性蛋白含量最高，达到0.90 mg/gFW。在贮藏80天时，5 ℃、15 ℃、25 ℃、35 ℃处理之间差异极显著，5 ℃、15 ℃处理分别高于对照123.24%、47.72%，35 ℃处理低于对照16.28%；5 ℃处理可溶性蛋白含量最高，达到0.90 mg/gFW。

如图2(d)所示，湖北百合除5 ℃、35 ℃处理外，其他处理条件下的可溶性蛋白含量随着贮藏时间出现先升高后下降的趋势，其中贮藏温度在5 ℃条件下的可溶性蛋白含量呈升高、下降、再升高又下降的趋势；贮藏温度在35 ℃条件下的可溶性蛋白含量随贮藏时间一直升高。在贮藏20天时，5 ℃、25 ℃、15 ℃、35 ℃之间差异极显著，5 ℃超过对照34.43%，15 ℃、35 ℃分别比对照低38.41%、49.3%，贮藏温度在5 ℃条件下的可溶性蛋白含量最高，达到0.40 mg/gFW。在贮藏40天时，5 ℃、35 ℃、25 ℃处理之间有极显著差异，5 ℃、35 ℃分别超过对照25.68%、8.06%，5 ℃与15 ℃之间无显著差异；可溶性蛋白含量最高的贮藏温度是5 ℃、15 ℃，都达到0.25 mg/gFW。在贮藏60天时，15 ℃、5 ℃、25 ℃之间差异极显著，5 ℃、15 ℃分别高于对照100.37%、158.29%，5 ℃与35 ℃之间无显著差异；可溶性蛋白含量最高的贮藏温度是15 ℃，达到0.40 mg/gFW。在贮藏80天时，35 ℃、5 ℃、15 ℃、25 ℃处理之间差异极显著，5 ℃、15 ℃、35 ℃处理分别高于对照287.77%、231.66%、332.06%；35 ℃处理可溶性蛋白含量最高，达到0.27 mg/gFW。

3.2.3 不同温度和GA_3处理下两种百合鳞茎多酚氧化酶活性比较

如图2(e)所示，龙牙百合鳞茎5 ℃、15 ℃多酚氧化酶活性在贮藏期间先降低后缓慢升高，25 ℃随贮藏时间降低、升高再降低，35 ℃多酚氧化酶活性随贮藏时间延长而升高。在贮藏20天时，35 ℃、25 ℃、5 ℃、15 ℃处理之间差异极显著，35 ℃处理高于对照141.8%，5 ℃、15 ℃处理分别低于对照48.53%、75.41%，35 ℃处理多酚氧化酶活性最高，达到207.48 u/(g · min)。在贮藏40天时，35 ℃、25 ℃、5 ℃之间有极显著差异，35 ℃超过对照172.47%，5 ℃低于对照56.06%，5 ℃与15 ℃之间无显著差异；贮藏期间多酚氧化酶活性最高的处理为35 ℃，达到368.67 u/(g · min)。在贮藏60天时，35 ℃、25 ℃、5 ℃之间差异极显著，35 ℃超过对照131.68%，5 ℃低于对照73.09%，5 ℃与15 ℃之间无显著差异；贮藏温度在35 ℃条件下的多酚氧化酶活性最高，达到602.37 u/(g · min)。在贮藏80天时，35 ℃、25 ℃、5 ℃之间差异极显著，35 ℃超过对照923.74%，5 ℃低于对照30.68%，5 ℃与15 ℃之间无显著差异；35 ℃多酚氧化酶活性最高，达到1 188.57 u/(g · min)。

如图 2(f)所示,湖北百合多酚氧化酶活性随着贮藏时间增长总体呈现升高趋势,其中 25 ℃在贮藏 40 天后呈现下降趋势。在贮藏 20 天时,35 ℃、25 ℃、15 ℃、5 ℃之间差异极显著,35 ℃超过对照 63.37%,15 ℃、5 ℃分别低于对照 36.26%、68.6%,35 ℃条件下的多酚氧化酶活性最高,达到 196.37 u/(g · min)。在贮藏 40 天时, 35 ℃、25 ℃、15 ℃之间有极显著差异, 35 ℃超过对照 82.29%, 15 ℃低于对照 52.48%, 5 ℃与 15 ℃之间无显著差异;多酚氧化酶活性最高的贮藏温度是 35 ℃,达到 347.10 u/(g · min)。在贮藏 60 天时,35 ℃、25 ℃、15 ℃、5 ℃处理之间差异极显著,35 ℃处理高于对照 252.07%,15 ℃、5 ℃处理分别低于对照 37.86%、58.35%;多酚氧化酶活性最高的处理为 35 ℃,达到 668.37 u/(g·min)。在贮藏 80 天时,35 ℃、25 ℃、5 ℃之间差异极显著, 35 ℃超过对照 405.48%, 5 ℃低于对照 35.82%, 15 ℃与 25 ℃无显著差异;贮藏温度在 35 ℃条件下的多酚氧化酶活性最高,达到 771.67 u/(g·min)。

3.2.4 不同温度和 GA_3 处理两种百合鳞茎过氧化物酶活性比较

如图 2(g)所示,龙牙百合 15 ℃、25 ℃过氧化物酶活性呈上升趋势; 5 ℃和 35 ℃处理随贮藏时间先下降后上升。在贮藏 20 天时, 15 ℃、25 ℃、5 ℃、35 ℃之间差异极显著, 15 ℃超过对照 38.33%, 5 ℃、35 ℃分别低于对照 47.07%、63.22%,贮藏温度在 15 ℃条件下的过氧化物酶活性最高,达到 163.00 u/(gFW · min)。在贮藏 40 天时, 15 ℃、25 ℃、35 ℃、5 ℃处理之间有极显著差异,15 ℃超过对照 44.99%,35 ℃、5 ℃分别低于对照 56.57%、67.93%;贮藏温度为 15 ℃的过氧化物酶活性最高,达到 217.00 u/(gFW·min)。在贮藏 60 天时,15 ℃、25 ℃、35 ℃、5 ℃之间有极显著差异,15 ℃超过对照 72.3%,35 ℃、5 ℃处理分别低于对照 33.37%、53.29%;过氧化物酶活性最高的处理为 15 ℃,达到 284.00 u/(gFW · min)。在贮藏 80 天时,25 ℃、35 ℃、5 ℃之间差异极显著, 35 ℃、5 ℃分别低于对照 58.42%、72.82%, 15 ℃与 25 ℃之间无显著差异; 15 ℃、25 ℃处理过氧化物酶活性最高,分别达到 373.83 u/(gFW · min)、369.17 u/(gFW·min)。

如图 2(h)所示,湖北百合 15 ℃、25 ℃处理过氧化物酶活性在贮藏期间表现为先升高后下降的趋势, 5 ℃、35 ℃随贮藏时间呈现先下降后升高趋势;在贮藏 20 天时, 25 ℃、15 ℃、5 ℃之间差异极显著,15 ℃、5 ℃分别低于对照 27.83%、65.79%,5 ℃与 35 ℃无显著差异,贮藏温度在 25 ℃条件下的过氧化物酶活性最高,达到 41.80 u/(gFW · min)。在贮藏 40 天时,25 ℃、15 ℃、35 ℃、5 ℃处理之间有极显著差异,15 ℃、35 ℃、5 ℃处理分别低于对照 49.26%、74.77%、95.68%;过氧化物酶活性最高的处理为 25 ℃,达到 105.97 u/(gFW·min)。在贮藏 60 天时,15 ℃、25 ℃、35 ℃、5 ℃处理之间有极显著差异,15 ℃、35 ℃、5 ℃处理分别低于对照 8.08%、63.04%、76.85%;过氧化物酶活性最高的贮藏温度是 25 ℃,达到 92.43 u/(gFW·min)。在贮藏 80 天时,25 ℃、35 ℃、5 ℃之间差异极显著, 35 ℃、5 ℃分别低于对照 35.74%、56.85%, 15 ℃与 25 ℃无显著差异;贮藏温度在 25 ℃、15 ℃条件下的过氧化物酶活性最高,分别达到 70.03 u/(gFW·min)、64.53 u/(gFW·min)。

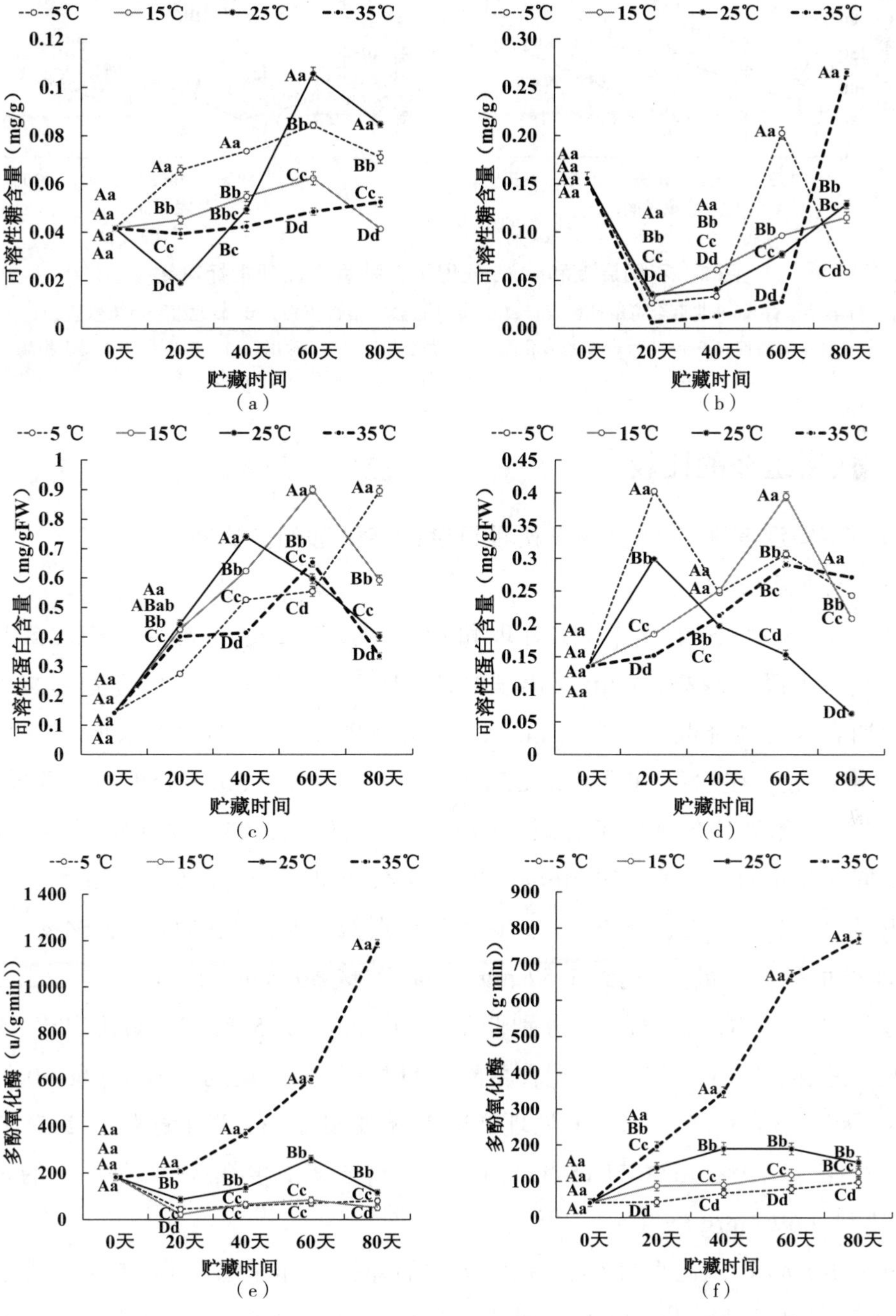

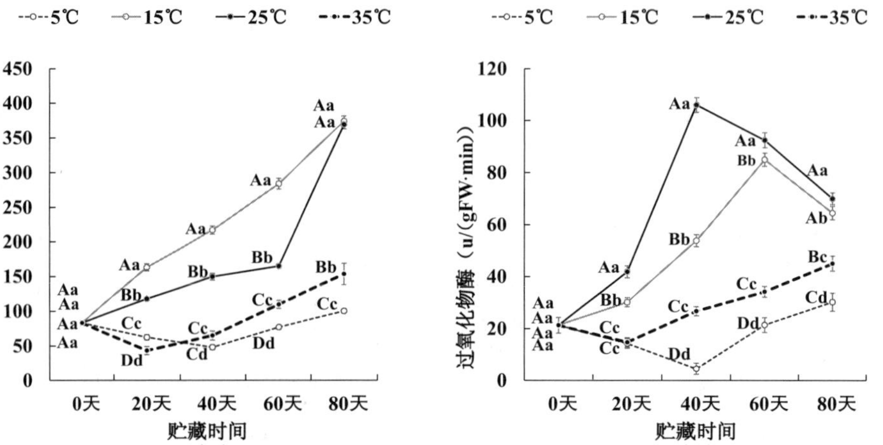

（g） （h）

图 2　不同温度和 GA_3 处理下两种百合生理指标对比

（a）龙牙百合可溶性糖；（b）湖北百合可溶性糖含量；（c）龙牙百合可溶性蛋白；（d）湖北百合可溶性蛋白；（e）龙牙百合多酚氧化酶活性；（f）湖北百合多酚氧化酶；（g）龙牙百合过氧化物酶；（h）湖北百合过氧化物酶

注：小写字母表示 0.05 水平，大写字母表示 0.01 水平。

3.3　代谢组分的比较

3.3.1　不同温度和 GA_3 处理下两种百合鳞茎酚酸组分比较

3.3.1.1　香草酸

如图 3（a）所示，龙牙百合 5 ℃处理和 25 ℃处理下的香草酸含量随贮藏时间增长出现先升高后下降的趋势，在 40 天出现峰值；15 ℃处理和 35 ℃处理香草酸含量随贮藏时间增加表现为先降低后升高的趋势，15 ℃处理在 40 天时含量最低，35 ℃处理在 20 天时含量最低。在贮藏 20 天时，25 ℃、5 ℃、15 ℃、35 ℃处理之间差异极显著，5 ℃、15 ℃、35 ℃处理分别低于对照 20.24%、47.94%、73.05%，贮藏温度在 25 ℃条件下的香草酸含量最高，达到 0.69 mg/g。在贮藏 40 天时，25 ℃、5 ℃、35 ℃、15 ℃处理之间有极显著差异，5 ℃、35 ℃、15 ℃处理分别低于对照 8.93%、75.54%、91.36%；25 ℃处理香草酸含量最高，达到 1.57 mg/g。在贮藏 60 天时，25 ℃、5 ℃、15 ℃处理之间有极显著差异，5 ℃、15 ℃处理分别低于对照 40.09%、56%，25 ℃处理与 35 ℃处理之间无显著差异；35 ℃、25 ℃处理香草酸含量最高，分别达到 0.58 mg/g、0.53 mg/g。在贮藏 80 天时，35 ℃、5 ℃、25 ℃处理之间差异极显著，35 ℃超过对照 247.16%，5 ℃处理低于对照 18.79%，5 ℃与 15 ℃无显著差异；贮藏温度在 35 ℃条件下的香草酸含量最高，达到 0.69 mg/g。

如图 3（b）所示，湖北百合在贮藏 20 天时香草酸含量显著下降，5 ℃处理香草酸含量在 20 天后呈现上升趋势，15 ℃处理香草酸含量在贮藏 60 天后急剧升高，25 ℃处理在贮藏 40 天时香草酸含量急剧升高，后持续下降；35 ℃处理在贮藏 20 天后香草酸开始增加。在贮藏 20 天时，15 ℃、25 ℃、5 ℃之间差异极显著，15 ℃超过对照 77.59%，5 ℃低于对照 47.83%，5 ℃处理与 35 ℃处理无显著差异；贮藏温度在 15 ℃条件下的香草酸含量最高，达到 6.32 mg/g。在贮藏 40 天时，25 ℃、5 ℃、35 ℃、15 ℃处理之间有极显著差异，5 ℃、35 ℃、15 ℃处理分别低于对照 30.53%、75.37%、67.93%；25 ℃处理香草酸含量最高，达到 12.47 mg/g。在贮藏 60 天时，25 ℃、35 ℃、5 ℃、15 ℃处理之间有极显著差异，35 ℃、5 ℃、15 ℃处理分别低于对照 49.93%、61.71%、90.55%；15 ℃处理香草酸含量最高，达到 1.09 mg/g。在贮藏 80 天时，25 ℃、5 ℃处理之间差异极显著，5 ℃低于对照 58.42%，15 ℃、25 ℃、35 ℃处理之间无显著差异；35 ℃、15 ℃、25 ℃处理香草酸含量最高，分别达到 9.12 mg/g、9.00 mg/g、8.81 mg/g。

3.3.1.2 阿魏酸

由图 3(c)可知，龙牙百合 5 ℃处理贮藏 20 天时阿魏酸含量最高，后开始下降；15 ℃处理阿魏酸含量在贮藏 20 天后开始下降；25 ℃处理在贮藏 40 天时阿魏酸含量达到峰值，后开始下降；35 ℃处理阿魏酸含量也在 40 天达到峰值，其上升和下降速度不及 25 ℃处理。在贮藏 20 天时，5 ℃、25 ℃、35 ℃、15 ℃处理之间差异极显著，5 ℃处理超过对照 78.48%，15 ℃、35 ℃处理分别低于对照 28.4%、6.79%；5 ℃处理阿魏酸含量最高，达到 6.59 mg/g。在贮藏 40 天时，25 ℃、5 ℃、35 ℃、15 ℃处理之间有极显著差异，5 ℃、35 ℃、15 ℃处理分别低于对照 28.88%、65%、6.79%；25 ℃处理阿魏酸含量最高，达到 7.20 mg/g。在贮藏 60 天时，25 ℃、35 ℃、5 ℃处理之间有极显著差异，35 ℃、15 ℃处理分别低于对照 14.6%、36.87%，5 ℃处理与 15 ℃处理无显著差异；贮藏温度在 25 ℃条件下阿魏酸含量最高，达到 3.95 mg/g。在贮藏 80 天时，35 ℃、15 ℃、25 ℃、5 ℃处理之间差异极显著，35 ℃、15 ℃处理分别高于对照 61.43%、23.19%，5 ℃处理低于对照 72.64%，35 ℃处理阿魏酸含量最高，达到 3.33 mg/g。

如图 3(d)所示，湖北百合 5 ℃处理阿魏酸含量在贮藏 20 d 时达到峰值，后开始下降；15 ℃处理在贮藏 0 天后短暂降低，至 20 天时开始升高，后持续增加；25 ℃处理在贮藏 20 天时阿魏酸含量显著增高，达到峰值，后呈下降趋势；贮藏温度在 35 ℃条件下的阿魏酸含量在贮藏 60 天时达到峰值。在贮藏 20 天时，25 ℃、5 ℃、35 ℃、15 ℃处理之间差异极显著，5 ℃、35 ℃、15 ℃处理分别低于对照 48.51%、90.76%、62.85%；25 ℃处理阿魏酸含量最高，达到 11.28 mg/g。在贮藏 40 天时，35 ℃、5 ℃、25 ℃、15 ℃处理之间有极显著差异，5 ℃、35 ℃处理分别高于对照 25.93%、43.58%，15 ℃处理低于对照 21.25%；贮藏温度在 35 ℃条件下的阿魏酸含量最高，达到 6.27 mg/g。在贮藏 60 天时，35 ℃、15 ℃、25 ℃处理之间有极显著差异，35 ℃、15 ℃处理分别超过对照

150.72%、73.55%，5 ℃与 25 ℃处理无显著差异；贮藏温度在 35 ℃条件下的阿魏酸含量最高，达到 9.39 mg/g。在贮藏 80 天时，15 ℃、25 ℃、5 ℃处理之间差异极显著，15 ℃处理超过对照 153.96%，5 ℃处理低于对照 24.49%，25 ℃处理与 35 ℃处理无显著差异；贮藏温度在 15 ℃条件下的阿魏酸含量最高，达到 7.81 mg/g。

3.3.1.3　丁香酸

如图 3(e)所示，龙牙百合丁香酸含量随贮藏时间延长呈现先增加后下降趋势，5 ℃丁香酸含量在 20 天时达到峰值，然后开始下降；贮藏温度在 15 ℃条件下的丁香酸含量在 60 天时达到峰值；25 ℃处理在 40 天达到峰值；35 ℃处理丁香酸含量在 60 天时达到峰值，然后开始下降。在贮藏 20 天时，25 ℃、5 ℃、15 ℃处理之间差异极显著，5 ℃处理、15 ℃处理分别低于对照 43.02%、53.72%，5 ℃处理与 35 ℃处理无显著差异；贮藏温度在 25 ℃条件下的丁香酸含量最高，达到 3.69 mg/g。在贮藏 40 天时，25 ℃、35 ℃、5 ℃、15 ℃处理之间有极显著差异，35 ℃、5 ℃、15 ℃处理分别低于对照 45.58%、64.25%、53.72%；25 ℃处理丁香酸含量最高，达到 7.20 mg/g。在贮藏 60 天时，35 ℃、25 ℃、5 ℃、15 ℃处理之间有极显著差异，35 ℃处理高于对照 13.27%，5 ℃、15 ℃处理分别低于对照 51.05%、74.89%；35 ℃处理丁香酸含量最高，达到 3.37 mg/g。在贮藏 80 天时，35 ℃、25 ℃、5 ℃、15 ℃处理之间差异极显著，35 ℃处理超过对照 54.87%，5 ℃、15 ℃处理分别低于对照 46.43%、62.02%；35 ℃处理丁香酸含量最高，达到 3.33 mg/g。

如图 3(f)所示，湖北百合 5 ℃、15 ℃、25 ℃处理在贮藏 20 天时丁香酸含量达到峰值，然后呈现下降趋势；35 ℃处理在贮藏 40 d 时丁香酸含量达到峰值，然后含量开始下降。在贮藏 20 d 时，35 ℃、25 ℃、15 ℃处理之间差异极显著，35 ℃处理超过对照 16.59%，15 ℃处理低于对照 22.57%，5 ℃处理与 25 ℃处理无显著差异；贮藏温度在 35 ℃条件下的丁香酸含量最高，达到 4.19 mg/g。在贮藏 40 天时，35 ℃、25 ℃、15 ℃处理之间有极显著差异，35 ℃处理超过对照 56.23%，15 ℃处理低于对照 32.71%，5 ℃处理与 25 ℃处理无显著差异；贮藏温度在 35 ℃条件下的丁香酸含量最高，达到 6.27 mg/g。在贮藏 60 天时，25 ℃、35 ℃、15 ℃处理之间有极显著差异，35 ℃、15 ℃处理分别低于对照 14.67%、34.03%，5 ℃处理与 25 ℃处理无显著差异；5 ℃、25 ℃处理丁香酸含量最高，分别达到 3.83 mg/g、3.75 mg/g。在贮藏 80 天时，25 ℃、35 ℃、15 ℃处理之间差异极显著，35 ℃、15 ℃处理分别低于对照 35.59%、61.09%，5 ℃处理与 25 ℃处理无显著差异；25 ℃、5 ℃处理丁香酸含量最高，分别达到 3.07 mg/g、2.32 mg/g。

3.3.1.4　绿原酸

如图 3(g)所示，龙牙百合 5 ℃处理绿原酸含量在贮藏 20 天内急剧升高，20 天后开始下降；15 ℃、25 ℃处理绿原酸含量在贮藏 40 天时达到峰值，然后开始下降；35 ℃条件下的绿原酸含量随贮藏时间的增加而增加。在贮藏 20 天时，5 ℃、25 ℃处理之间差异极显著，5 ℃处理超过对照 149.39%，15 ℃、25 ℃、35 ℃处理之间无显著差异；贮藏温度在 5 ℃条件下的绿原酸含量最高，达到 0.78 mg/g。在贮藏 40 天时，25 ℃、15 ℃、5 ℃处理之间有极显著差异，15 ℃、5 ℃处理分别低于对照 16.09%、30.58%，5 ℃处理与 35 ℃处理无显著差异；25 ℃条件下的绿原酸含量最高，达到 0.78 mg/g。在贮藏 60 天时，25 ℃、5 ℃处理之间有极显著差异，5 ℃处理低于对照 52.39%，15 ℃、35 ℃处理与对照无显著差异；贮藏温度在 25 ℃、15 ℃、35 ℃条件下的绿原酸含量最高，分别达到 0.65 mg/g、0.62 mg/g、0.59 mg/g。在贮藏 80 天时，35 ℃、15 ℃、25 ℃处理之间差异极显著，35 ℃处理超过对照 322.17%，15 ℃处理低于对照 80.15%，5 ℃处理与 25 ℃处理无显著差异；贮藏温度在 35 ℃条件下的绿原酸含量最高，达到 1.24 mg/g。

如图 3(h)所示，湖北百合在贮藏期间绿原酸含量随贮藏时间增加总体表现为先升高后下降的趋势，其中 35 ℃条件下的绿原酸含量随贮藏时间的增加一直上升。在贮藏 20 天时，25 ℃、35 ℃、15 ℃、5 ℃处理之间差异极显著，35 ℃、15 ℃、5 ℃处理分别低于对照 16.55%、43.73%、53.54%；25 ℃处理绿原酸含量最高，达到 8.74 mg/g。在贮藏 40 天时，25 ℃、15 ℃处理之间有极显著差异，15 ℃低于对照 38.07%，5 ℃、25 ℃、35 ℃处理之间无显著差异；贮藏温度在 25 ℃、5 ℃、35 ℃条件下的绿原酸含量最高，分别达到 8.76 mg/g、8.66 mg/g、8.60 mg/g。在贮藏 60 天时，35 ℃、25 ℃、15 ℃处理之间有极显著差异，35 ℃处理超过对照 28.38%，15 ℃处理低于对照 18.39%，5 ℃处理与 25 ℃处理无显著差异；贮藏温度在 35 ℃条件下的绿原酸含量最高，达到 11.29 mg/g。在贮藏 80 天时，35 ℃、25 ℃、15 ℃处理之间差异极显著，35 ℃处理超过对照 46.71%，15 ℃处理低于对照 32.14%，5 ℃处理与 25 ℃处理无显著差异；贮藏温度在 35 ℃条件下的绿原酸含量最高，达到 12.77 mg/g。

3.3.2 不同贮藏温度与 GA_3 处理下两种百合鳞茎黄酮类组分的对比

3.3.2.1 芦丁

如图 3(i)所示，龙牙百合 25 ℃、35 ℃处理在贮藏 40 天时芦丁含量突然升高，后继续下降，直至 60 天后开始增高；5 ℃、15 ℃处理芦丁含量随贮藏时间总体呈现下降趋势。在贮藏 20 天时，15 ℃、5 ℃、25 ℃处理之间差异极显著，15 ℃处理超过对照 35.58%，5 ℃处理低于对照 17.6%，5 ℃处理与 35 ℃处理之间无显著差异；贮藏温度在 15 ℃条件下的芦丁含量最高，达到 7.18 mg/g。在贮藏 40 天时，25 ℃、5 ℃处理之间有极显著差异，5 ℃处理低于对照 24.45%，5 ℃处理与 35 ℃处理无显著差异，15 ℃处理与 25 ℃处理无显著差异；贮藏温度在 25 ℃、15 ℃条件下的芦丁含量最高，分别达到 7.01 mg/g、6.64 mg/g。在贮藏 60 天时，15 ℃、25 ℃、5 ℃处理之间有极显著差异，

15 ℃处理超过对照 20.41%，5 ℃处理低于对照 72.87%，25 ℃处理与 35 ℃处理无显著差异；芦丁含量最高的处理为 15 ℃，达到 6.10 mg/g。在贮藏 80 天时，35 ℃、25 ℃、15 ℃、5 ℃处理之间差异极显著，35 ℃处理超过对照 43.14%，15 ℃、5 ℃处理分别低于对照 18.17%、96.35%；35 ℃处理芦丁含量最高，达到 9.74 mg/g。

如图 3(j)所示，湖北百合鳞茎芦丁含量整体为升高趋势，其中 5 ℃处理在 60 天达到峰值；15 ℃处理在贮藏 20 天时有所下降，后开始升高。在贮藏 20 天时，25 ℃、35 ℃、5 ℃、15 ℃处理之间差异极显著，35 ℃、5 ℃、15 ℃处理分别高于对照 36.48%、46.44%、90.18%；25 ℃处理芦丁含量最高，达到 102.70 mg/g。在贮藏 40 天时，25 ℃、5 ℃处理之间有极显著差异，5 ℃处理低于对照 50.87%，5 ℃处理与 15 ℃处理、35 ℃处理与 25 ℃处理无显著差异；贮藏温度在 35 ℃、25 ℃条件下的芦丁含量最高，分别达到 109.87 mg/g、106.27 mg/g。在贮藏 60 天时，35 ℃、25 ℃、5 ℃处理之间有极显著差异，35 ℃处理超过对照，5 ℃处理低于对照 18.13%，15 ℃处理与 25 ℃处理无显著差异；35 ℃处理芦丁含量最高，达到 183.74 mg/g。在贮藏 80 天时，35 ℃、15 ℃、25 ℃、5 ℃处理之间差异极显著，35 ℃、15 ℃处理分别高于对照 100.86%、57.46%，5 ℃处理低于对照 38.17%；35 ℃处理芦丁含量最高，达到 212.81 mg/g。

3.3.2.2 槲皮素

如图 3(k)所示，龙牙百合 25 ℃处理鳞茎槲皮素含量随贮藏时间增长变化为先升高后下降趋势，在 40 天达到峰值；5 ℃、15 ℃、35 ℃处理槲皮素含量随贮藏时间变化为先下降后升高，5 ℃处理在 40 天达到最低点，15 ℃、35 ℃处理在 20 天槲皮素含量最低。在贮藏 20 天时，25 ℃、5 ℃、15 ℃处理之间差异极显著，5 ℃、15 ℃处理分别低于对照 55.99%、71.13%，15 ℃处理与 35 ℃处理无显著差异；25 ℃处理槲皮素含量最高，达到 1.34 mg/g。在贮藏 40 天时，25 ℃、15 ℃、35 ℃、5 ℃处理之间有极显著差异，15 ℃、35 ℃、5 ℃处理分别低于对照 66.62%、79.95%、88.23%，槲皮素含量最高的贮藏温度是 25 ℃，含量达到 1.84 mg/g。在贮藏 60 天时，25 ℃、15 ℃、5 ℃处理之间有极显著差异，15 ℃、5 ℃处理分别低于对照 41.23%、82.68%，5 ℃处理与 35 ℃处理无显著差异；贮藏温度在 25 ℃条件下的槲皮素含量最高，达到 1.75 mg/g。在贮藏 80 天时，35 ℃、25 ℃、15 ℃、5 ℃处理之间差异极显著，35 ℃处理超过对照 15.92%，15 ℃、5 ℃处理分别低于对照 26.65%、72.56%；35 ℃处理槲皮素含量最高，达到 1.96 mg/g。

如图 3(l)所示，湖北百合鳞茎槲皮素含量整体随贮藏时间增长而升高，其中 5 ℃处理在贮藏 40 天以后开始下降，然后又逐渐升高。在贮藏 20 天时，25 ℃、5 ℃、35 ℃处理之间差异极显著，5 ℃、35 ℃处理分别低于对照 25.88%、57.74%，15 ℃处理与 25 ℃处理无显著差异；贮藏温度在 15 ℃、25 ℃条件下的槲皮素含量最高，分别达到 66.28 mg/g、63.37 mg/g。在贮藏 40 天时，25 ℃、15 ℃、35 ℃、5 ℃处理之间有极显著差异，15 ℃、35 ℃、5 ℃处理分别低于对照 23.74%、33.45%、41.53%；槲皮素含量最高的贮藏温度是 25 ℃，含量达到 114.76 mg/g。在贮藏 60 天时，35 ℃、25 ℃、15 ℃、5 ℃处理之间有极显著差异，35 ℃处理高于对照 24.46%，15 ℃、5 ℃处理分别低于对照 20.4%、68.25%；35 ℃处理槲皮素含量最高，达到 160.78 mg/g。在贮藏 80 天时，35 ℃、25 ℃、15 ℃、5 ℃处理之间差异极显著，35 ℃处理超过对照 66.64%，15 ℃、5 ℃处理分别低于对照 26.62%、50.22%；35 ℃处理槲皮素含量最高，达到 237.89 mg/g。

3.3.2.3 儿茶素

如图 3(m)所示，龙牙百合 5 ℃、25 ℃处理和对照儿茶素含量呈现先增高后下降的趋势，都在 40 天时达到峰值；15 ℃和 35 ℃处理儿茶素含量随贮藏时间增加而增加。在贮藏 20 天时，25 ℃、5 ℃处理之间差异极显著，5 ℃处理低于对照 55.46%，5 ℃、15 ℃、35 ℃处理无显著差异；贮藏温度在 25 ℃条件下的儿茶素含量最高，达到 5.70 mg/g。在贮藏 40 天时，25 ℃、5 ℃、15 ℃处理之间有极显著差异，5 ℃、15 ℃处理分别低于对照 49.96%、19.12%，5 ℃处理与 35 ℃处理无显著差异；贮藏温度在 25 ℃条件下的儿茶素含量最高，达到 6.49 mg/g。在贮藏 60 天时，25 ℃、35 ℃、5 ℃处理之间有极显著差异，35 ℃、5 ℃处理分别低于对照 34.79%、45.82%，5 ℃处理与 15 ℃处理无显著差异；贮藏温度在 25 ℃条件下的儿茶素含量最高，达到 5.59 mg/g。在贮藏 80 天时，35 ℃、25 ℃、15 ℃、5 ℃处理之间差异极显著，35 ℃处理超过对照 84.82%，15 ℃、5 ℃处理分别低于对照 30.44%、62.96%；35 ℃处理儿茶素含量最高，达到 7.54 mg/g。

如图 3(n)所示，湖北百合 5 ℃处理儿茶素含量在 20 天时急剧下降，40 天时急剧增高后呈下降趋势；15 ℃处理儿茶素含量在贮藏 20 天内快速升高，后缓缓升高又降低；25 ℃处理在 40 天达到峰值，后缓慢下降；35 ℃处理在 20 天达到峰值，后缓慢下降。在贮藏 20 天时，35 ℃、25 ℃、15 ℃、5 ℃处理之间差异极显著，35 ℃处理超过对照 32.25%，15 ℃、5 ℃处理分别低于对照 10%、85.16%；35 ℃处理儿茶素含量最高，达到 76.28 mg/g。在贮藏 40 天时，25 ℃、15 ℃处理之间有极显著差异，15 ℃处理低于对照 31.27%，5 ℃、25 ℃、35 ℃处理无显著差异；25 ℃、5 ℃、35 ℃处理儿茶素含量最高，分别达到 74.10 mg/g、71.25 mg/g、70.2 mg/g。在贮藏 60 天时，25 ℃、35 ℃、5 ℃处理之间有极显著差异，35 ℃、5 ℃处理分别低于对照 5.99%、23.53%，5 ℃处理与 15 ℃处理无显著差异；贮藏温度在 25 ℃条件下的儿茶素含量最高，达到 69.11 mg/g。在贮藏 80 天时，25 ℃、5 ℃、15 ℃处理之间差异极显著，5 ℃、15 ℃处理分别低于对照 17.77%、29.82%，15 ℃处理与 35 ℃处理无显著差异；贮藏温度在 25 ℃条件下的儿茶素含量最高，达到 64.17 mg/g。

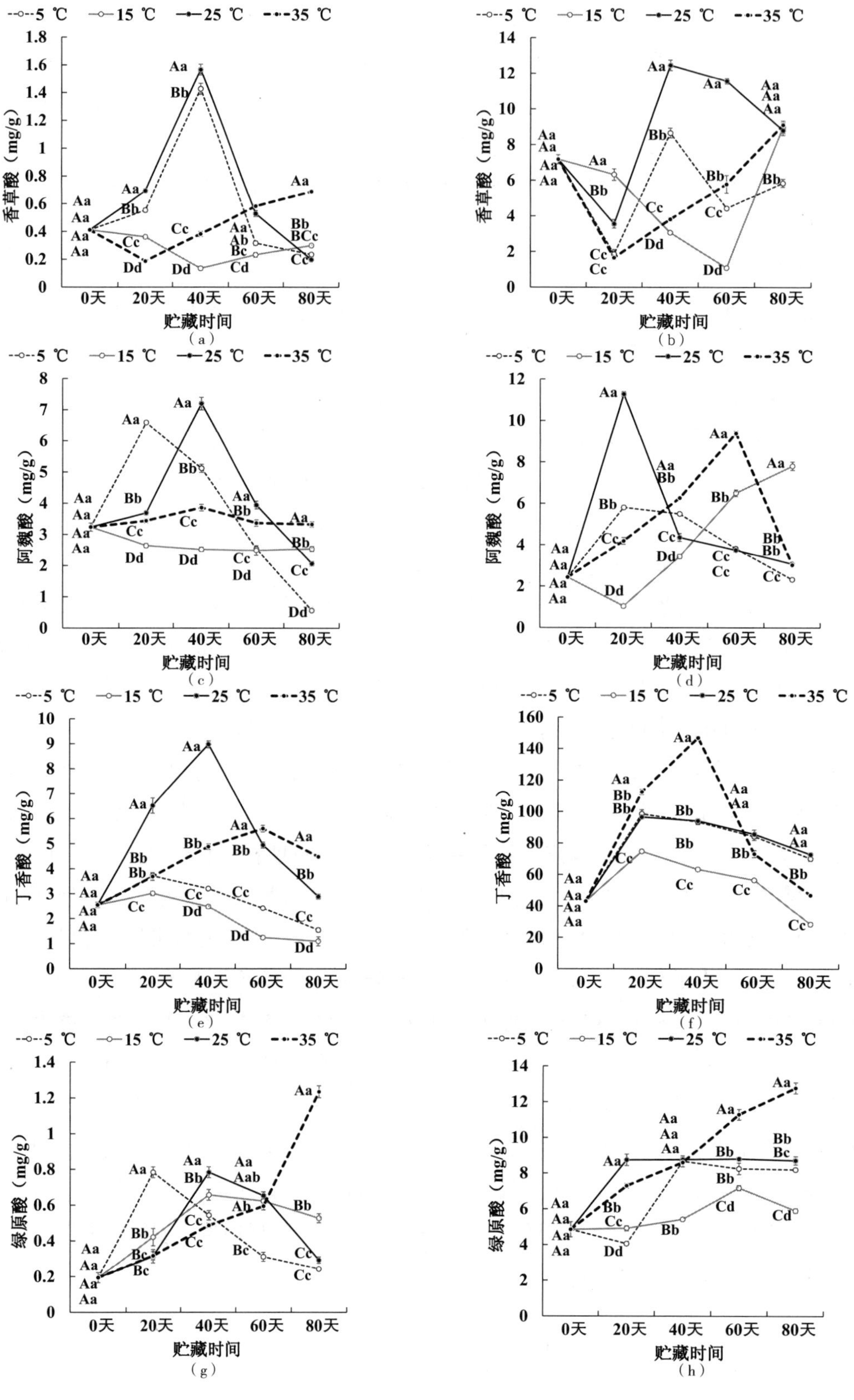
--○--5 ℃ —○—15 ℃ —●—25 ℃ --●--35 ℃
香草酸（mg/g）
阿魏酸（mg/g）
丁香酸（mg/g）
绿原酸（mg/g）
0天 20天 40天 60天 80天
贮藏时间
（a）
（b）
（c）
（d）
（e）
（f）
（g）
（h）

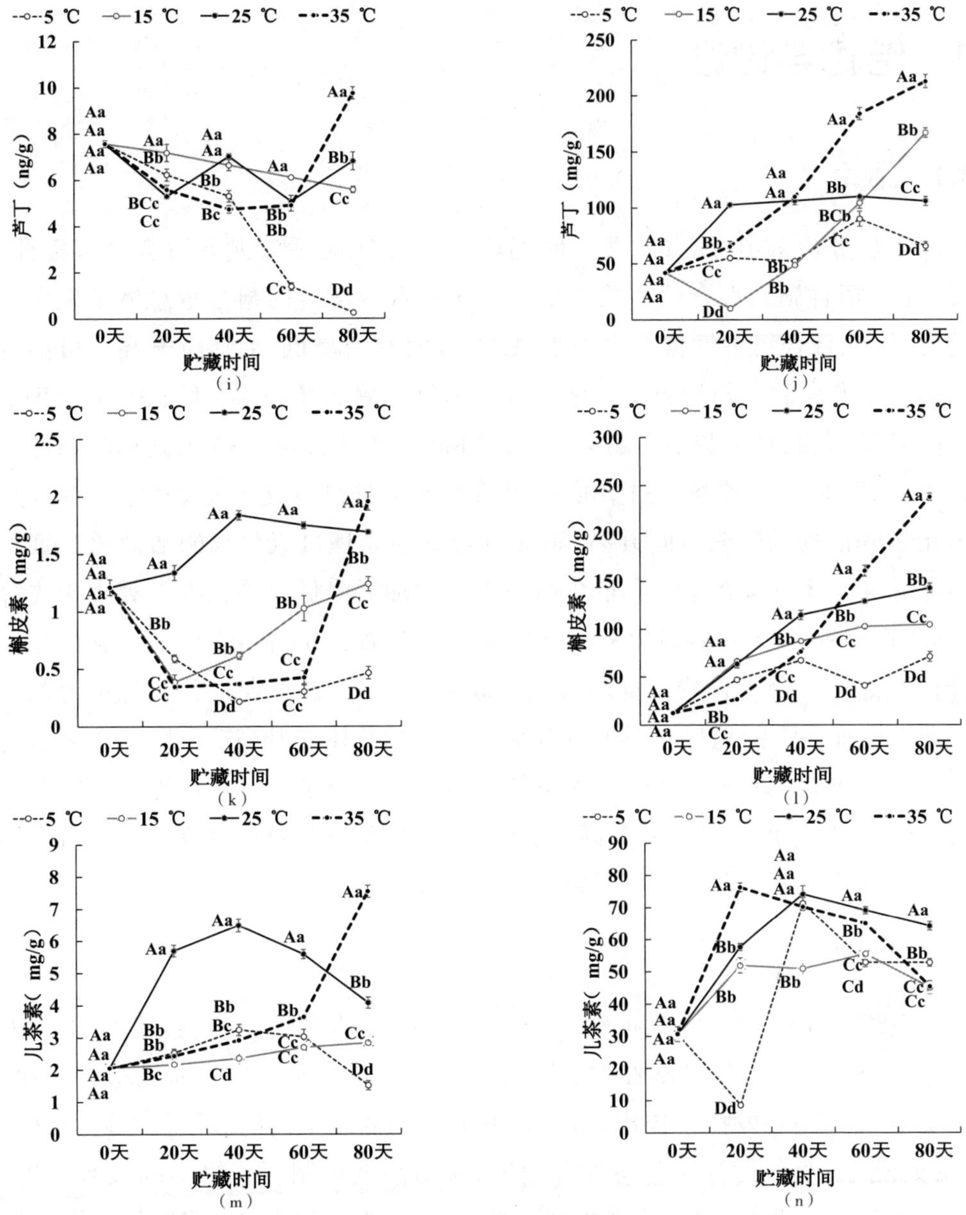

图 3　不同温度和 GA_3 处理下两种百合鳞茎代谢组分的对比

(a)龙牙百合香草酸；(b)湖北百合香草酸；(c)龙牙百合阿魏酸；(d)湖北百合阿魏酸；(e)龙牙百合丁香酸；(f)湖北百合丁香酸；(g)龙牙百合绿原酸；(h)湖北百合绿原酸；(i)龙牙百合芦丁；(j)湖北百合芦丁；(k)龙牙百合槲皮素；(l)湖北百合槲皮素；(m)龙牙百合儿茶素；(n)湖北百合槲皮素

注：小写字母表示 0.05 水平，大写字母表示 0.01 水平。

4 结论与讨论

4.1 结论

通过综合分析得出：随着贮藏时间的增加，15 ℃更适宜龙牙百合鳞茎根部生长，15 ℃、25 ℃适合湖北百合鳞茎根部生长。龙牙百合可溶性糖含量总体呈现先升高后下降趋势，湖北百合可溶性糖含量在贮藏 20 天时有所降低，后持续升高。可溶性蛋白含量总体为先升高后下降趋势。龙牙百合多酚氧化酶活性普遍偏低，35 ℃处理酶活性逐渐升高显著；湖北百合鳞茎多酚氧化酶活性高于龙牙百合，35 ℃处理酶活性显著高于其他处理，且呈上升趋势。过氧化物酶活性 5 ℃处理变化不显著，龙牙百合其他处理过氧化物酶活性随贮藏时间升高，湖北百合其他处理过氧化物酶活性随贮藏时间先升高后降低。龙牙百合香草酸含量总体呈现先增加后降低趋势，35 ℃处理为先降低后增加；湖北百合香草酸含量在贮藏 20 天时降低后增加。两种百合阿魏酸含量总体先升高后降低。龙牙百合丁香酸含量显著低于湖北百合，两种百合丁香酸含量随贮藏时间延长呈现先增加后下降趋势。两种百合绿原酸含量总体先升高后下降。龙牙百合芦丁含量先下降后升高，湖北百合芦丁含量持续升高。龙牙百合 25 ℃处理槲皮素含量先升高后降低，其他温度先降低后升高；湖北百合槲皮素含量总体升高。两种百合鳞茎儿茶素含量整体随贮藏时间增加呈现先增加后降低。

4.2 讨论

研究发现，GA_3 和温度对植物生长发育起着关键作用，本试验使用 GA_3 浓度为 100 mg/g，在贮藏 0 天时，可溶性糖和可溶性蛋白含量与黄彦玮等研究结果相比偏低，并不能说明 GA_3 是否发挥了作用，可能是 0 天时的温度不同的原因。本研究结果表明在 35 ℃处理下，两种百合鳞茎均没有生根，说明高温抑制百合鳞茎的根系发生，不利于百合鳞茎的生长发育，这与张冬梅研究的 40/35 ℃温度对切花菊插穗生根的结果一致；随着贮藏时间的增加，龙牙百合可溶性糖含量整体呈先升高后下降的趋势，这与宁云芬研究的新铁炮百合低温解除休眠中的试验结果一致，湖北百合可溶性糖含量先下降后升高，前期下降可能是由于不适应温度环境导致的；两种百合可溶性蛋白含量总体呈现先升高后下降趋势，这与杜凌等研究的高温胁迫对淡黄花百合幼苗生理指标的影响结果一致；多酚氧化酶是导致酶促褐变的主要酶类，两种百合 35 ℃处理的多酚氧化酶活性变化最大，说明 35 ℃处理的百合鳞茎发生了酶促褐变；5 ℃、15 ℃处理的过氧化物酶活性变化不大，这与单成海试验结果一致，说明低温抑制了酶的活性；酚类是百合鳞茎主要化学成分之一，研究表明，百合酚类成分具有抗氧化、抑菌、抗炎、抗病毒、抗肿瘤、抑制二肽基肽酶-IV 活性、调节脂质代谢等药理活性，本试验结果显示龙牙百合酚酸和黄酮含量整体低于湖北百合，说明龙牙百合抗氧化活性较低，这与徐倩试验结果一致。本研究结果显示酚酸整体呈现先升高后下降趋势，尤其 5 ℃处理的酚酸中的阿魏酸、丁香酸、儿茶素、芦丁在后期均呈现下降趋势，这与程鹏的试验结果一致，说明百合在贮藏过程中逐渐解除休眠，代谢在不断加强。

参考文献

[1] 王威振，杨盼盼，逄永瑞，等. 龙牙百合多糖的超声辅助提取及其抗氧化、降血脂活性分析[J]. 食品工业科技，2023，44(18)：251-257.

[2] 张晓莉. 不同品种百合及其内外鳞片多糖含量的分析[J]. 现代食品，2021(3)：195-197.

[3] 蒋瑶，陈文波，黄江中，等. 高温胁迫对野生湖北百合生理指标的影响[J]. 西北林学院学报，2019，34(1)：62-68.

[4] 马杰，李庠，傅淋，等. 食赏两用百合栽培技术规程[J]. 现代农业科技，2023(2)：53-55.

[5] 吴超，郭方其，陈世极，等. 外源水杨酸(SA)对食用百合长期低温储藏过程中生理代谢影响[J]. 分子植物育种，2016，14(9)：2495-2501.

[6] 黄彦玮，师桂英，李谋强，等. 外源 GA3、ABA 对低温冷藏兰州百合种球萌发的促抑效应及种球碳水化合物变化研究[J]. 甘肃农业大学学报，2016，51(1)：55-61.

[7] 李云飞，孙红极，李天来. 贮藏温度对兰州百合生长及鳞茎碳水化合物代谢的影响[J]. 沈阳农业大学学报，2006，(3)：382-385.

[8] 黄炜，师桂英，黄彦玮，等. 外源 GA3 和 ABA 处理条件下“兰州百合”鳞茎内源激素的变化[J]. 甘肃农业大学极刊，2018，53(6)：129-136.

[9] 黄学勇，罗火林，肖汉文，等. 龙牙百合贮藏期间内源激素的变化[J]. 南昌大学学报(理科版)，2018，42(4)：382-387.

[10] 董玉惠，王立霞，顾启玉，等. 低温和外源 GA3 解除大蒜气生鳞茎休眠的效果及生理生化机制的研究[J]. 植物生理学报，2020，56(2)：256-264.

[11] 魏传斌，覃云，张凤银，等. 龙牙百合叶片与鳞茎对干旱胁迫生理响应的研究[J]. 长江蔬菜，2010(6)：26-29.

[12] 徐捷. 气候变化下中国百合属植物的地理分布与温度耐受性评价[D]. 重庆：西南大学，2021.

[13] 孙红极,李天来,周丹,等.不同温度处理对兰州百合萌发及生长的影响[J].沈阳农业大学学报,2003(6):412-414.

[14] 宁云芬,龙明华,陶劲,等.新铁炮百合鳞茎低温解除休眠过程中的形态和生理变化[J].广西农业生物科学,2008,(1):66-69.

[15] 姚婷婷.贮藏温度对水仙生长发育相关形态、生理与代谢的影响[D].福州:福建农林大学,2018.

[16] 周鹿.卷丹不同发育期活性物质含量变化规律及营养成分研究[D].拉萨:西藏大学,2020.

[17] 孙红极,张月,王春夏,等.低温贮藏过程中百合鳞茎内酚类物质的高效液相色谱法测定[J].河北农业大学学报,2008(1):65-70.

[18] 覃琳岚.GA3 和 CEPA 处理对香水百合鳞茎冷藏期间生理及其后期生长发育的影响[D].成都:四川农业大学,2016.

[19] 孙红极,李天来,李云飞.低温解除休眠过程中兰州百合鳞茎酚类物质含量及相关酶活性变化[J].中国农业科学,2004(11):1777-1782.

[20] 李章念.两种食用百合中黄酮类物质研究[D].咸阳:西北农林科技大学,2008.

[21] 张冬极.温度对切花菊插穗生根和定植密度对切花菊品质影响的研究[D].南京:南京农业大学,2020.

[22] 宁云芬,龙明华,陶劲,等.新铁炮百合鳞茎低温解除休眠过程中的形态和生理变化[J].广西农业生物科学,2008(1):66-69.

[23] 杜凌,吴楠,董万鹏,等.高温胁迫对淡黄花百合幼苗生理指标的影响[J].种子,2016,35(11):76-78.

[24] 刘文静,张映霞,崔帅帅,等.抗褐变抑制剂对果蔬多酚氧化酶的影响[J].新疆林业,2024(1):25-27.

[25] 单成海.不同贮藏温度对黄皮洋葱鳞茎生化指标的影响[J].西南农业学报,2013,26(1):111-114.

[26] 于鑫,李润根.百合鳞茎中酚类化合物及药理活性研究进展[J].昆明学院学报,2023,45(6):44-54.

[27] 徐倩,孙泽晨,龙月,等.3 种百合属植物鳞茎甲醇提取物中酚类物质抗氧化活性及黄酮类及相关化合物的组成和代谢分析[J].植物资源与环境学报,2022,31(1):42-52.

[28] 程鹏,马晓红,史益敏.低温解除休眠过程中喇叭水仙鳞片中酚酸类物质代谢及相关酶活性的变化[J].植物生理学报,2013,49(2):137-143.

湖北百合花药离体培养的研究

1 前言

1.1 研究背景

百合是百合科百合属植物的总称,是多年生草本植物,其潜在的价值已备受相关学者和医药食品行业的广泛关注,并得到了良好的开发与利用。全球百合品种约有115种,主要分布于中国、日本、加拿大等地区。据统计,目前我国有49种,其中有35个特有种,14个普通种。且特有种主要分布在中国的贵州、云南、四川等地。贵州野生百合主要有湖北百合、卷丹、野百合等8个品种。其中卷丹和湖北百合是贵州凯里的野生花卉资源。

百合育种的方式有杂交育种、倍性育种、突变育种等。其中倍性育种通常利用单倍体方式加快纯合速度、提高选择效率,利用多倍体育种克服杂交障碍、提高百合花卉质量。而单倍体育种具有巨大的商业价值,单倍体拥有一整套遗传代谢体系,与二倍体植株的性状不同。单倍体育种时,可以利用百合的花粉、花药、未受精子房等通过组织培养的方式培育出单倍体植株。

近年来,花药离体培养技术在草莓、辣椒、红掌等植物上得到广泛的利用,使其都培育出新的愈伤组织或新的植株。在百合科中的萱草、沙葱等也有关于花药离体培养研究的报道,萱草最适愈伤诱导激素配比为2,4-D 1 mg/L +KT 2 mg/L。诸多研究者利用花药离体培养技术培育出了淡黄色百合、新铁炮百合、青岛百合等,淡黄色百合诱导子房产生愈伤组织的最佳培养基为NAA 0.5 mg/L + 6-BA 0.5 mg/L。新铁炮百合基本培养基为MS改良培养基,添加2,4-D 0.5 mg/L、KT 4.0 mg/L,蔗糖浓度30~90 g/L。花蕾长度为24~25 mm的花药小孢子发育的早期和中期,适合诱导愈伤组织。将花药愈伤组织转移至MS添加NAA 2.0 mg/L,可再分化形成再生植株,为百合的单倍体育种奠定了基础。诸多研究显示,花药的小孢子发育时期、培养基的激素浓度组合等因素都会对花药的诱导造成不同程度的影响。另外,外植体组培出现褐化现象时,可以添加一些吸附剂(活性炭)进行处理。花药离体培养的优势有:第一,减少育种时间,加速育种进度,为育种研究提供原材料;第二,提供了外源基因转化的受体,从而有利于外源基因的整合与表达。

黄济明等人利用百合远缘杂交通过胚挽救技术获得了新品种。而对湖北百合花药离体培养的研究几乎没有,所以本文对花药离体培养进行研究,并且获得百合花药愈伤组织和植株再生的条件,使花药离体培养能够培养出单倍体植株。

1.2 研究意义

在百合的组培研究中,以花药为外植体进行离体培养再生植株的研究较多,但几乎无湖北百合为研究对象的相关研究。因此,本研究将湖北百合花药作为诱导材料进行组培,并成功获得百合单倍体和二倍体植株。这一研究不仅为挽救野生资源、培育新材料和新种质提供了重要支持,同时也对后续百合组培快繁技术的发展具有重要的指导意义。

2 材料与方法

2.1 试验材料

试验材料为栽植在凯里学院卓越农林人才实训基地内的湖北百合,选取无病虫害、生长状态良好、长势一致、颜色正常、未开放的百合花蕾(20~26 mm),取花药作为组培试验材料。

2.2 试验仪器

试验所需仪器如表1所示。

表1 试验主要仪器

仪器名称	型号	生产厂商
电子天平	AR224CN	北京赛多利斯仪器系统有效公司
高压蒸汽灭菌锅	YXQ-LS-75S11	上海博讯实业有限公司
超净工作台	SW-CJ-2G	苏州净化设备有限公司
流式细胞仪	Sysmex.CyFlow.Cube.8	希森康医用电子(上海)有限公司
蒸馏水器	YN-ZD	上海博讯实业有限公司

2.3 试验方法

2.3.1 外植体材料消毒

取颜色正常且未开放的百合花蕾(20~26 mm),在超净工作台下,用75%的酒精溶液和0.1%的升汞溶液对花蕾进行消毒处理,75%酒精溶液消毒时长设置为5 min,再用无菌水冲洗4次,接着用升汞消毒,0.1%升汞溶液的消毒时长分别设置为5 min、10 min、15 min,消毒完成后用无菌水冲洗5遍,重复各个消毒和清洗过程,消毒完成后,取出放在培养皿中用无菌滤纸吸干花蕾表面的水分,用镊子拨开花瓣,将花药切成一小段接种到MS培养基中进行培养,全程在酒精灯火焰旁操作。每个培养瓶接2个花药,每种处理30瓶共60个花药,30天记录污染率和褐化率。

2.3.2 愈伤组织脱分化培养

2.3.2.1 不同浓度激素与活性炭添加与否的处理对愈伤组织生长的影响

以上一步筛选的最佳消毒方式处理的花药,作为外植体进行脱分化培养。培养基一:以MS为基本培养基,添加不同浓度2,4-D(1.0 mg/L、2.0 mg/L、3.0 mg/L、0.5 mg/L、1.5 mg/L、2.5 mg/L)、KT(2.0 mg/L、5.0 mg/L、1.0 mg/L、4.0 mg/L、0.0 mg/L、3.0 mg/L);培养基二:以MS为基本培养基,添加不同浓度2,4-D(1.0 mg/L、2.0 mg/L、3.0 mg/L、0.5 mg/L、1.5 mg/L、2.5 mg/L)、KT(2.0 mg/L、5.0 mg/L、1.0 mg/L、4.0 mg/L、0.0 mg/L、3.0 mg/L)及附加0.3 mg/L活性炭(见表2)。都以琼脂含量为0.7%,蔗糖含量为3.0%,在pH 5.8,培养室温度为24~26 ℃,诱导培养阶段连续黑暗,分化培养阶段光照16 h/天,光强2 000~3 000 lx。每个培养瓶接3个花药,每种处理20瓶共60个花药。

表2 不同浓度激素与活性炭添加与否的处理

序号	不加活性炭		序号	加活性炭	
	2,4-D(mg/L)	KT(mg/L)		2,4-D(mg/L)	KT(mg/L)
1	1.0	2.0	7	1.0	2.0
2	2.0	5.0	8	2.0	5.0
3	3.0	1.0	9	3.0	1.0
4	0.5	4.0	10	0.5	4.0
5	1.5	0.0	11	1.5	0.0
6	2.5	3.0	12	2.5	3.0

2.3.2.2 不同采样时期做处理

分别取7月15日、7月17日、7月22日、7月25日未开放的花蕾(20~26 mm),且颜色正常、大小一致,然后将取得的花蕾用自来水冲洗干净,去掉外层花瓣,取花药作为组培材料。诱导培养以 MS 为基本培养基，添加不同浓度 2，4-D（1.0 mg/L、2.0 mg/L、3.0 mg/L、0.5 mg/L、1.5 mg/L、2.5 mg/L）、KT（2.0 mg/L、5.0 mg/L、1.0 mg/L、4.0 mg/L、0.0 mg/L、3.0 mg/L），且 2，4-D、KT 按顺序一一对应组合。琼脂含量为 0.7%，蔗糖含量为 3.0%，同上一个试验最佳消毒组合进行消毒和同上一个试验环境条件进行培养。每个培养瓶接 3 个花药，每种处理 40 瓶共 120 个花药。比较不同时期采取的花蕾的诱导愈伤数和诱导率效果。

2.3.3 愈伤组织再分化培养

2.3.3.1 不同浓度 NAA 处理的愈伤组织培养

以前期试验获得的愈伤组织进行再分化培养，用脱分化的愈伤组织分别转接到不同再分化培养基中，以改良的 MS 为基本培养基，在培养基中加入不同浓度 NAA，分别为 1.0 mg/L、2.0 mg/L、4.0 mg/L、7.0 mg/L，且在每瓶不同浓度的培养基中接 3 个愈伤组织，每种处理 23 瓶。在 pH 5.8，培养室温度为 24~26 ℃，再分化培养阶段光照 16 h/天，光强 2 000~3 000 lx。然后观察不同浓度的 NAA 对再分化植株的影响，并记录污染数、褐化数、正常分化植株数。

2.3.3.2 生根培养

将长出后的再分化植株分别转接到以 1/2MS+0.2 mg/L NAA 生根培养基中，待再分化植株长成完整植株后，记录生根培养过程中的相关数据。

2.3.3.3 再生植株生长指标的测定和倍性的测定

待愈伤组织诱导 45 天后，继代 4 次，每 25 天一次，总需要时长 130~145 天，生成完整植株后，对植株生长指标进行测定，重复三次。取下叶片用流式细胞仪进行倍性测定。

2.3.4 数据分析

用 Excel 对试验数据进行整理、计算和绘图，使用 SPSS 软件进行单因素差异显著性分析，并用 Origin 绘图。

3 结果与分析

3.1 0.1%升汞消毒不同时间对百合花药愈伤组织的影响

根据表 3 的数据，随着 0.1%升汞溶液消毒时间的增加，污染程度得到了有效控制。其中，使用 75%酒精溶液消毒 5 min 结合 0.1%升汞溶液消毒 10 min 的处理，显著降低了花药的污染率和褐化率，分别为 10.00%和 6.00%。因此，最佳外植体消毒时间组合为 75%酒精溶液消毒 5 min+0.1%升汞溶液消毒 10 min。污染情况如图 1 所示，进一步验证了该消毒组合的有效性。

表 3 0.1%升汞消毒不同时间对百合花药愈伤组织的影响

序号	75%酒精(min)	0.1%升汞(min)	花药数	污染数	褐化数	污染率(%)	褐化率(%)
A1	5	5	60	11	15	18.33	25.00
A2	5	10	60	6	4	10.00	6.00
A3	5	15	60	8	10	13.33	16.67

(a) (b) (c)

图 1 组培培养过程中百合花药污染状况

(a)培养 7 天后被污染的百合花药;(b)培养 14 天后被污染的百合花药;(c)培养 21 天后被污染的百合花药

3.2 不同浓度激素与活性炭添加与否的处理对愈伤组织生长的影响

从表 4 培养基的组合整体得知,不加 0.3 mg/L 活性炭的培养基组合的污染数低于加 0.3 mg/L 活性炭的培养基组合的污染数,这是加活性炭引起的;不加 0.3 mg/L 活性炭的培养基组合的褐化数高于加 0.3 mg/L 活性炭的培养基组合的褐化数,这也是由于加活性炭引起的;不加 0.3 mg/L 活性炭组合的培养基和加 0.3 mg/L 活性炭组合培养基的愈伤数相差不大,活性炭添加与否对百合花药的愈伤数的影响不大,但是激素浓度组合对愈伤数影响大。可见活性炭能够抑制外植体在组织培养中的褐化,因此,添加一定浓度的活性炭能够降低褐化数。

表 4 不同浓度激素与活性炭添加与否的处理对愈伤组织生长的影响

序号	花药数	不加活性炭				序号	花药数	加活性炭			
		污染数	褐化数	愈伤数	诱导率(%)			污染数	褐化数	愈伤数	诱导率(%)
1	60	12	25	23	38.33	7	60	25	11	24	40.00
2	60	21	26	13	21.67	8	60	27	22	11	18.33
3	60	15	36	9	15.00	9	60	29	21	10	16.67
4	60	20	33	7	11.67	10	60	33	21	6	10.00

续表

序号	花药数	不加活性炭				序号	花药数	加活性炭			
		污染数	褐化数	愈伤数	诱导率（%）			污染数	褐化数	愈伤数	诱导率（%）
5	60	28	30	2	3.33	11	60	30	27	3	5.00
6	60	18	21	21	35.00	12	60	28	11	21	35.00

在第 1 个和第 7 个培养基组合中，不加 0.3 mg/L 活性炭组合的培养基和加 0.3 mg/L 活性炭组合的培养基的诱导率最高。在第 5 和 11 个培养基组合中，不加 0.3 mg/L 活性炭组合的培养基和加 0.3 mg/L 活性炭组合的培养基的诱导率最低。因此，得到在 6 种培养基组合中，2，4-D 为 1.0 mg/L 和 KT 为 2.0 mg/L 时，诱导率均最高。2，4-D 为 1.5 mg/L 和 KT 为 0.0 mg/L 时，诱导率均最低。得到最佳诱导培养基组合为 MS+2，4-D（1.0 mg/L）+KT（2.0 mg/L）。因此，不同激素浓度对百合花药离体培养有很大的影响。

3.3　不同采样时期对百合花药愈伤组织的影响

由表 5 可知，4 批不同时期花蕾（20~26 mm）中，最早的时期诱导率最高，最晚的时期诱导率最低。结果分析表明，早期分化的小孢子更容易诱导出愈伤组织，因此，早期分化的花药培养更适宜诱导愈伤组织。

表 5　不同采样时期对百合花药愈伤组织的影响

日期	接种花药数	污染数	褐化数	愈伤数	诱导率（%）
7 月 15 日	120	32	23	65	54.17
7 月 17 日	120	30	51	39	32.50
7 月 22 日	120	28	78	14	11.67
7 月 25 日	120	23	88	9	7.50

3.4　不同 NAA 对百合花药愈伤组织再分化的影响

由表 6 可知，NAA 浓度分别为 1.0 mg/L、2.0 mg/L、4.0 mg/L、7.0 mg/L 时，都能培养出再分化植株。通过观察记录，当愈伤组织长到 3~5 mm 时转接于不同分化培养基中，发现其分化表现不同。NAA 浓度为 1.0 mg/L 时，叶少；NAA 浓度为 2.0 mg/L 时，叶也少；NAA 浓度为 4.0 mg/L 时，叶比例比较恰当；NAA 浓度为 7.0 mg/L 时，出现叶少。因此，得到愈伤组织再分化的最佳培养基组合为 MS+NAA（4.0 mg/L）。

表 6 不同 NAA 浓度对百合花药愈伤组织再分化的影响

序号	NAA(mg/L)	接种愈伤数	污染数	褐化数	再分化苗数
B1	1.0	69	3	4	62
B2	2.0	69	4	6	59
B3	4.0	69	5	2	62
B4	7.0	69	4	3	62

3.5 生根培养

由表 7 得知，0.2 mg/L NAA 能使分化苗生根并生成完整植株。在百合花药离体培养中，从接种到生成完整植株的每个阶段如图 2 所示。

表 7 生根培养

序号	NAA(mg/L)	转接苗数	污染数	褐化数	再生植株数
C1	0.2	62	3	1	58
C2	0.2	59	2	2	55
C3	0.2	62	4	1	57
C4	0.2	62	5	3	54

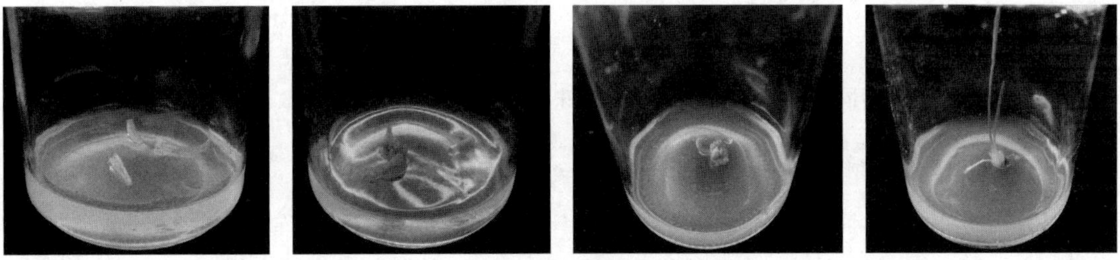

(a) (b) (c) (d)

图 2 百合花药离体培养生长的过程

(a)花药刚接种的状况；(b)花药愈伤组织状况；(c)长出新叶状况；(d)完整植株状况

3.5.1 再生植株的生长指标和倍性的测定

3.5.1.1 不同 NAA 浓度处理再生植株生长指标的比较

如图 3(a)所示，得知 NAA 浓度为 7.0 mg/L 的株高最高。其次是 NAA 浓度为 2.0 mg/L 的株高，然后是 NAA 浓度为 4.0 mg/L 的株高，最后是 NAA 浓度为 1.0 mg/L 的株高。四种浓度株高均存在差异显著性($P<0.05$)。

如图 3(b)所示，NAA 浓度为 1.0 mg/L 和 4.0 mg/L 的叶长不存在差异显著性，NAA 浓度为 2.0 mg/L 和 7.0 mg/L 的叶长不存在差异显著性。

如图3(c)所示,得知NAA浓度为1.0 mg/L和4.0 mg/L的叶宽不存在差异显著性,NAA浓度为2.0 mg/L和7.0 mg/L的叶宽不存在差异显著性。

如图3(d)所示,得知NAA浓度为2.0 mg/L和4.0 mg/L的根数不存在差异显著性,但是与NAA浓度为1.0 mg/L和7.0 mg/L的根数存在差异显著性($P<0.05$)。

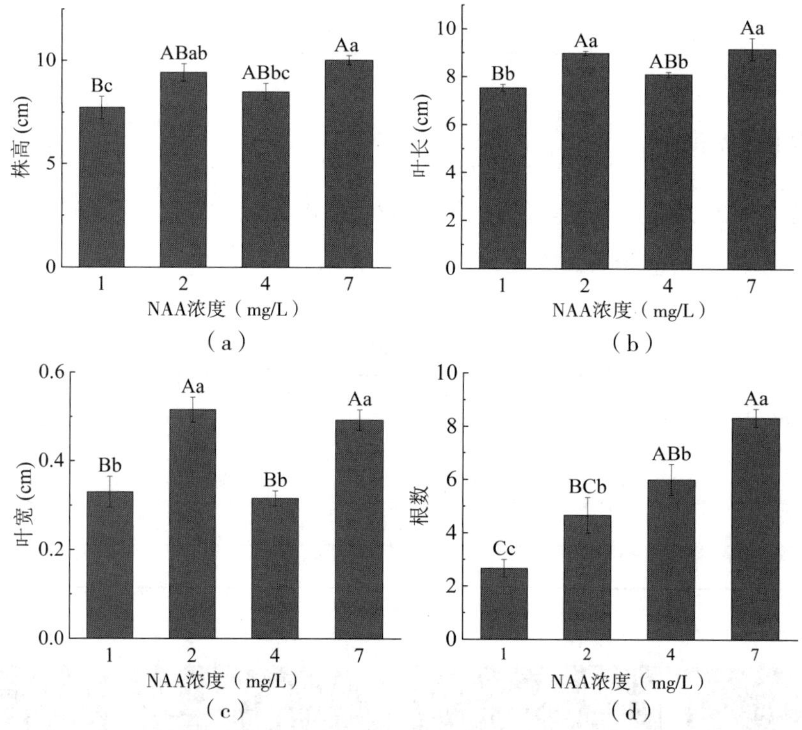

图3 不同NAA激素浓度再生植株的株高、叶长、叶宽、根数生长情况

(a)株高;(b)叶长;(c)叶宽;(d)根数

注:浓度间不同大写字母表示0.01水平差异显著性,浓度间不同小写字母表示0.05水平差异显著性。

综合分析得知,NAA浓度为1.0 mg/L时,植株高、叶短、叶窄、根少;NAA浓度为2.0 mg/L时,植株高、叶长、叶宽、根少;NAA浓度为4.0 mg/L时,植株适中、叶适中、叶窄、根适中;NAA浓度为7.0 mg/L时,植株高、叶长、叶宽、根多。因此,得到愈伤组织再分化的最佳培养基组合为MS+NAA(4.0 mg/L)。

3.5.1.2 再生植株的倍性测定

如图4所示,A峰图为二倍体,荧光通道值Propidium lodide在200~300;B峰图为单倍体,荧光通道值Propidium lodide在50~200;C和D峰图为不明倍体,峰图荧光通道值Propidium lodide比较窄。

对50个再生植株的样本用流式细胞仪进行了染色体倍性测定。得出1个样本是单倍体、47个样本为二倍体、2个不明倍性样本。测试的50个样本中单倍体、二倍体、不明倍体所占比例分别为2%、94%、4%。

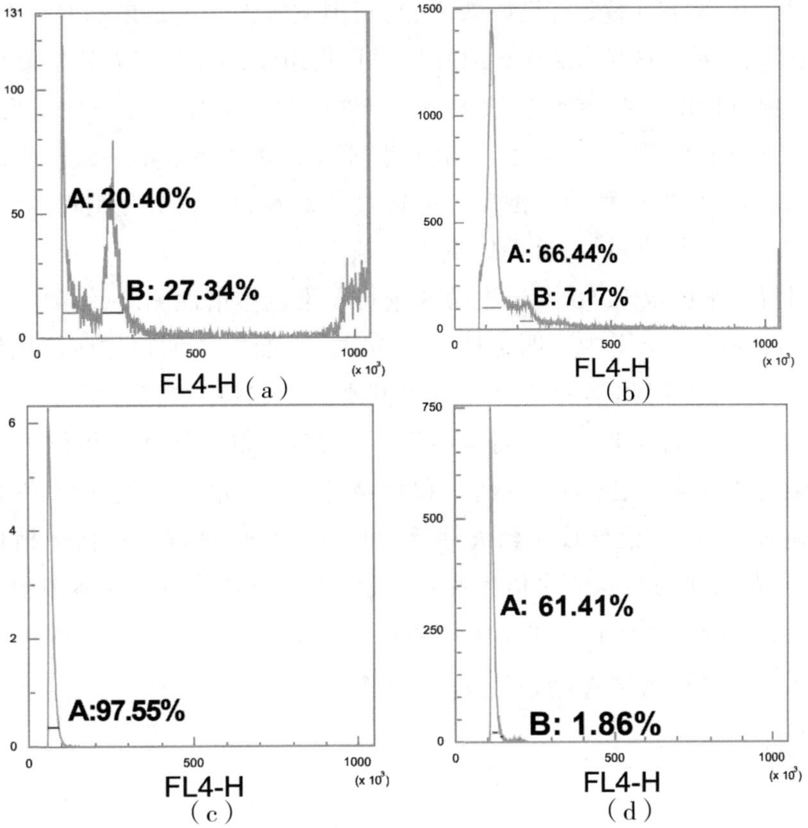

图 4　再生植株的倍性测定峰图

(a)二倍体；(b)单倍体；(c)不明倍体；(d)不明倍体

注：横坐标是荧光通道值 Propidium lodide，纵坐标是计数 counts。

4　结论与讨论

本文试验材料是湖北百合花药，采摘颜色正常未开的百合花蕾(20~26 mm)，在无菌条件下对其使用 75%的酒精溶液消毒 5 min 和 0.1%的升汞溶液消毒 10 min 进行处理，该消毒时间配比得到的褐化率均为最低，褐化率 6%。本试验与卢锟等人研究结果在 75%的酒精溶液消毒设置时长一致，0.1%的升汞溶液消毒时长不同，可能由于不同材料和不同取材部位的原因造成。消毒时长过长或过短都会导致污染和褐化。

当 2，4-D 为 1.0 mg/L 和 KT 为 2.0 mg/L 时，愈伤组织诱导率最高；而当 2，4-D 为 1.5 mg/L 和 KT 为 0.0 mg/L 时，诱导率最低。结果表明，激素浓度配比过多或过少都会影响愈伤组织的诱导。此外，愈伤组织培养适宜采用早期分化出的花药进行培养，随着时间的推移，诱导率呈下降趋势，说明早期分化的小孢子更容易诱导出愈伤组织，与褚云霞等人研究结果基本一致。同时，加入 0.3 mg/L 活性炭能够有效抑制褐化，适量的活性炭浓度对防止培养物褐变有良好效果，与黄国文等人研究结果基本一致。

在再分化阶段，NAA 浓度为 2.0 mg/L 时，对愈伤组织再分化培养效果最佳。NAA 为 2.0 mg/L 时，根、叶比例较为恰当，表明 NAA 浓度对再分化阶段至关重要，浓度过高或过低都会影响愈伤组织的再分化，与褚云霞等人研究结果基本一致。株高、叶长、叶宽、根数等生长指标均适合移植。浓度过高或过低都不利于再分化植株的生长，可能是因为株高、叶宽、叶长数值较大，从而影响了生殖生长。

本试验使用流式细胞仪对 50 个再生植株进行了染色体倍性测定，结果显示 1 个为单倍体、47 个为二倍体、2 个为不明倍性。单倍体、二倍体、不明倍体所占比例分别为 2%、94%、4%。这与宋锡帅学者的研究结果基本一致，其中单倍体样本所占比例为 3%，二倍体样本所占比例为 88%，不明倍体样本为 3%。单倍体和二倍体再生苗的形成原因可以从染色体的倍性进行分析：药壁和药隔组织为二倍体细胞，而雄性性细胞的花粉粒为单倍体细胞，分别会导致花药离体培养形成二倍体植株和单倍体植株。从培育过程来看，由于花药愈伤组织的多倍化和核融合，以及花丝等二倍体体细胞参与愈伤组织染色体的变化，导致培养中出现非单倍体植株。造成不明倍体的原因可能是培养基的激素刺激花粉使其发生变异，进而引起染色体变异。

参考文献

[1] 吴超，林巧奇，秦德辉，等. 切花百合种质资源表型性状遗传多样性分析[J]. 分子植物育种，2016，14(5)：1300-1308.

[2] 李兴桃，秦朵朵，崔芳芳，等.11 种观赏百合营养和功能品质研究[J]. 山西农业大学学报(自然科学版)，2020，40(6)：38-45.

[3] 许有嫔，熊文斌，钟程. 凯里地区野生百合资源农艺性状极刊[J]. 凯里学院学报，2013，31(6)：56-60.

[4] 张玉蓉. 重庆中海拔山区百合属资源调查与保护建议[J]. 现代园艺，2017，343(19)：32-33，56.

[5] 陈文波，蒋瑶，孙军. 中国近期百合育种研究态势[J]. 凯里学院学报，2015，33(6)：42-45.

[6] 肖海燕，刘青林. 百合等球根花卉育种研究进展[J]. 中国农业科技导报，极刊，17(6)：21-28.

[7] 徐顺超.FISH 技术在不同倍性百合杂交育种中应用研究[D]. 北京：北京林业大学，2014.

[8] 赵志珩，梁文汇，王伟娟，等. 百合单倍体育种策略及发展趋势[J]. 植物生理学报，

2020,56(11):2367-2372.
[9] 杜梦卿,连朋,王丽娟. 不同浓度 TDZ 和 2,4-D 组合对草莓花药组织培养的影响[J]. 东北农业科学,2021,46(2):73-75,131.
[10] 张红肖,范妍芹,孟雅宁,等. 辣椒花药培养影响因子初步研究[J]. 蔬菜,2021,362(2):9-14.
[11] 田丹青,葛亚英,潘晓韵,等. 红掌花药培养及单倍体植株的鉴定[J]. 分子植物育种,2020,18(21):7149-7154.
[12] 程宵婧,王荣梅,翟毕娇,等. 萱草属植物小孢子发育与花蕾长度相关性及花药培养初探[J]. 山西农业科学,2021,49(2):170-174.
[13] 王晓娟,郝丽珍,杨忠仁,等. 沙葱大小孢子发生及雌雄配子体发育研究[J]. 西北植物学报,2010,30(12):2417-2422.
[14] 刘伟,常征,丁长春. 淡黄花百合花药及子房不定芽诱导培养基筛选[J]. 文山学院学报,2016,29(6):1-3.
[15] 韩秀丽,田晓明,贾桂霞. 新铁炮百合单倍体植株的诱导[J]. 园艺学报, 2010, 37(2):263-268.
[16] 张俊芳. 青岛百合倍性育种及花粉耐贮性研究[D]. 青岛:青岛农业大学,2009.
[17] 王仲慧,刘金兵,刁卫平,等. 辣椒花药培养胚状体发生途径影响因子研究[J]. 核农学报,2015,29(8):1471-1478.
[18] 戈伟,王述彬,刘金兵,等. 辣椒花药培养中关键影响因子的研究[J]. 江苏农业科学,2011,39(5):27-28.
[19] 贺梅,黄少锋,张丽萍,等. 浅析水稻花药培养效率的影响因素[J]. 北方水稻,2020,50(5):54-55.
[20] 张馨默,刘丽萍. 矮牵牛花药培养技术及影响因素的研究[J]. 吉林农业,2019,450(9):61-63.
[21] 黄济明,赵晓艺,张国民,等. 玫红百合为亲本育成百合种间杂种[J]. 园艺学报,1990,(2):153-157,162.
[22] 卢锟,仲嘉玥,张慧,等. 黑老虎带芽茎段的组织培养及快速增殖[J]. 经济林研究,2022,40(3):162-168.
[23] 黄国文,黄超超,谭毅. 抑制"百花油茶"叶片外植体褐化和诱导愈伤组织的研究[J]. 浙江林业科技,2018,38(2):1-7.
[24] 褚云霞,陈龙清,黄燕文,等. 百合的花药培养研究[J]. 园艺学报,2001,(5):472-474.
[25] 宋锡帅. 博落回花药离体培养诱导单倍体植株的研究[D]. 长沙:湖南农业大学,2014.

不同药剂及基质对凌霄花嫩枝扦插生长状况的影响

1 前言

1.1 凌霄花的研究现状

凌霄又称凌霄花、紫微和上树蜈蚣等，紫薇科紫薇属的落叶藤本植物。著名园林花卉之一的凌霄，可用作花篱、花架、廊回、花墙等良好的垂直绿化材料。凌霄的根、茎、叶可作传统中药，因其根性甘酸、寒，其茎、叶性苦、平，具有凉血、散瘀、祛风的功效，主要用于血热生风、身痒、风疹、腰脚酸软麻木等症状。凌霄是药用兼观赏性植物，市场需求量大，具有较大的发展前景。因凌霄不易结果，很难得到种子，所以主要用扦插法进行繁殖栽培。

不同的紫薇科植物进行扦插对其药剂和基质的选择需求有差异。冯嘉仪对四种木质藤本植物叶片性状及扦插繁殖研究，总结出对炮仗花扦插的最佳组合处理为河沙：泥炭土=3：2 的基质和药剂 IBA 100 mg/L、NAA 50 mg/L；白春微等对生根剂和扦插基质对紫珠扦插生根的影响研究，得出生根率最高的药剂是 ABT 100 mg/L，珍珠岩：河沙：园土=1：1：1 的基质组合对生根质量及生根率为最佳；周亮等对蒜香藤的扦插繁殖技术探讨研究，得出对插穗割伤且用药剂 IBA 200 mg/L 速蘸处理、和用泥炭土：河沙=4：1 作基质进行扦插效果最好；姚湘明对紫薇嫩枝扦插基质研究，总结得出紫薇嫩枝扦插选用合理的比例配制的泥炭土、珍珠岩基质，可取得较好的扦插效果。扦插选择的基质和药剂很重要。目前，凌霄花用不同药剂及基质对嫩枝进行扦插的繁殖技术未见报道。

1.2 研究的目的与意义

由于凌霄花植物的逐渐广泛运用，对其需求量日益增加，因此有必要对其繁殖方式进行探究，以提高凌霄植物苗木的产量和出圃速度，满足日益加快的城市建设需求。影响扦插生根的重要因子包括基质组成与生长调节物质的应用。探讨不同基质、IBA 浓度和 NAA 浓度对凌霄花扦插繁殖的影响,可为苗木繁殖和推广应用提供科学依据。

2 材料与方法

2.1 试验材料

购买于江苏宿迁苗木有限公司,苗龄为 1 年,种植于凯里学院蔬菜试验基地,进行规范管理。

基质的来源如下:泥炭土购买于山东德州德沃多肥料有限公司;珍珠岩购买于河南信阳厚普矿业材料厂;河沙取自凯里市经济开发区镰刀湾的清水江河滩。

2.2 试验材料及工具

2.2.1 试验基质、试剂及工具

河沙、泥炭土、珍珠岩、NAA(萘乙酸)、IBA(吲哚丁酸)、0.1%~0.5%高锰酸钾溶液、95%乙醇溶液、直尺、修枝剪。

2.3 试验方法

2.3.1 插穗及苗床准备

试验于 2017 年 1 月上旬在凯里学院正式进行。插穗采集选择在阴天早上进行,在凯里学院的凌霄植物上选取生长良好、无病虫害的 1~2 年生的枝条。之后将枝条截成 10~15 cm 长且带有 2~3 个芽节的插穗,插穗的切口为上平下斜,上端是在芽节上方约 1 cm 处截平,而下端在芽节下方约 0.5 cm 处剪成马耳形。

扦插前要对试验小区按株行距 5 cm × 10 cm 的规格作床,将基质按照比例配好后混匀耙平,之后使用浓度为 0.1%~0.5%高锰酸钾溶液喷洒浇透,用薄膜覆盖床土 2~3 天,把膜揭开让苗床微微晾干后再进行扦插。

2.3.2 扦插

本试验设置 3 种基质,每种基质上设置 IBA 和 NAA 的 3 种浓度,一种基质上有 6 个处理,每个处理重复 15 个插穗。对应的 3 种基质为:河沙;河沙：泥炭土=3：2;河沙：珍珠岩=1：1。将 NAA、IBA 按照 50 mg/L、150 mg/L、200 mg/L 浓度配制好溶液,用 95%乙醇溶液助溶。把准备好的凌霄插穗形态学下端放置于不同浓度的药剂中浸泡 30 min。将扦插基质装入规格统一的育苗穴中,插入深度约为插穗长度的 1/3。扦插前先用小竹棍打孔,再将插穗基部插入孔内,把周围土压实。对扦插的凌霄花嫩枝进行观察,并记录下凌霄花插穗的生长状况的相关数据。主要观察指标包括:新芽数、

新叶数、须根数。从 2017 年 1 月 10 日到 2018 年 3 月 10 日，定时观察记录生长情况。扦插基质与药剂组合如表 1 所示。

表 1 扦插的基质与药剂组合

基质	处理 1	处理 2	NAA(mg/L)	IBA(mg/L)
河沙	A1	B1	50	0
河沙	A1	B2	150	0
河沙	A1	B3	200	0
河沙	A1	B1	0	50
河沙	A1	B2	0	150
河沙	A1	B3	0	200
河沙：泥炭土(3：2)	A2	B1	50	0
河沙：泥炭土(3：2)	A2	B2	150	0
河沙：泥炭土(3：2)	A2	B3	200	0
河沙：泥炭土(3：2)	A2	B1	0	50
河沙：泥炭土(3：2)	A2	B2	0	150
河沙：泥炭土(3：2)	A2	B3	0	200
河沙：珍珠岩(1：1)	A3	B1	50	0
河沙：珍珠岩(1：1)	A3	B2	150	0
河沙：珍珠岩(1：1)	A3	B3	200	0
河沙：珍珠岩(1：1)	A3	B1	0	50
河沙：珍珠岩(1：1)	A3	B2	0	150
河沙：珍珠岩(1：1)	A3	B3	0	200

2.3.3 扦插后管理

扦插完成后浇透水，用塑料薄膜覆盖，使其温度保持在 23~25 ℃。插穗刚扦插后要使棚内的湿度控制在 90%~92%。当光线过强时，可使用黑色遮光网进行遮阴，以确保扦插环境达到插穗生长的最佳条件。

2.3.4 插穗长势的测定

插穗生长指标的测定方法如下。

(1)新芽数：从插穗节上长出来的新芽数量(单位：个)。

(2)新叶数：从插穗底端往上数的所有展开叶片数量(单位：片)。

(3)须根数：从插穗底端生长出来的须根数量(单位：根)。

这些指标是评估扦插成功率和生长状态的重要依据，须定期观察并准确记录。

2.3.5 数据处理

本文中的数据采用 Excel 2010 软件进行数据计算和统计分析，数据之间的差异显著性分析则使用 SPSS 软件进行。通过这两种工具的结合，能够有效地处理和评估试验数据，确保分析结果的准确性和可靠性。

3 结果与分析

3.1 不同药剂及基质处理对凌霄花嫩枝扦插成活状况的影响

3.1.1 不同处理对凌霄插穗苗生根率的观察结果

从表 2 可以看出，处理 A2 × B2 的生根率显著高于其他处理。而处理 A1 × B1 和 A1 × B3 的生根率显著低于 A2 × B2、A2 × B1、A2 × B3、A3 × B2、A3 × B1 和 A3 × B3，但与 A1 × B2 无显著差异。这表明不同处理组合对插穗生根率的影响存在显著差异，其中 A2 × B2 是最优的处理组合。

表 2 基质、NAA 药剂处理对插穗苗生根率的影响

	处理	生根率(%)	5%显著水平
组合间	A2 × B2	90.00 ± 00.00	a
	A2 × B1	63.44 ± 00.00	b
	A2 × B3	59.21 ± 11.55	b
	A3 × B2	59.21 ± 11.55	b
	A3 × B1	35.01 ± 11.55	c
	A3 × B3	35.01 ± 11.55	c
	A1 × B2	26.15 ± 11.55	cd
	A1 × B1	08.86 ± 08.35	d
	A1 × B3	08.86 ± 08.55	d
A 处理内	A2		a
	A1		b
	A3		c
B 处理内	B2		a
	B1		b
	B3		b

从表 3 可以看出，A 处理的 F 值高于 B 处理的 F 值，说明 A 处理的显著效应高于 B 处理。这表明基质对生根率的影响大于药剂对生根率的影响。因此，在选择扦插条

件时，基质的优化可能比药剂的选择对提高生根率更为关键。

表 3 基质、NAA 药剂处理对插穗苗生根率的方差分析

变异来源	自由度	平方和	均方	F 值	F0.05	F0.01
A 处理	2	14 244.48	7 122.24	53.53	3.55	6.01
B 处理	2	3292.28	1646.14	12.37	3.55	6.01
A×B	4	149.23	37.31	0.28	2.93	4.58
误差	18	2394.83	133.05			
总变异	26	20 080.82				

其结果表明，在不同基质中，A2 对生根的促进作用显著高于其他基质。在同种 A2 基质中，150 mg/L NAA 处理的生根率显著高于 50 mg/L 和 200 mg/L NAA 处理；在 A3 基质中，150 mg/L NAA 处理的生根率也显著高于 50 mg/L 和 200 mg/L NAA 处理；而在 A1 基质中，50 mg/L、150 mg/L 和 200 mg/L NAA 处理的生根率无显著差异。

由表 3 可知，A 处理对生根率的促进作用显著高于 B 处理，其中 A 处理对生根率的促进作用起主效应，而 B 处理的促进作用次之，且 A×B 无显著的交互影响。

从下表 4 可以看出，处理 A2×B2 的生根率显著高于 A3×B1、A1×B2、A3×B3、A1×B1 和 A1×B3，但与 A2×B1、A2×B3 和 A3×B2 无显著差异。这一结果进一步验证了 A2×B2 组合在促进生根方面的显著优势。

表 4 基质、IBA 药剂处理对插穗生根率的影响

	处理	生根率(%)	5%显著水平
组合间	A2×B2	81.15±11.55	a
	A2×B1	60.00±30.55	ab
	A2×B3	55.37±23.09	ab
	A3×B2	54.99±11.55	ab
	A3×B1	35.01±11.55	bc
	A1×B2	26.57±00.00	c
	A3×B3	26.15±23.09	c
	A1×B1	17.71±11.55	c
	A1×B3	16.86±11.55	c
A 处理内	A2		a
	A3		b
	A1		c

续表

	处理	生根率/%	5%显著水平
B 处理内	B2		a
	B1		b
	B3		b

从表 5 可以看出，A 处理的 F 值高于 B 处理的 F 值，这表明 A 处理对插穗生根率的显著效应高于 B 处理。因此，可以得出结论：基质对生根率的影响大于药剂对生根率的影响。这意味着在优化扦插条件时，选择合适的基质比调整药剂浓度对提高生根率更为重要。

表 5 基质、IBA 药剂处理对插穗生根率的方差分析

变异来源	自由度	平方和	均方	*F* 值	F0.05	F0.01
A 处理	2	10 329.23	5 164.61	20.85	3.55	6.01
B 处理	2	2 742.69	1 371.35	5.54	3.55	6.01
A × B	4	170.03	42.51	0.17	2.93	4.58
误差	18	4 458.47	247.69			
总变异	26	17 700.41				

其结果表明，在不同基质中，A2 对生根的促进作用显著高于 A1 基质，但与 A3 无显著差异。在同种 A2 基质中，150 mg/L IBA 处理的生根率与 50 mg/L 和 200 mg/L IBA 处理无显著差异；在 A3 基质中，150 mg/L IBA 处理的生根率显著高于 200 mg/L IBA 处理，但与 50 mg/L IBA 处理无显著差异；而在 A1 基质中，50 mg/L、150 mg/L 和 200 mg/L IBA 处理的生根率无显著差异。

由表 3 可知，A 处理对生根率的促进作用显著高于 B 处理，其中 A 处理对生根率的促进作用起主效应，而 B 处理的促进作用次之，且 A × B 无显著的交互影响。这一结果进一步强调了基质在影响插穗生根率中的主导作用，而药剂浓度的影响相对较小。

由图 1 可知，在同种基质中，NAA 药剂与 IBA 药剂处理的插穗生根率无显著差异。而在不同基质中，河沙∶泥炭土（3∶2）中药剂处理的生根率显著高于河沙∶珍珠岩（1∶1）。

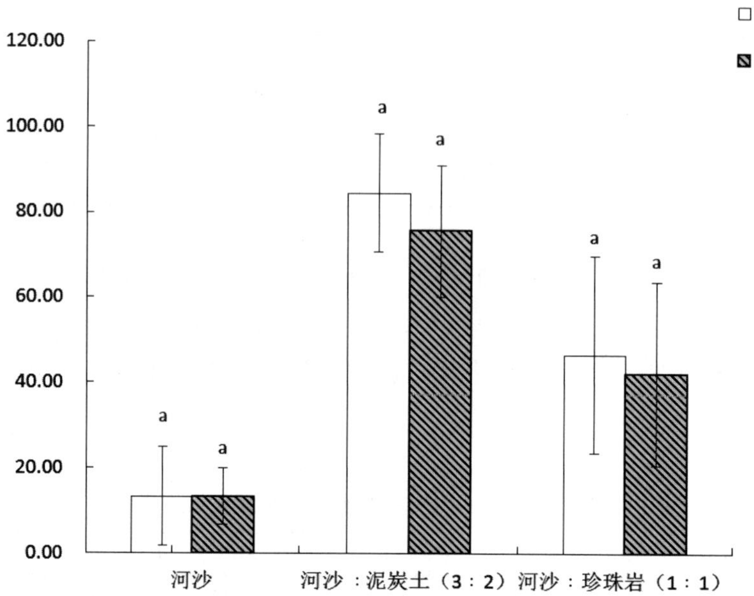

图 1 NAA、IBA 药剂生根率的对比

3.1.2 不同处理对凌霄花嫩枝扦插成活率的观察

从表 6 可以看出，处理 A2 × B2 的成活率显著高于 A2 × B3、A1 × B2、A3 × B1、A3 × B3、A1 × B1 和 A1 × B3，但与 A2 × B1 和 A3 × B2 无显著差异。此外，处理 A1 × B3 的成活率显著低于其他处理组。

表 6 基质、NAA 药剂处理对插穗成活率的影响

	处理	成活率(%)	5%显著水平
组合间	A2 × B2	90.00 ± 00.00	a
	A2 × B1	72.29 ± 11.55	ab
	A3 × B2	72.29 ± 11.55	ab
	A2 × B3	68.07 ± 20.00	bc
	A1 × B2	63.44 ± 00.00	bcd
	A3 × B1	59.21 ± 11.55	bcd
	A3 × B3	54.99 ± 11.55	bcd
	A1 × B1	50.77 ± 00.00	cd
	A1 × B3	46.92 ± 11.55	d
A 处理内	A2		a
	A3		b
	A1		b

续表

	处理	成活率(%)	5%显著水平
B 处理内	B2		a
	B1		b
	B3		b

从下表 7 中看出，A 处理的 F 值高于 B 处理，说明 A 处理对插穗成活率的显著效应高于 B 处理，则基质对成活率的影响大于药剂对成活率的影响。

表 7　基质、NAA 药剂处理对插穗成活率的方差分析

变异来源	自由度	平方和	均方	*F* 值	F0.05	F0.01
A 处理	2	2453.51	1226.76	10.80	3.55	6.01
B 处理	2	1715.53	857.77	7.55	3.55	6.01
A×B	4	32.94	8.23	0.07	2.93	4.58
误差	18	2045.33	113.63			
总变异	26	6247.31				

其结果表明，不同基质中，A2 插穗的成活率显著高于 A1 基质，但与 A3 无显著差异。同种 A2 基质中，150 mg/L NAA 处理的成活率显著高于 200 mg/L NAA 处理，但与 50 mg/L NAA 无显著差异；A3 基质中，150 mg/L NAA 处理的成活率与 50 mg/L、200 mg/L NAA 处理无显著差异；A1 基质中，50 mg/L、150 mg/L、200 mg/L NAA 处理的成活率无显著差异。由表 3 可得，处理 A 的成活率显著高于 B，A 处理对成活率促进作用起主效应，B 处理对成活率的促进作用次之，A×B 无交互影响。

表 8 可看出，处理 A2×B2 的成活率显著高于其他处理组，处理 A1×B3 的成活率显著低于 A2×B2、A2×B1、A3×B2、A1×B2、A2×B3、A3×B1，但与 A3×B3、A1×B1 无显著差异。

表 8　基质、IBA 药剂处理对插穗成活率的影响

	处理	成活率(%)	5%显著水平
组合间	A2×B2	90.00±00.00	a
	A2×B1	63.44±00.00	b
	A3×B2	63.44±00.00	b
	A1×B2	59.21±11.55	bc
	A2×B3	59.21±11.55	bc
	A3×B1	54.99±11.55	bcd

续表

	处理	成活率(%)	5%显著水平
组合间	A3 × B3	50.77 ± 00.00	cde
	A1 × B1	46.92 ± 11.55	de
	A1 × B3	43.07 ± 11.55	e
A 处理内	A2		a
	A3		b
	A1		c
B 处理内	B2		a
	B1		b
	B3		b

表 9 可得，A 处理中的 F 值高于 B 处理，说明 A 处理对插穗成活率的显著影响高于 B 处理，则基质对成活率的影响大于药剂对成活率的影响。

表 9　基质、IBA 药剂处理对插穗成活率的方差分析

变异来源	自由度	平方和	均方	*F* 值	F0.05	F0.01
A 处理	2	2 103.81	1 051.91	37.99	3.55	6.01
B 处理	2	1 979.71	989.85	35.75	3.55	6.01
A × B	4	367.42	91.86	3.32	2.93	4.58
误差	18	498.34	27.69			
总变异	26	4 949.29				

其结果表明，不同基质中，A2 插穗的成活率显著高于其他基质。同种 A2 基质中，150 mg/L IBA 处理的成活率显著高于 50、200 mg/L IBA 处理；A3 基质中，150 mg/L IBA 处理的成活率显著高于 200 mg/L IBA 处理，但与 50 mg/L IBA 处理无显著差异；A1 基质中，150 mg/L IBA 处理的成活率显著高于 50、200 mg/L IBA 处理。由表 3 可得，处理 A 的成活率显著高于 B，A 处理对插穗的成活率起主效应，B 处理对成活率的促进作用次之，A × B 有交互影响。

由图 2 看出，同种基质中 NAA 与 IBA 药剂处理的插穗成活率无显著差异；不同基质中，河沙：泥炭土（3：2）基质中药剂处理的成活率高于河沙：珍珠岩（1：1）和河沙。

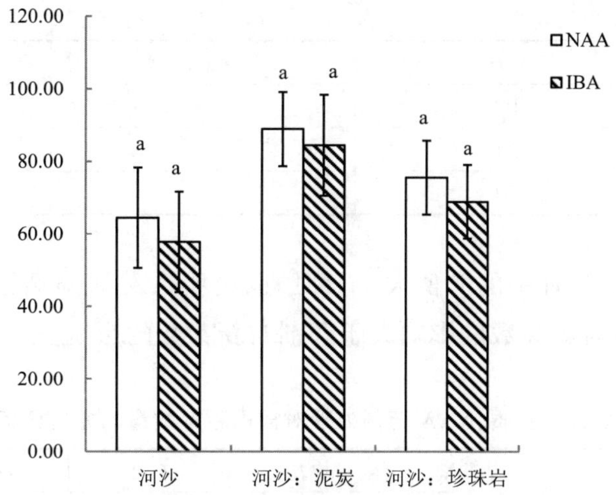

图 2　NAA、IBA 药剂成活率的对比

3.2　不同药剂及基质处理对凌霄花嫩枝扦插生长状况的影响

3.2.1　不同处理对凌霄插穗新芽数的影响

新芽数量是用来衡量插穗生长状况的指标之一，不同药剂及基质处理会影响插穗的新芽数量。由表 10 可知：处理 A2 × B2 的新芽数显著高于其他处理组，处理 A1 × B3 的新芽数显著低于 A2 × B2、A2 × B1、A3 × B2、A2 × B3、A1 × B2、A3 × B1、A3 × B3，但与 A1 × B1 无显著差异。

表 10　基质、NAA 药剂处理对插穗新芽数量的影响

	处理	新芽数(个)	5%显著水平
组合间	A2 × B2	1.80 ± 0.77	a
	A2 × B1	1.33 ± 0.90	b
	A3 × B2	1.13 ± 0.52	b
	A2 × B3	1.07 ± 0.80	bc
	A1 × B2	0.67 ± 0.49	cd
	A3 × B1	0.60 ± 0.51	d
	A3 × B3	0.58 ± 0.52	d
	A1 × B1	0.43 ± 0.41	de
	A1 × B3	0.00 ± 0.00	e
A 处理内	A2		a
	A3		b
	A1		c

续表

	处理	新芽数(个)	5%显著水平
B 处理内	B2		a
	B1		b
	B3		b

从表 11 可得,A 处理中的 F 值大于 B 处理,说明 A 处理对插穗新芽数的显著效应高于 B 处理,则基质对新芽数的影响大于药剂对新芽数的影响。

表 11 基质、NAA 药剂处理对插穗新芽数量的方差分析

变异来源	自由度	平方和	均方	*F* 值	F0.05	F0.01
A 处理	2	28.15	14.07	39.00	3.09	4.82
B 处理	2	11.30	5.65	15.66	3.09	4.82
A × B	28	0.07	0.00	0.01	1.59	1.92
误差	126	45.47	0.36			
总变异	134	84.99				

其结果表明,不同基质中, A2 对插穗的新芽数显著高于其他基质,同种 A2 基质中,150 mg/L NAA 处理的新芽数显著高于 50 mg/L、200 mg/L NAA 处理;A3 基质中,150 mg/L NAA 处理的新芽数显著高于 50 mg/L、200 mg/L NAA 处理;A1 基质中,150 mg/L NAA 处理的新芽数显著高于 200 mg/L NAA 处理,但与 50 mg/L NAA 处理无显著差异。由表 3 可得,A 处理的新芽数显著高于 B 处理,A 处理对新芽数的促进作用起主效应,B 处理对新芽数的促进作用次之,A × B 无交互影响。

从表 12 看出,处理 A2 × B2 的新芽数显著高于其他处理组,处理 A1 × B3 的新芽数显著低于 A2 × B2、A2 × B1、A3 × B2、A2 × B3、A3 × B1、A3 × B3、A1 × B2,但与 A1 × B1 无显著差异。

表 12 基质、IBA 药剂处理对插穗新芽数量的影响

	处理	新芽数(个)	5%显著水平
组合间	A2 × B2	1.67 ± 0.62	a
	A2 × B1	1.27 ± 0.46	b
	A3 × B2	1.20 ± 0.56	b
	A2 × B3	1.13 ± 0.35	b
	A3 × B1	0.80 ± 0.41	c
	A3 × B3	0.73 ± 0.46	c

续表

	处理	新芽数(个)	5%显著水平
组合间	A1×B2	0.60±0.51	c
	A1×B1	0.27±0.26	d
	A1×B3	0.27±0.26	d
A处理内	A2		a
	A3		b
	A1		c
B处理内	B2		a
	B1		b
	B3		b

从表13可得出，A处理中的*F*值大于B处理，说明A处理对插穗新芽数的显著效应高于B处理，则基质对新芽数的影响大于药剂对新芽数的影响。

表13 基质、IBA药剂处理对插穗新芽数量的方差分析

变异来源	自由度	平方和	均方	*F*值	F0.05	F0.01
A处理	2	28.84	12.92	61.04	3.09	4.82
B处理	2	6.50	3.25	15.37	3.09	4.82
A×B	28	0.03	0.00	0.00	1.59	1.92
误差	126	26.67	0.21			
总变异	134	59.04				

其结果表明，不同基质中，A2对插穗的新芽数显著高于其他基质，同种A2基质中，150 mg/L IBA处理的新芽数显著高于50 mg/L、200 mg/L IBA处理；A3基质中，150 mg/L IBA处理的新芽数显著高于50 mg/L、200 mg/L IBA处理；A1基质中，150 mg/L IBA处理的新芽数显著高于50 mg/L、200 mg/L IBA处理。由表3可得，A处理的新芽数显著高于B处理，A处理对新芽数的促进作用起主效应，B处理对新芽数的促进作用次之，A×B无交互影响。

由图3可得，同种基质中NAA药剂与IBA药剂处理的插穗新芽数量无显著差异；不同基质中，河沙：泥炭土(3：2)中药剂处理新芽数量多于河沙：珍珠岩(1：1)和河沙。

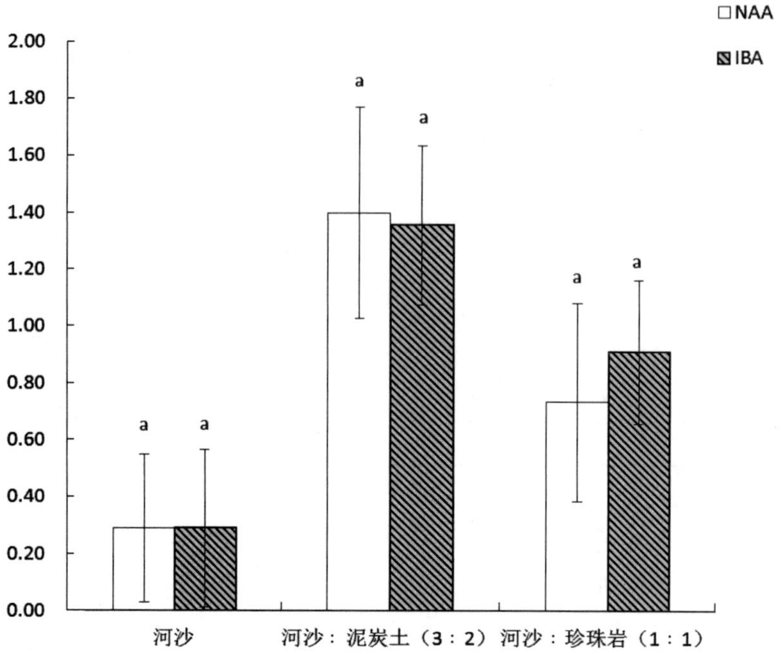

图 3 NAA、IBA 药剂新芽数量的对比

3.2.2 不同处理对凌霄插穗新叶数的影响

从表 14 可知，处理 A2 × B2 的新叶数显著高于其他处理组，处理 A1 × B3 的新叶数显著低于 A2 × B2、A2 × B1、A2 × B3、A3 × B2，但与 A1 × B2、A3 × B1、A3 × B3、A1 × B1 无显著差异。

表 14 基质、NAA 药剂处理对插穗新叶数量的影响

	处理	新叶数（片）	5%显著水平
组合间	A2 × B2	4.20 ± 2.34	a
	A2 × B1	2.33 ± 0.64	b
	A2 × B3	2.00 ± 0.65	bc
	A3 × B2	1.40 ± 0.83	c
	A1 × B2	0.67 ± 0.62	d
	A3 × B1	0.67 ± 0.49	d
	A3 × B3	0.60 ± 0.51	d
	A1 × B1	0.50 ± 0.41	d
	A1 × B3	0.43 ± 0.35	d
A 处理内	A2		a
	A3		b
	A1		c

续表

	处理	新叶数(片)	5%显著水平
B 处理内	B2		a
	B1		b
	B3		b

从表 15 可得出，A 处理中的 *F* 值大于 B 处理，说明 A 处理对插穗新叶数的显著效应高于 B 处理，则基质对新叶数的影响大于药剂对新叶数的影响。

表 15 基质、NAA 药剂处理对插穗新叶数量的方差分析

变异来源	自由度	平方和	均方	*F* 值	F0.05	F0.01
A 处理	2	147.78	73.89	81.57	3.09	4.82
B 处理	2	38.71	19.36	21.37	3.09	4.82
A × B	28	15.38	0.55	0.61	1.59	1.92
误差	126	114.13	0.91			
总变异	134	316.00				

其结果表明，不同基质中，A2 对插穗的新叶数显著高于其他基质，同种 A2 基质中，150 mg/L NAA 处理的新叶数显著高于 50 mg/L、200 mg/L NAA 处理；A3 基质中，150 mg/L NAA 处理的新叶数显著高于 50 mg/L、200 mg/L NAA 处理；A1 基质中，150 mg/L NAA 处理的新叶数与 50 mg/L、200 mg/L NAA 处理无显著差异。由表 3 可得，A 处理的新叶数显著高于 B 处理，A 处理对新叶数的促进作用起主效应，B 处理对新叶数的促进作用次之，A × B 无交互影响。

由表 16 可得出，处理 A2 × B2 的新叶数显著高于其他处理组，处理 A1 × B3 的新叶数显著低于 A2 × B2、A2 × B3、A2 × B1、A3 × B2、A3 × B1、A3 × B3，但与 A1 × B2、A1 × B1 无显著差异。

表 16 基质、IBA 药剂处理对插穗新叶数量的影响

	处理	新叶数(片)	5%显著水平
组合间	A2 × B2	3.73 ± 1.53	a
	A2 × B3	1.87 ± 0.74	b
	A2 × B1	1.73 ± 0.46	b
	A3 × B2	1.53 ± 0.83	b
	A3 × B1	0.93 ± 0.46	c
	A3 × B3	0.87 ± 0.64	c

续表

	处理	新叶数（片）	5%显著水平
组合间	A1×B2	0.60±0.51	cd
	A1×B1	0.23±0.21	d
	A1×B3	0.23±0.20	d
A 处理内	A1		a
	A2		b
	A3		c
B 处理内	B1		a
	B2		b
	B3		b

由表 17 可得出，A 处理中的 *F* 值大于 B 处理，这意味着 A 处理对插穗新叶数的显著效应高于 B 处理。进一步分析表明，基质对新叶数的影响大于药剂对新叶数的影响。

表 17 基质、IBA 药剂处理对插穗新叶数量的方差分析

变异来源	自由度	平方和	均方	*F* 值	F0.05	F0.01
A 处理	2	104.53	52.27	94.44	3.09	4.82
B 处理	2	30.00	15.00	27.10	3.09	4.82
A×B	28	13.47	0.48	0.87	1.59	1.92
误差	126	69.73	0.55			
总变异	134	217.73				

其结果表明，不同基质中，A2 对插穗的新叶数显著高于其他基质。在同种 A2 基质中，150 mg/L IBA 处理的新叶数显著高于 50 mg/L、200 mg/L IBA 处理；在 A3 基质中，150 mg/L IBA 处理的新叶数显著高于 50 mg/L、200 mg/L IBA 处理；而在 A1 基质中，150 mg/L IBA 处理的新叶数与 50 mg/L、200 mg/L IBA 处理无显著差异。由表 3 可得，A 处理的新叶数显著高于 B 处理，表明 A 处理对新叶数的促进作用起主效应，B 处理对新叶数的促进作用次之，且 A×B 无交互影响。

由图 4 可看出，同种基质中，药剂 NAA 与药剂 IBA 处理的新叶数量无显著差异；在河沙与河沙：泥炭土（3：2）基质中，NAA 药剂处理的插穗新叶数量多于 IBA 药剂处理的插穗新叶数量；而在河沙：珍珠岩（1：1）基质中，IBA 药剂处理的插穗新叶数多于 NAA 药剂处理的插穗新叶数量。这一结果表明，基质类型与药剂种类之间存在一定的相互作用，可能会影响插穗新叶的生长。

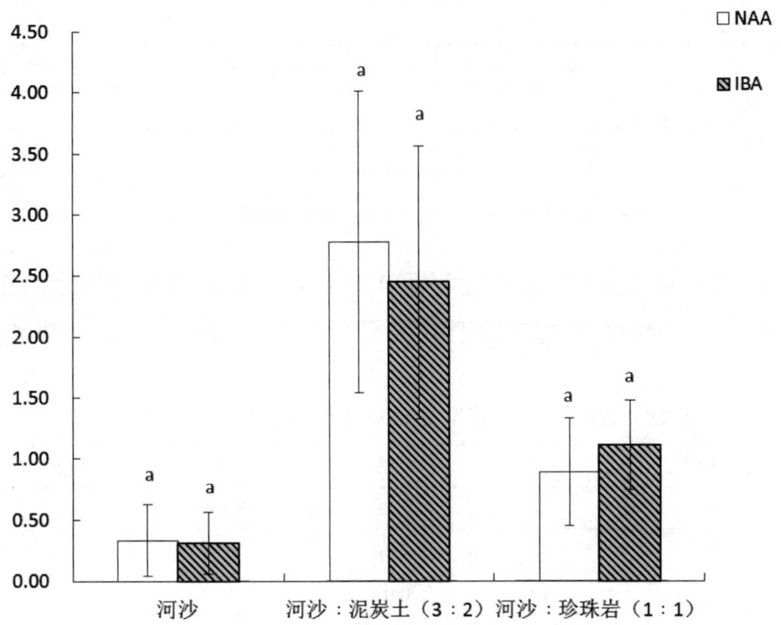

图 4　NAA、IBA 药剂新叶数量的对比

3.2.3　不同处理对凌霄插穗须根数的影响

由表 18 可看出,处理 A2×B2 的须根数显著高于其他处理组,表明 A2 基质与 B2 药剂的组合对须根生长的促进作用最为显著。处理 A1×B3 的须根数显著低于 A2×B2、A2×B1、A2×B3、A3×B2,但与 A3×B1、A3×B3、A1×B2、A1×B1 无显著差异。

表 18　基质、NAA 药剂处理对插穗须根数量的影响

	处理	须根数(根)	5%显著水平
组合间	A2×B2	1.53±0.83	a
	A2×B1	0.93±0.59	b
	A2×B3	0.80±0.56	b
	A3×B2	0.73±0.46	b
	A3×B1	0.33±0.49	c
	A3×B3	0.33±0.49	c
	A1×B2	0.27±0.46	c
	A1×B1	0.26±0.26	c
	A1×B3	0.26±0.26	c
A 处理内	A2		a
	A3		b
	A1		c

续表

	处理	须根数(根)	5%显著水平
B 处理内	B2		a
	B1		b
	B3		b

由表 19 可看出，A 处理中的 F 值大于 B 处理，说明 A 处理对插穗须根数的显著效应高于 B 处理，进一步表明基质对须根数的影响大于药剂对须根数的影响。

表 19　基质、NAA 药剂处理对插穗须根数量的方差分析

变异来源	自由度	平方和	均方	F 值	F0.05	F0.01
A 处理	2	21.17	10.59	39.85	3.09	4.82
B 处理	2	5.39	2.70	10.15	3.09	4.82
A × B	28	1.19	0.04	0.16	1.59	1.92
误差	126	33.47	0.27			
总变异	134	61.21				

其结果表明，不同基质中，A2 对插穗的须根数显著高于其他基质。在同种 A2 基质中，150 mg/L NAA 处理的须根数显著高于 50 mg/L、200 mg/L NAA 处理；在 A3 基质中，150 mg/L NAA 处理的须根数显著高于 50 mg/L、200 mg/L NAA 处理；而在 A1 基质中，150 mg/L NAA 处理的须根数与 50 mg/L、200 mg/L NAA 处理无显著差异。由表 3 可得，A 处理的须根数显著高于 B 处理，A 处理对须根数的促进作用起主效应，B 处理对须根数的促进作用次之，A × B 无交互影响。

由表 20 可看出，处理 A2 × B2 的须根数显著高于其他处理组，处理 A1 × B3 的须根数显著低于 A2 × B2、A2 × B1、A2 × B3、A3 × B2，但与 A3 × B1、A3 × B3、A1 × B2、A1 × B1 无显著差异。

表 20　基质、IBA 药剂处理对插穗须根数量的影响

	处理	须根数(根)	5%显著水平
组合间	A2 × B2	1.20 ± 0.56	a
	A2 × B1	0.67 ± 0.49	b
	A2 × B3	0.67 ± 0.49	b
	A3 × B2	0.67 ± 0.49	b
	A3 × B1	0.53 ± 0.49	bc
	A3 × B3	0.37 ± 0.32	c

续表

	处理	须根数(根)	5%显著水平
组合间	A1 × B2	0.30 ± 0.28	c
	A1 × B1	0.27 ± 0.26	c
	A1 × B3	0.27 ± 0.26	c
A 处理内	A2		a
	A3		b
	A1		c
B 处理内	B2		a
	B1		b
	B3		b

由表 21 可得出,A 处理中的 *F* 值大于 B 处理,说明 A 处理对插穗须根数的影响大于 B 处理,表明基质对须根数的影响大于药剂对须根数的影响。

表 21 基质、IBA 药剂处理对插穗须根数量的方差分析

变异来源	自由度	平方和	均方	*F* 值	F0.05	F0.01
A 处理	2	11.51	5.76	28.18	3.09	4.82
B 处理	2	3.38	1.69	8.27	3.09	4.82
A × B	28	0.98	0.03	0.17	1.59	1.92
误差	126	25.73	0.20			
总变异	134	41.60				

其结果表明,不同基质中, A2 对插穗的须根数显著高于其他基质;在同种 A2 基质中, 150 mg/L IBA 处理的须根数显著高于 50 mg/L、200 mg/L IBA 处理;在 A3 基质中, 150 mg/L IBA 处理的须根数显著高于 200 mg/L IBA 处理,但与 50 mg/L IBA 处理无显著差异;在 A1 基质中, 150 mg/L IBA 处理的须根数与 50 mg/L、200 mg/L IBA 处理无显著差异。由表 3 可得, A 处理的须根数显著高于 B 处理, A 处理对须根数的促进作用起主效应,B 处理对须根数的促进作用次之,A × B 无交互影响。

由图 5 可看出,同种基质中,药剂 NAA 与药剂 IBA 处理的须根数量无显著差异;在河沙与河沙：泥炭土(3：2)基质中, NAA 药剂处理的插穗须根数量多于 IBA 药剂处理的插穗须根数量;河沙：珍珠岩(1：1)基质中, IBA 药剂处理的插穗须根数多于 NAA 药剂处理的插穗须根数。

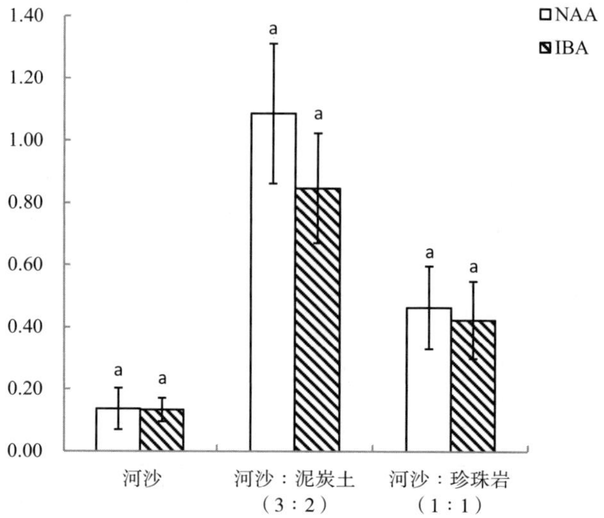

图 5 NAA、IBA 药剂须根数量的对比

4 讨论与结论

扦插基质是影响扦插苗生根成活率的重要因素之一，不同扦插基质在持水力、透气性和透水性等方面有各自的特点。河沙：泥炭土（3：2）基质具有良好的保水能力及透气性，营养丰富且质地松软不易板结，有利于插穗吸收水分和养分；河沙：珍珠岩（1：1）基质的保水能力较前者弱，营养较差，但其透气性较好。通过研究发现，河沙：泥炭土（3：2）基质中插穗的生根率及成活率最高，而河沙：珍珠岩（1：1）基质中插穗的生根率及成活率较前者低。河沙基质因其透气性差、保水能力差、缺乏营养且容易板结，其插穗生根率及成活率最差。有研究指出，良好的气水平衡有利于提高生根率，这与本研究的结果一致，插穗在 A2 中的生根率显著高于 A1、A3。

已有研究表明，基质不仅单独影响扦插生根，而且与激素种类及浓度对扦插生根具有显著的交互影响。研究得出，在河沙：泥炭土（3：2）中用萘乙酸 150 mg/L 和吲哚丁酸 150 mg/L 药剂处理过的凌霄插穗生根数最多，其吲哚丁酸 50 mg/L、200 mg/L 药剂处理过的插穗生根数较少；在河沙：珍珠岩（1：1）中，用萘乙酸 150 mg/L 和吲哚丁酸 150 mg/L 药剂处理过的凌霄插穗生根数较前者少；在河沙中用萘乙酸 150 mg/L 和吲哚丁酸 150 mg/L 药剂处理过的凌霄插穗生根数最少。原因可能是吲哚丁酸高浓度或低浓度对插穗生根产生了抑制作用。有研究指出，植物生长调节剂可促进扦插生根，这与本试验结果一致，B 处理对插穗须根数有显著影响，表明 B 处理对须根数有促进作用。

在药剂种类、药剂浓度、扦插基质三个因素中，对凌霄插穗的新芽、新叶、须根影响最大的因素是扦插基质，药剂浓度次之，药剂种类对凌霄扦插的新芽、新叶、须根影响无显著差异。最适宜凌霄扦插的基质是河沙：泥炭土（3：2），其次是河沙：珍珠岩（1：1），最差的是河沙；最适凌霄扦插的药剂浓度为 150 mg/L，而 50 mg/L、200 mg/L 浓度对其影响没有 150 mg/L 浓度显著；NAA、IBA 药剂对凌霄扦插生长的效果无显著差异。筛选出的凌霄最佳扦插方案为以 150 mg/L NAA、IBA 药剂处理，以河沙：泥炭土（3：2）为扦插基质进行扦插。

参考文献

[1] 周淑荣. 凌霄花及栽培技术[J]. 中国农村科技，2006（12）：34.

[2] 邓运川. 美国凌霄栽培技术[J]. 中国花卉园艺，2014（22）：46-47.

[3] 吴江，戚行江，陈俊伟，等. 药用凌霄的无公害栽培技术[J]. 时珍国医国药，2004（4）：254.

[4] 杨阳，朱斌. 凌霄属植物根、茎、叶化学成分及药理作用的研究进展[J]. 中国药师，2014（3）：498-501.

[5] 冯嘉仪. 四种木质藤本植物叶片性状及扦插繁殖研究[D]. 广州：华南农业大学，2016.

[6] 白春微，魏曙明，闫金安，等. 生根剂和扦插基质对紫珠扦插生根的影响[J]. 安徽农业科学，2015，43（11）：107-108，273.

[7] 周亮，黄建平，黄自云，等. 蒜香藤的扦插繁殖技术探讨[J]. 中南林业调查规划，2012（4）：62-64.

[8] 姚湘明. 紫薇嫩枝扦插基质研究[J]. 山东林业科技，2016（6）：39-42.

[9] 廖美兰，杜铃，黄欣. 蒜香藤的扦插育苗试验[J]. 林业实用技术，2014（2）：52-53.

[10] 安宝华. 不同药剂与不同基质对紫叶矮樱嫩枝扦插生长状况的影刊[J]. 科技创新导报，2016，13（1）：157-158.

[11] 习心军，康真，张建华，等. 紫薇的繁殖和栽培管理技术研究[J]. 农村经济与科技，2013（12）：107-108.

[12] 徐云尚，刘书环. 红花紫薇的繁殖栽培管理技术探讨[J]. 现代园艺，2013（14）：28.

[13] 张跃生，王小忠，詹小红. 不同繁殖方法对垂直绿化新品种种苗生长的影响研究[J]. 广东农业科学，2012（12）：57-59.

[14] 赖尚海，雷江丽，吴彩琼，等. 立交桥垂直绿化新品种种苗繁殖技术研究[J]. 南方农业（园林花卉版），2011（2）：37-40.

[15] 周玉敏,徐自警. 紫薇的繁殖栽培技术[J]. 中国林副特产,2009(1):46-47.

[16] 朱立,吴洪娥,周艳,等. 无籽刺梨扦插繁殖试验研究[J]. 种子,2014(7):123-125.

[17] 韦晓娟,陈金艳,梁晓静,等. 不同基质对山茶花扦插生长的影响[J]. 中国农学通报.2012,28(31).

[18] MEHRI H, MHANNA K, SOLTANE A, et al. Performance of o-live cuttings (Olea europapaea L.) of different cultivars grow-ing in the agro-climatic conditions of Al-Jouf (SaudiArabia)[J]. American Journal of Plant Physiology. 2013, 8(1):41-49.

[19] MOHAMMADI A T, VAHID S. Rooting in hibiscus rosa-sinensis (yellow double hybrid) by indole butyric acid and rooting subdtrates[J]. International Journal of Plant, Animal and Environmental Sciences, 2012, 2(2):194-197.

[20] SWAMY S L, PURI S, SINGH A K. Effect of auxins (IBA and NAA) and season on rooting of juvenile and mature hardwood cuttings of Robinia pseudoacacia, and Grewia optiva[J]. New Forests, 2002, 23(2):143 -157.

[21] 石春岩,于巍威. 植物生长调节剂在园林苗木生产中的应用[J]. 新农业, 2014(21):55-56.

大白菜愈伤组织的诱导及褐化的抑制

1 前言

1.1 大白菜研究现状

大白菜,属于十字花科芸苔属,是一二年生植物,原产于中国,是亚洲重要的蔬菜。随着人民生活水平的不断提高,人们对蔬菜品种及品质的要求也越来越高,对白菜新品种的需求日益增加,因此蔬菜育种工作尤为重要。植物组织培养能够提高育种效率,改良品种。由于愈伤组织是未分化的具有分生能力的原始细胞团,通过对愈伤组织进行基因转化和化学诱导可以较快获得新品种。诱导愈伤组织产生不定芽或植株再生是育种的重要过程。然而,在植物组织培养过程中,外植体或培养物容易出现褐化现象,导致外植体进一步变褐甚至死亡。大白菜愈伤组织诱导过程中也存在褐化现象。目前,国内外学者对褐化的研究主要集中在木本和草本植物上,而在蔬菜特别是白菜方面的研究较少。

组织培养过程中外植体褐化是影响组织培养成功的主要因素。褐变的发生是由于外植体或培养材料在切割时受到机械损伤,伤口处分泌出酚类化合物,在有氧条件下,酚类物质经过多酚氧化酶(PPO)氧化为醌类,醌类再通过非酶促反应进行一系列的脱水、聚合反应,生成有色物质,导致组织变成棕褐色或暗褐色,进而抑制细胞内其他酶的活性,扰乱组织代谢,影响细胞的正常功能,甚至导致组织死亡。一般来说,解决褐化的方法包括:选择合适的外植体、使用适宜的激素配比、加入抗氧化剂、添加吸附剂以及控制培养条件等。常用的防褐化剂包括抗坏血酸、硫代硫酸钠、聚乙烯吡咯烷酮、柠檬酸和活性炭等。

在褐化抑制研究中,抗坏血酸的应用有:张志兰处理山茶花愈伤组织未出现明显褐化;邵菊芳处理银杏愈伤组织表现出最佳的抗褐效果。硫代硫酸钠的研究有:龚小洁处理马铃薯愈伤组织褐化程度减轻;张健等在研究耐盐柳树愈伤组织时发现褐化程度降低,但硫代硫酸钠的防褐效果并不十分理想。聚乙烯吡咯烷酮的研究有:曲文静处理芍药愈伤组织褐化得到有效控制;何松林等在处理牡丹愈伤组织时表现出明显的防褐化效果。柠檬酸防褐化研究有:代小梅等研究草地早熟禾愈伤组织褐化抑制效果显著;王颖等研究烟草愈伤组织褐化抑制效果明显。活性炭的研究有:王立娅等研究蝴蝶兰组培防褐化;赵惠等处理香蕉愈伤组织;王立强等研究苦豆子愈伤组织时发现添加不同浓度的活性炭能有效抑制褐化。然而,关于褐化抑制在白菜愈伤组织培养中的研究尚未见报道。

1.2 研究的目的与意义

本研究为大白菜组织培养解决污染问题提供理论依据,通过筛选愈伤组织褐化的抑制处理,确定最适防褐化物质及其最佳浓度,对今后顺利开展蔬菜作物组织培养研究具有重要的借鉴意义。

2 材料与方法

2.1 试验材料

本试验所用的材料为大白菜,品种为油绿三号,由河北农业大学研制提供。

2.2 试验方法

2.2.1 培养无菌苗

接种前,将大白菜种子用自来水浸泡 30 min,倒掉水后放入超净工作台灭菌 20 min,随后用 75%酒精浸泡 10 min,无菌水冲洗 3~4 次,再用 2%次氯酸钠溶液浸泡灭菌 10 min,最后用无菌水冲洗 4~5 次。将处理过的大白菜种子分别接种于附加不同浓度的 6-BA 和 NAA(pH 值为 5.8)的种子萌发培养基 1/2MS 中培养无菌苗,每瓶接种 10 粒种子。其中, 6-BA(0、1 mg/L)和 NAA(0、1 mg/L)的配比采用完全随机设计。一周后,统计种子萌芽的污染率和发芽率,每组设计接种 20 瓶,重复 3 次。

2.2.2 愈伤组织诱导

当无菌苗的两片真叶面积达到约 1 cm^2 时,从无菌苗上切取两片真叶及茎段,分别接种于不同浓度 6-BA 和 NAA 的培养基中进行愈伤组织诱导。基本培养基为 MS,pH 值为 5.8。其中,6-BA(1.0 mg/L、3.0 mg/L、5.0 mg/L、7.0 mg/L)和 NAA(0.1 mg/L、0.3 mg/L、0.5 mg/L)的配比采用完全随机设计。每组设计接种 20 个外植体,重复 3 次,并设置不添加任何激素的培养基作为对照组。三周后,统计污染率、褐化率和愈伤组织诱导率。

2.2.3 褐化的抑制

本试验选择的褐化抑制剂包括:抗坏血酸(5.0 mg/L、10.0 mg/L、15.0 mg/L)、柠檬酸(6.0 mg/L、8.0 mg/L、10.0 mg/L)以及吸附剂活性炭(1.0 mg/L、2.0 mg/L、3.0 mg/L),并设置不做任何处理的对照组。每瓶接种 3 个外植体,选用最佳愈伤组织诱导培养基,添加不同浓度的褐化抑制剂进行褐化处理。培养条件为温度 25 ℃,光照 12 h/天,光照强度 1 500~2 500 lx。

三周后,对污染率、褐化率及成活率进行统计,并对愈伤组织的颜色、形态和形状进行观察记录,统计褐化程度。愈伤组织没有出现褐化现象或褐化程度最小的防褐化剂浓度被视为最佳浓度。每组设计处理愈伤数为 20 个,重复 3 次。

3 结果与分析

3.1 种子萌发最佳培养基筛选

6-BA 在培养基中的主要生理作用包括促进细胞分裂、促进非分化组织分化、促进种子萌发以及诱导休眠芽生长。而 NAA 的主要生理作用是促进细胞分裂与扩大,并诱导形成不定根。

从表 1 的试验结果可知,种子萌发空白对照组的发芽率为 88.4%。在 1/2MS 培养基中加入 1 mg/L 6-BA 时,种子萌发率最高,达到 100%。单独加入 1 mg/L NAA 时,发芽率为 80.3%,比对照组的发芽率低。同时添加 6-BA 和 NAA 时,种子发芽率有所提高,但效果不如单独添加 6-BA 显著。由此可以看出, 6-BA 对促进种子萌发的效果较好。

表 1 不同激素配比大白菜种子萌发率

基本培养基	NAA(mg/L)	6-BA(mg/L)	污染率(%)	发芽率(%)
1/2MS	0	0	0	88.4
	0	1	0	100
	1	0	0	80.3
	1	1	0	90.1

在本试验中,大白菜种子萌发的最佳培养基是添加 6-BA 浓度为 1 mg/L 的 1/2MS 培养基。

3.2 愈伤组织诱导培养基筛选

通过表 2 不同激素浓度配比大白菜愈伤组织的诱导情况可以看出以下几点。

(1)大白菜愈伤组织无激素诱导率低,真叶和茎段的愈伤诱导率不同,在激素相同条件下,大白菜的真叶组织愈伤诱导率普遍高于茎段的愈伤诱导率,诱导率最高为40.84%,多组真叶愈伤诱导率比茎段愈伤诱导率高10%以上。

(2)大白菜愈伤组织诱导褐化率高,多组激素组合褐化率在80%~100%,褐化率最低为55.5%。随激素浓度的增加,褐化率也随之增加。

(3)大白菜愈伤组织诱导污染率较低,基本在10%以下。

表2 愈伤组织诱导率

NAA(mg/L)	6-BA(mg/L)	接种部位	污染率(%)	褐化率(%)	愈伤组织诱导率(%)
0.1	1.0	真叶	10.58	72.3	12.56
		茎断	15.36	90	5.32
	3.0	真叶	3.8	55.5	40.84
		茎断	5.05	75.3	20.15
	5.0	真叶	6.25	75.29	21.3
		茎断	12.3	95	6.38
	7.0	真叶	4.2	85.14	15.62
		茎断	5.6	90.6	5.91
0.3	1.0	真叶	3.3	90.28	10.25
		茎断	5.14	95.06	2.35
	3.0	真叶	5.11	65.41	30.24
		茎断	5.22	85.1	11.28
	5.0	真叶	1.24	85.26	15.65
		茎断	5	85.2	11.5
	7.0	真叶	0	90.08	10
		茎断	5.47	85.4	9.56
0.5	1.0	真叶	5	85.2	8.65
		茎断	10.14	90.18	3.29
	3.0	真叶	15.5	70.28	15.58
		茎断	5.26	92.26	6.54
	5.0	真叶	5.47	85.3	10
		茎断	0	100	4.25
	7.0	真叶	11.47	80.4	11.3
		茎断	10.3	86.5	3.14
CK		真叶	10.25	81.23	8.27
		茎段	7.23	90.3	3.31

不同激素水平对大白菜愈伤组织的诱导影响较大,在NAA浓度相同条件下,6-BA浓度为3 mg/L时,大白菜的愈伤组织诱导率最高,达到40.84%,与对照组相比诱导率大大提高。在6-BA浓度相同条件下,不同浓度的NAA都能诱导出愈伤组织,但是随

着 NAA 浓度不断提高,诱导率也不断降低,其中 NAA 浓度为 0.1 mg/L 时,愈伤组织诱导率最高为 40.84%, NAA 浓度为 0.3 mg/L 和 0.5 mg/L 时愈伤组织诱导率为 30.24%、15.58%。当 6-BA 浓度低于 3 mg/L,无论 NAA 浓度是多少,愈伤组织诱导率都不会超过 15%;当 6-BA 浓度高于 3 mg/L,同 NAA 浓度下,愈伤诱导率逐步下降。从 NAA 浓度对愈伤组织的诱导影响可以看出,相比较于 6-BA, NAA 对大白菜愈伤组织诱导的影响较小,其中 NAA 浓度在 0.1 mg/L 愈伤诱导率较高,随着 NAA 浓度升高,大白菜愈伤诱导率逐步降低。因此在大白菜愈伤组织诱导中, 6-BA 浓度为 3 mg/L,NAA 浓度 0.1 mg/L,大白菜真叶组织的愈伤诱导率最高。

3.3 不同褐化抑制剂处理对大白菜外植体褐化的影响

在大白菜愈伤诱导试验中,褐化现象严重。影响褐变的因素有很多,可能导致其发生的原因一般包括:外植体伤口面积较大、消毒时间过长或消毒液未冲洗干净、培养基激素搭配不当、培养条件不恰当等。在褐化抑制剂处理试验中,在诱导培养基配方 MS 中添加 6-BA 浓度为 3 mg/L、NAA 浓度为 0.1 mg/L 的培养基中,加入不同浓度的防褐化剂。通过表 3 可以看出,空白对照组的褐化率最高,达到 80.54%。加入防褐化剂的 9 个处理中, 3 个防褐化剂的最低浓度的褐化率与空白对照组相近,分别为 73.35%、75.4%、73.2%。研究结果发现,在抗坏血酸 7 mg/L 和活性炭 3 g/L 时,褐化率最低,分别为 52.5%和 42.3%。相比于对照组 80.54%的褐化率,褐化抑制效果有明显提高,且 3 g/L 的活性炭褐化抑制效果优于 7 mg/L 的抗坏血酸,同时污染率较低,成活率较高。

表 3 不同褐化抑制剂处理后大白菜外植体的褐化率

防褐化剂	浓度	污染率(%)	褐化率(%)	成活率(%)
抗坏血酸(mg/L)	3	0	73.35	25.14
	5	5.25	54.2	35.14
	7	10.5	52.5	40.5
柠檬酸(mg/L)	6	5.04	75.4	30.1
	8	6.3	65.8	25.25
	10	8.13	61.25	18.45
活性炭(g/L)	1	0	73.2	25.15
	2	5.14	60.14	35.5
	3	5.23	42.3	45.54
CK		2.46	80.54	21.25

试验中也发现,随着抗坏血酸、柠檬酸浓度的提高,外植体成活率逐渐降低,而活性

炭浓度提高,成活率也随之上升。这表明抗坏血酸、柠檬酸对外植体愈伤组织具有一定的杀伤性,而活性炭处理后外植体死亡率较低,说明活性炭对外植体的杀伤性较弱。

3.4 防褐化处理鉴定

在褐化处理鉴定试验中,通过持续观察发现,不添加任何防褐剂的试验组愈伤组织褐化严重,褐化程度达到95.4%,多数愈伤组织变褐发黑,有的干瘪甚至死亡。不同浓度的防褐剂均能抑制褐化,虽然有的愈伤组织边缘出现环状褐化或整体呈现斑点状褐化,但均未出现干瘪死亡现象。如表4所示,当抗坏血酸浓度增大时,褐化程度减小,防褐效果增强,浓度达到7 mg/L时,褐化程度降低至30.2%,愈伤组织紧密且为浅绿色。吸附剂活性炭的防褐效果也随浓度增大而增强,且效果比抗坏血酸更显著,活性炭浓度为1 g/L时,褐化程度为78.14%,浓度增加到3 g/L时,褐化程度降低至25.24%,愈伤组织颜色为深绿色。反之,随着柠檬酸浓度的增加,褐化程度加剧,最高达到82.24%,并出现干瘪死亡现象。

表4 褐化处理鉴定

防褐化剂	浓度	褐化程度	形态	形状	颜色
抗坏血酸(mg/L)	3	51.24%	松散出现斑点	斑点状	白、褐色
	5	35.54%	愈伤组织变黄	边缘环状	黄绿色
	7	30.2%	组织紧密	边缘环状	浅绿色
柠檬酸(mg/L)	6	50.4%	愈伤组织变白	愈伤组织整体变色	浅绿色
	8	51.1%	愈伤组织松散	愈伤组织整体变色	乳白色
	10	82.24%	愈伤组织发黑	黑褐色干瘪	黑褐色
活性炭(g/L)	1	78.14%	愈伤组织松散、出现褐色斑点	斑点状	褐色
	2	50.3%	紧密	颜色变浅	浅绿色
	3	25.24%	愈伤组织较紧密、边缘变褐	边缘环状	深绿色
CK		95.4%	愈伤整体变褐、发黑	黑褐色干瘪	黑褐色

通过对各组愈伤组织的形状、颜色及褐化程度的观察记录对比可以看出,不添加任何防褐剂的愈伤组织褐化程度严重(图1中的A),出现干瘪甚至死亡的现象。经过褐化抑制处理后,褐化程度降低,组织紧密且颜色为深绿色(图1中的B)。虽然不能完全解决褐化问题,但效果依然非常明显。

4 结论与讨论

本研究发现大白菜种子萌发的最适培养基配方为添加6-BA浓度为1 mg/L的1/2

MS 培养基，大白菜愈伤诱导的最适外植体是大白菜的真叶，最佳配方为 6-BA 浓度为 3 mg/L、NAA 浓度为 0.1 mg/L 的 MS 培养基。

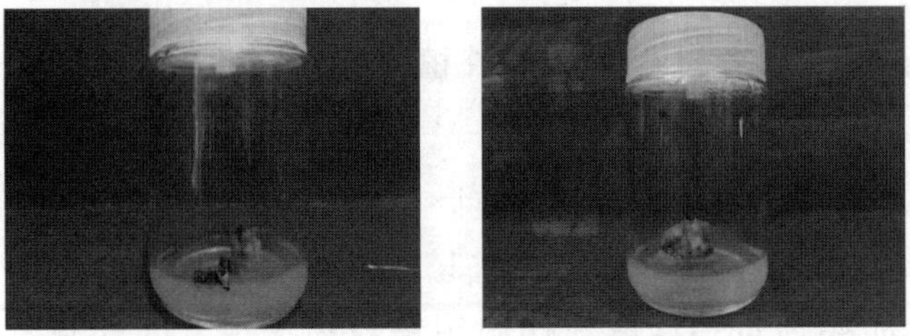

（a）　　（b）

图 1　防褐化处理对比

（a）未经防褐化处理的愈伤组织；（b）3 g/L 活性炭处理的愈伤组织

研究发现大白菜愈伤诱导试验中褐化率较高，不添加抗生素和吸附剂的愈伤组织褐化程度严重，褐化率最低为 85%，最高为 100%。这说明外植体褐化严重影响了大白菜愈伤组织的诱导。通过添加抗坏血酸、柠檬酸及活性炭可以抑制外植体褐化，降低褐化率。研究发现，当抗坏血酸浓度为 7 mg/L、活性炭浓度为 3 g/L 时，褐化率最低分别为 52.2%和 42.3%，防褐化效果较好。同时，通过大白菜愈伤褐化形态研究可以发现，抗坏血酸、柠檬酸对愈伤组织有一定杀伤性，而活性炭相对没有。因此，本研究发现活性炭是一种比较理想的防褐化剂，其理想浓度为 3 g/L。

参考文献

[1] 张立志，张鲁刚. 大白菜球叶颜色育种研究进展[J]. 中国瓜菜，2011，2:38-41.

[2] KAZUTAKA K，TAKAHIRO K，MOTOKI S，et al. Genetic distance of inbred lines of Chinese cabbage and its relationship to heterosis[J]. Plant Gene，2016，5.

[3] 赵军良，逯宝德，赵美华. 大白菜无菌苗子叶组织培养再生植株[J]. 华北农学报，2004，19(2):17-19.

[4] 隋伟. 白菜育种新技术及展望[J]. 河南农业，2016，5:9.

[5] 石云平，赵志国，唐凤鸾，等. 白芨愈伤组织诱导、增殖与分化研究[J]. 中草药，2013，44(3):349-353.

[6] 谷延泽，高瑞彦. 植物组织培养中的褐化现象及防治措施[J]. 河北农业科学，2008，12(6):56-58.

[7] HE YANG，GUO XIULIAN，LU RAN，et al. Changes in morphology and biochemical indices in browning callus derived from Jatropha curcas hypocotyls[J].

Plant Cell, Tissue and Organ Culture（PCTOC），2009，98（1）：11-17.

[8] 张宏平，姬爱国，和林涛. 植物组培快繁褐化现象研究进展[J]. 农业工程，2013，3（5）：128-132.

[9] 张志兰. 山茶花组织培养过程中的防外植体褐化试验[J]. 西部林业科学，2007，36（2）：118-121.

[10] 邵菊芳，朱红威，于文峰，等. 抗氧化剂和吸附剂促进银杏愈伤组织生长及防止褐化作用研究[J]. 福建林业科技，2009，36（3）：117-120，140.

[11] 龚晓洁. 几种防褐剂对马铃薯愈伤组织培养褐化现象的抑制效应[J]. 安徽农业科学，2009，37（22）：10 410-10 412.

[12] 张健，李敏，李玉娟，等. 不同抗氧化剂对耐盐柳树愈伤组织褐化抑制研究[J]. 扬州大学学报（农业与生命科学版），2015，36（3）：95-99.

[13] 郭翠娥. 春剑花梗离体培养中褐化的研究[D]. 成都：四川农业大学，2008.

[14] 陈剑勇. 杉木愈伤组织培养中的褐化控制研究[J]. 亚热带植物科学，2011，40（3）：47-49.

[15] 曲文静. 芍药组织培养及褐化研究[D]. 北京：北京林业大学，2014.

[16] 何松林，陈笑蕾，陈莉，等. 牡丹叶柄离体培养中褐化防止的初步研究[J]. 河南科学，2002，23（1）：47-50.

[17] 代小梅，孙振元，韩蕾. 草地早熟禾愈伤组织诱导及柠檬酸对其褐化的抑制效应[J]. 核农学报，2015，29（2）：270-277.

[18] 王颖，刘仁祥，聂琼，等. 不同防褐剂对烟草愈伤组织培养褐化现象的抑制效应[J]. 贵州农业科学，2012，40（1）：26-27.

[19] 王立娅，方正，李英丽，等. 蝴蝶兰组织培养中防褐化技术研究[J]. 河北农业大学学报，2008，31（5）：42-45.

[20] 赵惠，周雪娟，穆雷，等. 香蕉愈伤组织诱导培养中褐化抑制剂的筛选[J]. 热带生物学报，2014，5（2）：127-131.

[21] 王立强，杨军，王光碧，等. 苦豆子愈伤组织的诱导与继代培养的去褐化研究[J]. 西华师范大学学报（自然科学版），2008，29（4）：421-425，430.

[22] 裴冬丽，耿慧霞，冯翊阳，等. 抗生素对白菜型油菜愈伤组织诱导的影响[J]. 中国农学通报，2011，27（16）：168-171.

[23] 黄阜峰，刘建锋，訾玉. 大白菜组织培养[J]. 湖北师范学院学报（自然科版），2004，24（3）：58-60.

[24] 王栋，玉永雄，胡艳，等. 植物组织培养中的褐化现象及其防止措施[J]. 黑龙江农业科学，2008，（1）：7-10.

NH_4^+-N/NO_3^--N 不同配比对菠菜生长和部分矿质元素的影响

1 前言

1.1 研究背景

菠菜又名波斯菜、赤根菜、鹦鹉菜等，属藜科菠菜属一年生草本植物。植物侧根不发达，根群小且分布于浅土层中，生长期短且速度快，产量高，需肥量大。

氮是植物生长发育不可缺少的元素之一，植物吸收利用的氮素形态主要包括硝态氮（NO_3^--N）和铵态氮（NH_4^+-N）等。而氮素形态显著影响到作物的生长发育、产量。适当增加铵态氮的比例可提高菠菜品质，而在铵态氮浓度较高时会出现叶片黄化，根系变粗变短，植株整体生长受抑制造成氨中毒现象。菠菜是喜硝作物，适当增加硝态氮的比例可以促进菠菜生长，但 NO_3^--N 在作物特别是叶菜类中的积累对人类健康造成严重危害。有研究发现，NO_3^--N 的施用量过高会造成菠菜安全性和品质下降，铵硝比应合理搭配，尽量在提高生物量的同时也要保证菠菜的安全和营养价值。

菠菜营养价值高，富含矿质元素，涵盖了钙、镁、铁、铜、锌等元素。植物矿质营养研究领域的一项重要发现是矿质元素的发现和应用，它的应用不仅提高了农作物的产量和品质，还解决了其他方式解决不了的植物缺素问题，促进了农业发展。它们在植物和人体内含量虽少，却是植物和人体正常地发育所必需的。植物和人体内缺少任何一种元素，都不利于其生长发育。如人体内缺铁会导致贫血，吃菠菜可以有效改善这些状况。因此，矿质元素对人类的意义重大。

1.2 研究目的与意义

近年来，各类食品安全事件频繁发生，人们更加重视对蔬菜质量的要求。由于铵态氮或硝态氮施用量过高造成菠菜安全性和品质下降，因此为了发展优质高产的菠菜，人们通过控制氮肥的施用，从而提高菠菜产量与品质。目前施肥对菠菜的研究主要集中在品质上，而对矿质元素的研究仅在测定方法上的探索，而 NH_4^+-N/NO_3^--N 不同配比对菠菜矿质元素影响的研究较少。该试验可为菠菜的合理施肥提供可靠依据，同时也为分析其营养价值提供数据支持。

2 材料与方法

2.1 试验地概况

试验地：凯里学院卓越农林人才培养实训基地；供试土壤如表1、表2所示。

表1 土壤基本理化性状

养分类型	pH	有机质(g/kg)	全氮(g/kg)	碱解氮(mg/kg)	全磷(g/kg)	速效磷(mg/kg)	全钾(g/kg)	速效钾(mg/kg)
含量	7.92	44.96	6.16	52.98	0.20	17.63	13.54	162.67

表2 土壤矿质元素含量情况

元素类型	钙(Ca)	镁(Mg)	铁(Fe)	铜(Cu)	锌(Zn)
含量(mg/kg)	845	995	77.69	0.42	1.99

2.2 试验方法

试验以普通尖叶菠菜(甘肃)为材料，以铵态氮肥(硫酸铵)、硝态氮肥(硝酸钙)为供试肥料；采用大田试验，设5个处理，即铵态氮(NH_4^+-N)和硝态氮(NO_3^--N)的配比为：100/0、75/25、50/50、25/75、0/100处理，对照CK，3个重复，小区面积约为1.2 m^2，总面积为21.6 m^2。

施肥：每1 000 kg菠菜需要吸收氮(N)2.48 kg，磷(P_2O_5)0.86 kg，钾(K_2O)5.29 kg。分两次施肥，第一次施基肥在播种前10天施肥，第二次从播种后40天追肥一次，一次施1/2，施肥时加入氯化钙平衡硝酸钙。

播种：2020年9月8日播种，方式为撒播，播种密度为20 g/m^2，2021年3月14日采收，测定其株高、根长、叶长、叶宽、产量等指标，3月29日测定矿质元素。

2.3 测定项目与方法

2.3.1 供试土壤肥力测定

pH、有机质、氮、磷、钾含量的测定，采用凯氏定氮法、火焰分光光度法等方法测定。

2.3.2 样品采集和测定

各处理随机选取10株植株，用水洗净后晾干，测量其生长性状、生物量以及根、茎、叶部位的矿质元素含量。

2.3.3 植物品质指标测定

硝酸盐、可溶性糖、维生素C、可溶性草酸含量等指标的测定用水杨酸-浓硫酸比色法、硫酸-蒽酮比色法等方法测定。

2.3.4 植物矿质元素（Ca、Mg、Fe、Cu、Zn）含量测定

采用原子吸收分光光度法进行测定：测定前，使用瓷坩埚在马弗炉中灰化，用硝酸消解，定容至50 mL，过滤，摇匀后测定。

2.4 数据统计分析

使用Excel 2010进行数据整理及作图，并利用方差分析软件进行差异显著性检验。图中不同小写字母表示处理间差异显著（$P < 0.05$）。

3 结果与分析

3.1 NH_4^+-N/NO_3^--N不同配比对菠菜生长的影响

3.1.1 NH_4^+-N/NO_3^--N不同配比对菠菜生长性状的影响

由图1可知，在不同铵硝比条件下，菠菜株高、根长、叶长和叶宽的各铵硝比显著高于CK。株高随着铵态氮比例的增加呈先减少后增加再减少的趋势，75/25处理显著高于其他处理，100/0处理显著低于其他处理。根长随着铵态氮比例的增加呈先减少后增加再减少的趋势，0/100处理显著高于其他处理，50/50、100/0处理显著低于其他处理。叶长随着铵态氮比例的增加呈减少趋势，0/100处理显著高于其他处理，100/0处理显著低于其他处理。叶宽随着铵态氮比例的增加呈先增加后减少的趋势，50/50处理显著高于其他处理，0/100处理显著低于其他处理。说明75/25处理有利于增加菠菜株高，0/100处理有利于增加菠菜的根长、叶长，50/50处理有利于增加菠菜的叶宽，适当增加铵硝比可促进菠菜生长性状。

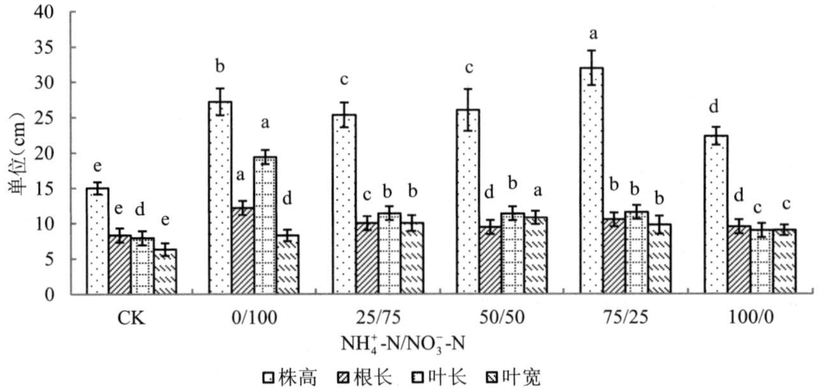

图 1　不同铵硝比对菠菜生长性状的影响

3.1.2　NH$_4^+$-N/NO$_3^-$-N 不同配比对菠菜生物量的影响

由图 2、图 3 可知，在不同铵硝比条件下，菠菜鲜重、干重、产量的各铵硝比均显著高于 CK。鲜重随着铵态氮比例的增加呈减少趋势，在 0/100 处理显著高于其他处理，在 100/0 处理显著低于其他处理。干重随着铵态氮比例的增加呈减少趋势，在 0/100、25/75 处理显著高于其他处理。产量随着铵态氮比例的增加呈减少趋势，在 0/100 处理显著高于其他处理。说明在 0/100 处理有利于增加菠菜的鲜重、产量，在 0/100、25/75 处理有利于增加菠菜的干重，增加铵态氮的比例降低了菠菜的生物量，而增加硝态氮的比例可促进菠菜生物量。

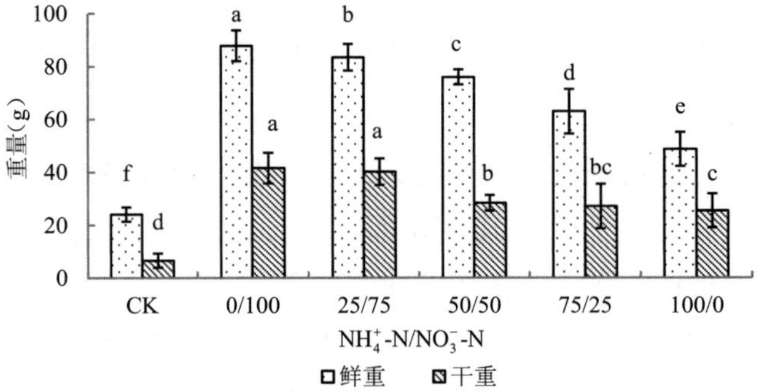

图 2　不同铵硝比对菠菜生物量的影响

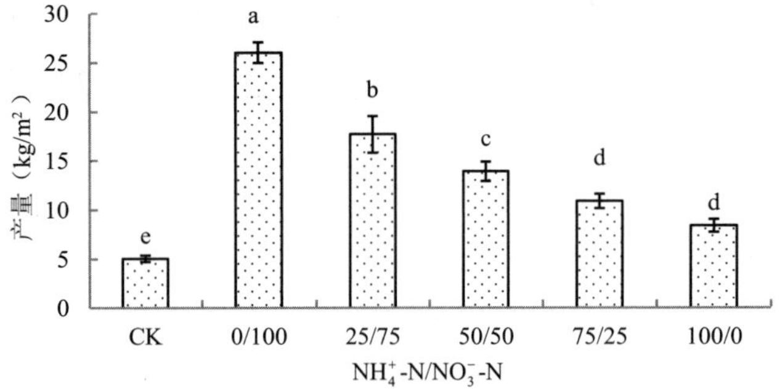

图 3　不同铵硝比对菠菜生物量的影响

3.2 NH_4^+-N/NO_3^--N 不同配比对菠菜品质的影响

3.2.1 NH_4^+-N/NO_3^--N 不同配比对菠菜中可溶性糖含量的影响

从图 4 可知,在不同铵硝比条件下,菠菜的可溶性糖含量在 0/100、25/75 显著低于 CK,其他处理与 CK 相比差异不显著,随着铵态氮比例的增加而增加,在 0/100 显著低于其他处理。说明增加铵态氮比例有利于提高菠菜中的可溶性糖含量,在 0/100 提高菠菜中的可溶性糖含量最少,合理增加铵硝比可以提高菠菜品质。

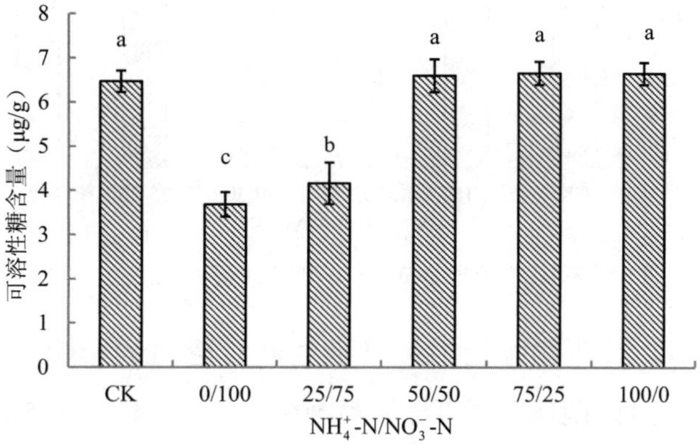

图 4　不同铵硝比对菠菜中可溶性糖含量的影响

3.2.2 NH_4^+-N/NO_3^--N 不同配比对菠菜中叶绿素含量的影响

由图 5 可知,在不同铵硝比条件下,菠菜的叶绿素含量在 0/100 显著低于 CK,其他各铵硝比均显著高于 CK,随着铵态氮比例的增加呈先增加后减少趋势,在 50/50、75/25 显著高于其他处理,在 0/100 显著低于其他处理。说明在 50/50、75/25 有利于增加菠菜的叶绿素含量,适当增加铵硝比可提高菠菜品质。

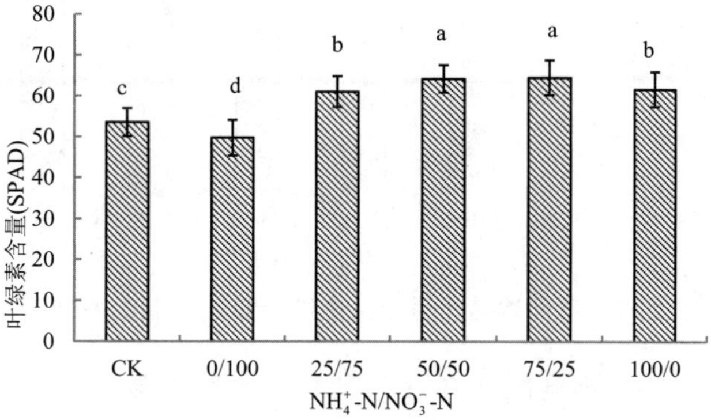

图 5　不同铵硝比对菠菜中叶绿素含量的影响

3.2.3 NH_4^+-N/NO_3^--N 不同配比对菠菜可溶性蛋白含量的影响

由图 6 可知,在不同铵硝比条件下,菠菜中可溶性蛋白含量在 25/75、75/25 显著高于 CK,50/50 与 CK 差异不显著,0/100、100/0 显著低于 CK,随着铵态氮比例的增加可溶性蛋白含量有波动。说明在 75/25 有利于促进菠菜中可溶性蛋白含量的增加,在 0/100、100/0 相比 CK 提高最少,因此合理增加铵硝比可提高菠菜的可溶性蛋白含量。

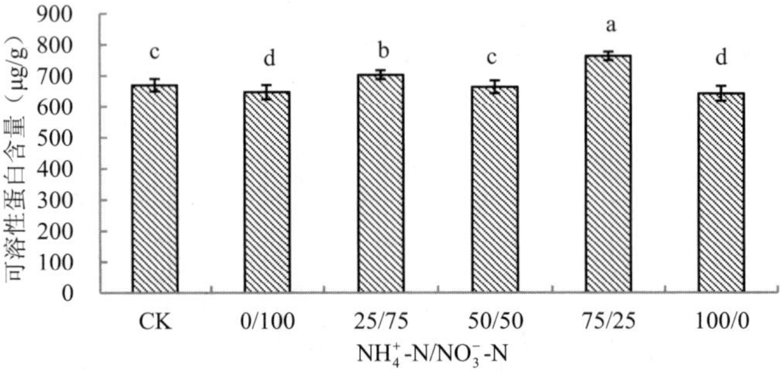

图 6 不同铵硝比对菠菜中可溶性蛋白含量的影响

3.2.4 NH_4^+-N/NO_3^--N 不同配比对菠菜维生素 C 含量的影响

由图 7 可知,在不同铵硝比条件下,菠菜维生素 C 含量在 50/50、75/25、100/0 显著高于 CK,在 0/100、25/75 与 CK 相比差异不显著,随着铵态氮比例的增加而增加,在 100/0 显著高于其他处理,在 0/100 显著低于其他处理。说明在 100/0 有利于提高菠菜维生素 C 含量,在 0/100 菠菜维生素 C 含量提高最少,增加铵态氮比例有利于提高菠菜品质。

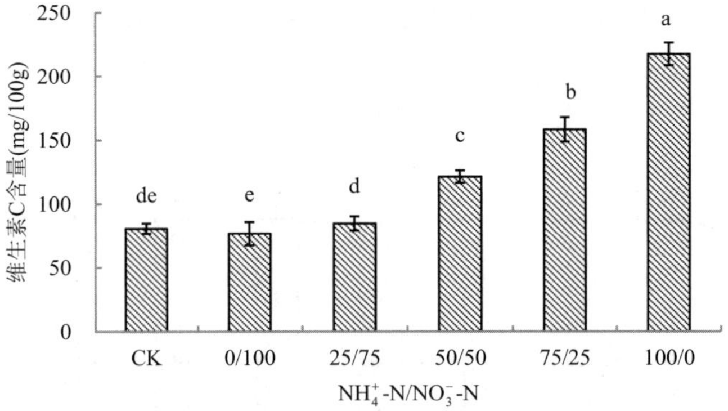

图 7 不同铵硝比对菠菜中维生素 C 含量的影响

3.2.5 NH_4^+-N/NO_3^--N 不同配比对菠菜硝酸盐含量的影响

由图 8 可知,在不同铵硝比条件下,菠菜的硝酸盐含量在 0/100、25/75 显著高于 CK,在 50/50、75/25、100/0 与 CK 相比差异不显著,随着铵态氮比例的增加而减少,在

0/100 时显著高于其他处理，在 50/50、75/25、100/0 显著低于其他处理。说明在 0/100 有利于提高菠菜中硝酸盐含量但不利于提高品质，因此合理增加铵态氮比例有利于提高菠菜品质。

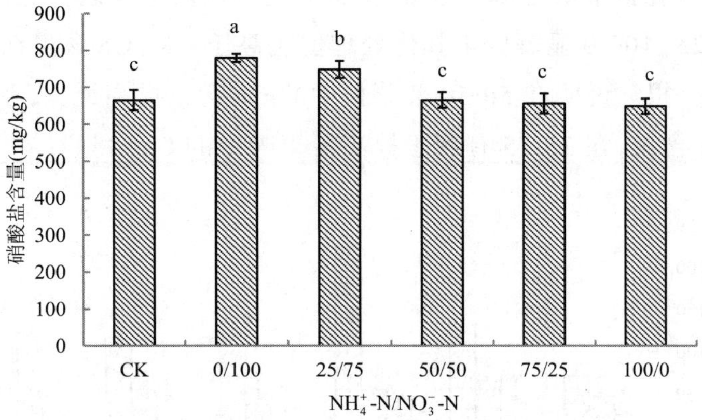

图 8　不同铵硝比对菠菜中硝酸盐含量的影响

3.2.6　NH_4^+-N/NO_3^--N 不同配比对菠菜可溶性草酸含量的影响

由图 9 可知，在不同铵硝比条件下，菠菜的可溶性草酸含量在 0/100、25/75、50/50 显著高于 CK，在 75/25、100/0 显著低于 CK，随着铵态氮比例的增加而减少。在 0/100 显著高于其他处理，100/0 显著低于其他处理。说明在 0/100 可溶性草酸含量增加最多但不利于提高品质，而在 100/0 可溶性草酸含量增加最少但有利于提高品质，因此合理增加铵态氮比例有利于提高菠菜品质。

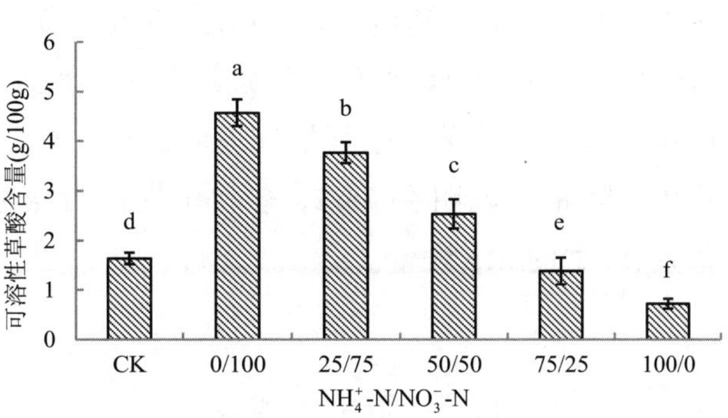

图 9　不同铵硝比对菠菜中可溶性草酸含量的影响

3.3　NH_4^+-N/NO_3^--N 不同配比对菠菜部分矿质元素的影响

3.3.1　NH_4^+-N/NO_3^--N 不同配比对菠菜中 Ca 含量的影响

由图 10 可知，在不同铵硝比条件下，菠菜的根、茎、叶中 Ca 含量在各铵硝比均显著高于 CK。根中 Ca 含量随着铵态氮比例的增加呈波动趋势，50/50 显著低于其他处理但仍高于 CK，在 0/100、25/75、75/25 差异不显著。茎中 Ca 含量随着铵态氮比例的增加呈先减少后增加趋势，0/100 显著高于其他处理，50/50 显著低于其他处理但仍高于 CK。叶中 Ca 含量随着铵态氮比例的增加呈先增加后减少趋势，在 25/75 显著高于其他处理，在 75/25、100/0 显著低于其他处理但仍高于 CK，Ca 含量在菠菜食用部位的分布情况为叶>茎>根。说明在 50/50 菠菜根中的 Ca 含量提高最少，在 0/100 有利于提高菠菜茎中的 Ca 含量，在 25/75 有利于提高菠菜叶中的 Ca 含量。

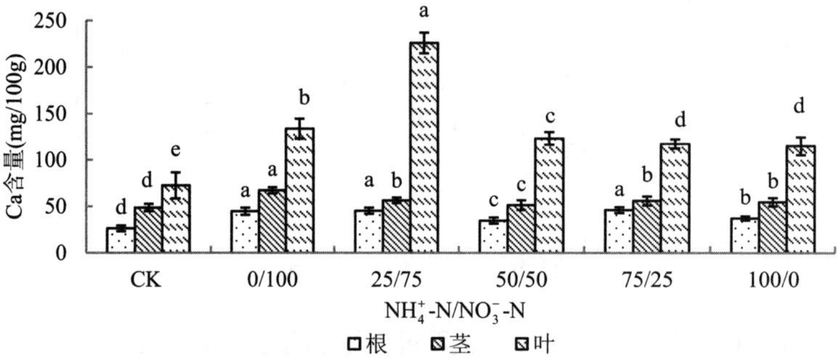

图 10　不同铵硝比对菠菜中 Ca 含量的影响

3.3.2　NH_4^+-N/NO_3^--N 不同配比对菠菜中 Mg 含量的影响

由图 11 可知，在不同铵硝比条件下，菠菜的根、茎、叶中 Mg 含量在各铵硝比均显著高于 CK。根中的 Mg 含量随着铵态氮比例的增加呈波动的趋势，在 75/25 显著高于其他处理，在 50/50 显著低于其他处理但仍高于 CK。茎中 Mg 含量，随着铵态氮比例的增加呈波动趋势，在 25/75 显著高于其他处理，在 75/25 显著低于其他处理但仍高于 CK。叶中 Mg 含量随着铵态氮比例的增加呈先增加后减少再增加的趋势，在 25/75 显著高于其他处理，在 0/100、75/25 显著低于其他处理但仍高于 CK，Mg 含量在菠菜食用部位的分布情况为叶>茎>根。说明在 75/25 有利于提高菠菜根中的 Mg 含量，在 25/75 有利于提高菠菜茎、叶中的 Mg 含量。

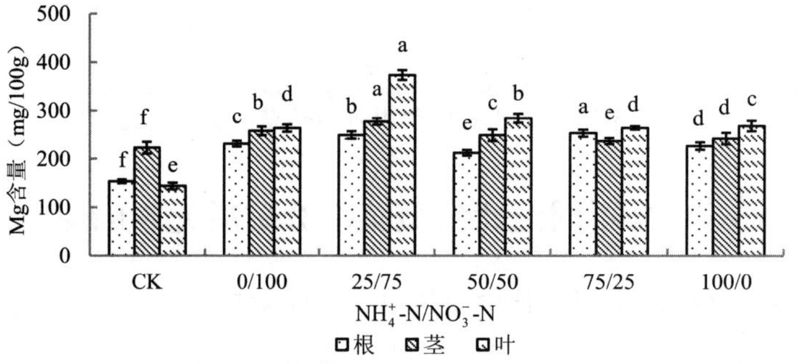

图 11　不同铵硝比对菠菜中 Mg 含量的影响

3.3.3 NH_4^+-N/NO_3^--N 不同配比对菠菜中 Fe 含量的影响

由图 12 可知,在不同铵硝比条件下,菠菜的根、茎、叶中 Fe 含量在各铵硝比均显著高于 CK。根中 Fe 含量随着铵态氮比例的增加呈波动的趋势,在 25/75 显著高于其他处理, 50/50 显著低于其他处理但仍高于 CK。菠菜的茎、叶中 Fe 含量随着铵态氮比例的增加呈下降趋势,在 0/100 显著高于其他处理,在 75/25、100/0 显著低于其他处理但仍高于 CK。Fe 含量在食用部位的分布情况为根>叶>茎。说明在 25/75 有利于提高菠菜根中的 Fe 含量,在 0/100 有利于提高菠菜茎、叶中的 Fe 含量。

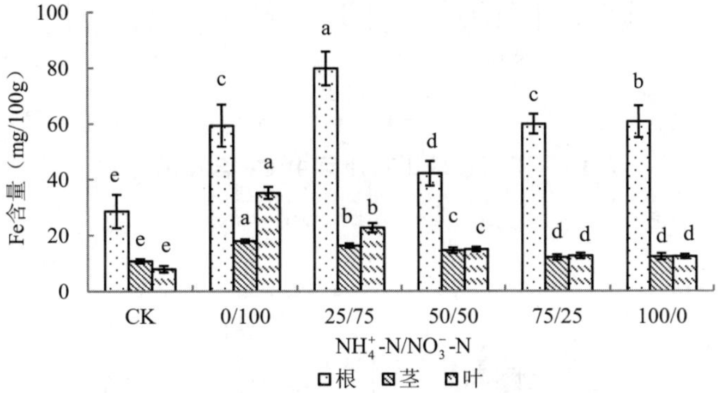

图 12 不同铵硝比对菠菜中 Fe 含量的影响

3.3.4 NH_4^+-N/NO_3^--N 不同配比对菠菜中 Cu 含量的影响

由图 13 可知,在不同铵硝比条件下,菠菜的根、茎、叶中 Cu 含量在各铵硝比均显著高于 CK。根中 Cu 含量随着铵态氮比例的增加呈先增加后减少趋势,在 25/75 显著高于其他处理。茎中 Cu 含量随着铵态氮比例的增加呈先增加后减少趋势,在 25/75 显著高于其他处理,在 100/0 显著低于其他处理但仍高于 CK。叶中 Cu 含量随着铵态氮比例的增加呈先减少后增加再减少趋势,在 0/100 显著高于其他处理, Cu 在食用部位的分布情况为茎>叶>根。说明在铵硝比为 25/75 时有利于提高菠菜根、茎中 Cu 含量,在 0/100 有利于提高菠菜叶中 Cu 含量。

3.3.5 NH_4^+-N/NO_3^--N 不同配比对菠菜中 Zn 含量的影响

由图 14 可知,在不同铵硝比条件下,菠菜的根、茎、叶中 Zn 含量在各铵硝比均显著高于 CK。根中的 Zn 含量随着铵态氮比例的增加呈先增加后减少趋势,在 50/50 显著高于其他处理, 0/100 显著低于其他处理但仍高于 CK。茎中 Zn 含量的各铵硝比显著高于 CK,随着铵态氮比例的增加呈先减少后增加趋势,在 0/100 显著高于其他处理,在 75/25 显著低于其他处理但仍高于 CK。叶中 Zn 含量的各铵硝比显著高于 CK,随着铵态氮比例的增加呈先增加后下降再增加趋势,在 50/50 显著高于其他处理,在 75/25 显著低于其他处理但仍高于 CK, Zn 含量在食用部位的分布情况为叶>茎>根。

说明在铵硝比 50/50 有利于提高菠菜根、叶中的 Zn 含量，在 0/100 有利于提高菠菜茎中的 Zn 含量。

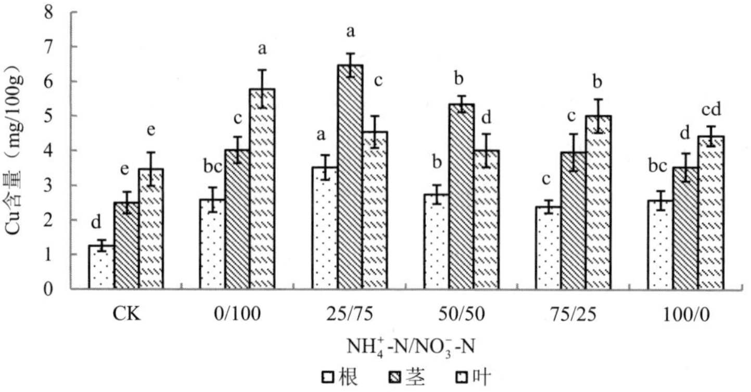

图 13　不同铵硝比对菠菜中 Cu 含量的影响

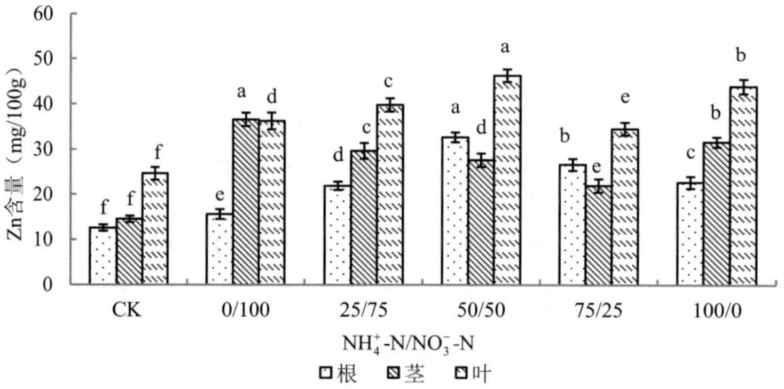

图 14　不同铵硝比对菠菜中 Zn 含量的影响

4　结论与讨论

4.1　NH_4^+-N/NO_3^--N 不同配比对菠菜生长与品质的影响

有研究表明，随着铵态氮比例的增加，菠菜的生物量递减，而根冠比升高。该试验表明：在 75/25 可增加菠菜株高，在 0/100 可增加根长、叶长，在 50/50 可增加叶宽，在 0/100 可增加鲜重、产量，在 0/100、25/75 可增加干重，适当增加硝态氮的比例可促进菠菜生长和生物量的增加，这与汪建飞等人结果一致。有试验证明，作物遭受氨中毒的原因是铵硝比为 100/0 时产生较多的氨气，从而使菠菜生长缓慢、产量低。该试验表明：在 100/0 时可提高维生素 C 含量，在 50/50、75/25 可增加可叶绿素含量，在 75/25 可增加可溶性蛋白含量,在 0/100 可提高硝酸盐含量,可溶性草酸含量,但在此铵硝比下可溶性糖含量提高最少,这个结果与王健等人的研究结果一致,其原因可能是铵态氮的同化酶会降低硝酸盐的合成速率。

4.2 NH_4^+-N/NO_3^--N 不同配比对菠菜部分矿质元素的影响

矿质元素是蔬菜生长发育必不可少的元素,而人体的矿质元素大多来自于蔬菜,这些元素对维持机体的正常功能和营养平衡起决定性作用。有研究表明,施肥量过高或不施肥都会影响植株对矿质元素的吸收,不同氮素形态也会影响蔬菜营养元素的吸收。硝态氮可促进蔬菜作物对 Ca^{2+}、Mg^{2+}、Zn^{2+}的吸收,而氮素形态对 Cu 含量的影响不明显。该试验表明:Ca、Mg、Zn 含量在食用部位的分布情况为叶>茎>根,Fe 含量在食用部位的分布情况为根>叶>茎,Cu 含量在食用部位的分布情况为茎>叶>根。

具体来看,菠菜根在 50/50 的铵硝比下有利于提高 Zn 含量,但在此比例下 Ca、Mg 含量增加最少;在 25/75 的铵硝比下可提高 Fe、Cu 含量;在 75/25 的铵硝比下可提高 Mg 含量。菠菜茎在 0/100 的铵硝比下可提高 Ca、Fe、Zn 含量;在 25/75 的铵硝比下可提高 Mg、Cu 含量。菠菜叶在 0/100 的铵硝比下可提高 Fe、Cu 含量;在 25/75 的铵硝比下可提高 Ca、Mg 含量;在 50/50 的铵硝比下可提高 Zn 含量。综合来看,Ca、Mg、Zn 含量在叶中最高,Fe 含量在根中最高,Cu 含量在茎中最高。

有研究表明,施氮肥可促进某些元素的吸收,且在不同作物中的表现规律不同。例如,在对甜高粱的研究中发现,随着施氮量的增加,部分矿质含量的变化趋势表现为升高、降低或先升后降,结果不一致。施肥可提高菠菜中 N、P、K、Fe、Mn 等元素含量,但会降低 Cu、Zn 等重金属离子含量。本试验中发现,部分矿质元素方面,施氮量的增加提高了茎、叶中 Ca、Mg、Cu、Zn 含量,但降低了茎、叶中 Fe 的含量。这种结果差异的原因可能是不同蔬菜对元素的吸收特性不同,且生长环境也是影响菠菜生长及养分吸收的重要因素,从而导致菠菜的生长进程、生物量及养分吸收发生不同变化。

综上所述,增加硝态氮比例有利于促进菠菜生长和生物量的增加,而增加铵态氮比例则有利于菠菜品质的提升。从食用叶片的角度来看,在 0/100 的铵硝比下可提高 Fe、Cu 含量,在 25/75 的铵硝比下可提高 Ca、Mg 含量,在 50/50 的铵硝比下可提高 Zn 含量。因此,合理调整铵硝比更有利于提高菠菜的生长、品质以及部分矿质元素的含量。近年来,虽然氮素形态对蔬菜矿质元素吸收的研究取得了一定进展,但仍需进一步探索。本试验为菠菜的高效生产和合理施肥提供了可靠依据,同时也为发展高质量蔬菜提供了理论基础,在理论和实践上具有双重意义。

参考文献

[1] 王文艳，付猛. 浅谈菠菜产业的生产现状及发展[J]. 科技创新与应用，2014，(35)：291.

[2] 汪建飞，董彩霞，沈其荣. 氮素不同形态配比对菠菜体内游离氨基酸含量和相关酶活性的影响[J]. 植物营养与肥料学报，2007，13(4)：664-670.

[3] 何文寿，李生秀，李辉桃. 铵、硝态氮配比对作物生长量的影响[J]. 宁夏农学院学报，1996，17(4)：16-19.

[4] 赵建荣，秦改花. 不同氮形态配比对菠菜硝酸盐、草酸含量的影响[J]. 北方园艺，2008，(9)：16-18.

[5] 汪建飞. 营养液不同铵硝比对菠菜产量和品质影响的机理研究[D]. 南京：南京农业大学，2007.

[6] 薛强，何鹏，王倡宪. NH_4^+-N 与 NO_3^--N 不同配比对菠菜生长及食用品质的影响[J]. 中国农学通报，2017，33(16)：36-40.

[7] 赵建荣，秦改花. 不同氮形态配比对菠菜生长及氮代谢的影响[J]. 安徽农业科学，2008，36(10)：4046-4047.

[8] 田霄鸿，李生秀，王朝辉，等. 莴笋对不同形态氮素的反应[J]. 应用生态学报，2003，14(3)：377-381.

[9] 邢素芝，汪建飞，李孝良，等. 氮肥形态及配比对菠菜生长和安全品质的影响[J]. 植物营养与肥料学报，2015，21(2)：527-534.

[10] 陈启军，汪家全，于慧. 微量元素与人体健康[J]. 现代职业教育，2016，(24)：113.

[11] 李建茹. 蔬菜微量元素缺素症及其防治技术[J]. 河北农业，2018，(6)：23-25.

[12] 孙晓琦，武天琦，李璐. 锌、铁、铜、锰微量元素与老年人常见疾病的关系[J]. 现代食品，2018(18)：43-45.

[13] 冯国军，刘大军. 菠菜的营养价值与功能评价[J]. 北方园艺，2018(10)：175-180.

[14] 黄海霞，李林. 菠菜中微量元素钾 钙 铜 铁 锌含量的测定[J]. 微量元素与健康研究，2018，35(3)：49-50.

[15] 阎娥，王慧丽. 火焰原子吸收光谱法测定菠菜中微量元素的含量[J]. 青海师范大学学报(自然科学版)，2012，28(1)：70-72.

[16] 李丽华，张金生，李艳南，等. 浊点萃取-火焰原子吸收光谱法测定菠菜中镁、锌和铜[J]. 理化检验(化学分册)，2012，48(5)：547-549.

[17] 刘伟，郭蕾，陈志红，等. 微波消解-火焰原子吸收法测定生长期不同施肥方法柴胡

中的微量元素含量[J]. 中国现代应用药学,2010,27(1):21-23.
[18] 李彦泉,孙维琴. 菠菜的需肥特性及施肥技术[J]. 吉林蔬菜,2009(5):67.
[19] 汪欣,向兆,李策,等. 全自动凯氏定氮仪测定土壤全氮含量方法的优化探索[J]. 山东农业大学学报(自然科学版),2020,51(3):438-440,446.
[20] 鲍士旦. 土壤农化分析(第三版)[M]. 北京:中国农业出版社,2000.
[21] 刘永军,郭守华,杨晓玲. 植物生理生化试验[M]. 北京:中国农业科技出版社,2002.
[22] 汪建飞,董彩霞,沈其荣. 不同铵硝比对菠菜生长、安全和营养品质的影响[J]. 土壤学报,2007,44(4):683-688.
[23] 王健,孙兴祥,沈其荣,等. 增铵对菠菜生长及品质的影响[J]. 土壤通报, 2006, 37(2):2326-2329.
[24] 廉晓娟,王艳,梁新书,等. 不同施肥水平对设施番茄中微量元素吸收的影响[J]. 江苏农业科学,2020,48(16): 197 - 200.
[25] 朱小梅,王正银,叶学见,等. 氮素形态对蔬菜品质元素吸收的影响[J]. 吉林蔬菜,2006(2):53-55.
[26] 吴旭银,张淑侠,吴贺平,等. 冀东地区越冬菠菜钙镁硫的吸收特性[J]. 河北职业技术师范学院学报,2003,17(3):6-10.
[27] 刘会玲,崔江慧. 氮素调控对边际土地甜高粱生长与微量元素吸收的影响[J]. 江苏农业科学,2017(22):77-80.
[28] 渠立明,不同施肥处理对菠菜矿质元素含量的影响[J]. 临沂师范学院学报, 2004, 26(3):62-65.

四种辣椒营养品质和代谢成分的比较研究

1 前言

1.1 选题背景

辣椒是茄科辣椒属的一年生或有限多年生植物。其维生素C含量丰富，含有可溶性糖、胡萝卜素、可溶性蛋白、有机酸等营养成分。辣椒在我国广泛种植，是我国播种面积和经济产值最大的蔬菜作物之一，其种植面积约为全国蔬菜总种植面积的10%。随着生活水平的不断提高，人们对辣椒品质的要求越来越高，因此，筛选适宜当地市场需要的高品质辣椒品种是当前辣椒育种的重要目标之一。

1.2 国内外研究现状

胡华冉等对云南不同类型辣椒生长与成熟过程中果实品质分析，表明，“CT117”“云干椒7号”和“晶翠”综合品质优良。徐小燕等发现宜昌地区长灯笼椒佳丽、朝天椒Mexico 38、牛角椒湘研美玉和羊角椒软皮辣综合性状优良。郭英发现单果重是甜椒型>圆锥型>羊角型>手指型，维生素C含量较高。王楠艺等对辣椒品种果实品质测定发现线椒中黔辣5号和朝天椒中辣研101综合性状最好。伍翔发现辣椒果实维生素含量与其活性之间的相关系数是朝天椒>牛角椒>线椒>黄皮椒>甜椒。在凯里地区四种辣椒目前没有相关的研究报道。

1.3 研究目的与意义

本试验通过四种辣椒外观性状、营养品质以及代谢成分比较，筛选出综合性状优良的辣椒材料，为后续的辣椒育种提供理论依据和种质资源。

2 材料与方法

2.1 试验材料

本次试验选用黔东南州凯里市开发区翁义农贸市场里新鲜的线椒、小米椒、牛角椒和甜椒果实。

2.2 试验方法

对四种材料分别进行外观形态、营养成分和代谢产物测定。每次试验重复三次,求平均值。

2.3 测定方法

2.3.1 品质测定

2.3.1.1 果实横纵径和厚度

用游标卡尺进行测定。

3.3.1.2 果实单果重

使用电子天平测定单果重。

2.3.2 维生素 C 的测定

维生素 C 测定参照齐芳芳等的方法。

2.3.3 糖含量的测定

糖含量测定参照沈曾佑的方法。

2.3.4 类胡萝卜素的测定

类胡萝卜素的测定参照韩雪花等的方法。

2.3.5 可溶性固形物的测定

可溶性固形物的测定参照方昭等的方法。

2.3.6 可溶性蛋白测定

可溶性蛋白测定参照柳荫等的方法。

2.3.7 有机酸的测定

有机酸的测定参考吕文超等的方法,略有改动。

2.3.8 数据分析

所有数据均采用 Microsoft Excel 进行数据整理, SPSS 软件进行差异显著性分析,用 Origin 64.0 绘图。

3 结果与分析

3.1 四种辣椒品质指标比较

3.1.1 果实横径

从图 1(a)可知,横径最大的为甜椒,为 5.88 cm,横径最小的为小米椒,为 1.19 cm。小米椒和线椒的横径无显著差异,但线椒的横径比小米椒高 21.88%。牛角椒的横径居中。甜椒与牛角椒的横径差异显著,甜椒比牛角椒高出 113.73%。牛角椒与小米椒和线椒的横径差异显著,牛角椒的横径比小米椒和线椒高 120.7%。果实横径大小顺序为:甜椒>牛角椒>线椒>小米椒。

3.1.2 果实纵径

纵径大小与单果重直接相关。从图 1(b)可知,纵径最大的为牛角椒,为 23.34 cm,最小的为小米椒,为 7.61 cm。其中,牛角椒的纵径超过 20 cm,线椒和甜椒的纵径介于 10~20 cm,小米椒的纵径最小,为 7.61 cm。牛角椒与线椒的纵径差异显著,牛角椒的纵径比线椒高 24.11%。线椒与甜椒的纵径差异显著,线椒的纵径比甜椒高 56.62%。甜椒与小米椒的纵径差异显著,甜椒的纵径比小米椒高 57.79%。果实纵径大小顺序为:牛角椒>线椒>甜椒>小米椒。

3.1.3 果肉厚度

从图 1(c)可知,厚度最大的为甜椒,为 0.64 cm,最小为小米椒和牛角椒,都为 0.16c m。厚度 0.6 cm 以上的为甜椒,小米椒和牛角椒无显著差异厚度均为 0.16 cm,线椒居中。甜椒厚度与线椒差异显著,甜椒的厚度比线椒的高 144%,线椒厚度与小米椒和牛角椒差异显著,线椒的厚度比小米椒和牛角椒高 63%,小米椒和牛角椒的厚度均为 0.16 cm。果肉厚度的大小为:甜椒>线椒>牛角椒=小米椒

3.1.4 单果重

辣椒的单果重直接影响产量。从图 1(d)可知,甜椒的单果重最大,为 102.26 g,最小的为小米椒,为 5.31 g。牛角椒的单果重介于 30~50 g,线椒的单果重介于 10~20 g。甜椒与牛角椒的单果重差异显著,甜椒的单果重比牛角椒高 159%。牛角椒与线椒的单果重差异显著,牛角椒的单果重比线椒高 128%。线椒与小米椒的单果重差异显著,线椒的单果重比小米椒高 227%。单果重大小顺序为:甜椒>牛角椒>线椒>小米椒。

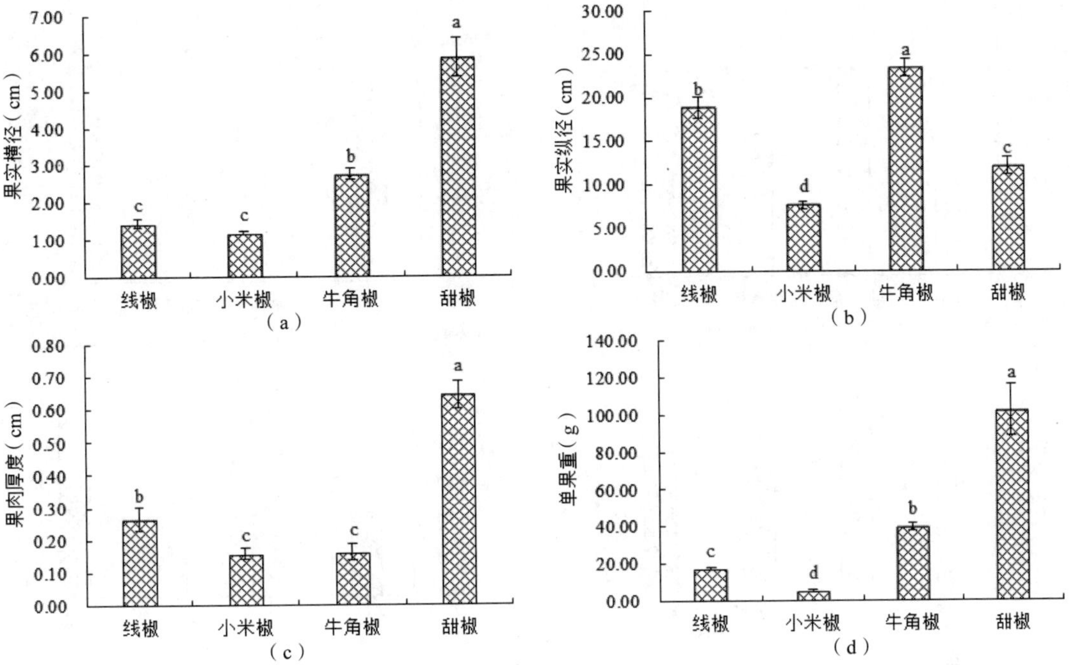

图 1　四种辣椒品质指标比较

（a）果实横径；（b）果实纵径；（c）果肉厚度；（d）单果重

注：小写字母表示 0.05 水平。

3.2　四种辣椒生理指标比较

3.2.1　可溶性固形物含量比较

从图 2（a）可知，小米椒的可溶性固形物含量最高，为 9.41%；牛角椒次之，为 5.49%；线椒最低，为 4.47%。小米椒与牛角椒差异显著，小米椒的可溶性固形物比牛角椒高 72%；牛角椒与甜椒差异显著，牛角椒的可溶性固形物比甜椒高 17%；甜椒与线椒无显著差异，但甜椒的可溶性固形物比线椒高 5%。可溶性固形物含量的高低顺序为：小米椒>牛角椒>甜椒>线椒。

3.2.2　可溶性糖含量的比较

果实中的糖是影响果实风味品质的一个重要因素。从图 2（b）可知，线椒、小米椒、牛角椒和甜椒可溶性糖含量分别为 77.90 mg/g、58.25 mg/g、58.38 mg/g、98.16 mg/g。甜椒的可溶性糖含量最高，为 98.16 mg/g；线椒次之，在 77.9 mg/g 左右；小米椒和牛角椒的含量最低，在 55~65 mg/g。甜椒与线椒差异显著，甜椒中的糖含量比线椒高 26%；线椒与牛角椒差异显著，线椒中的糖含量比牛角椒高 33%；牛角椒与小米椒无显著差异，但牛角椒中糖含量比小米椒高 0.22%。可溶性糖含量的高低顺序为：甜椒>线椒>牛角椒>小米椒。

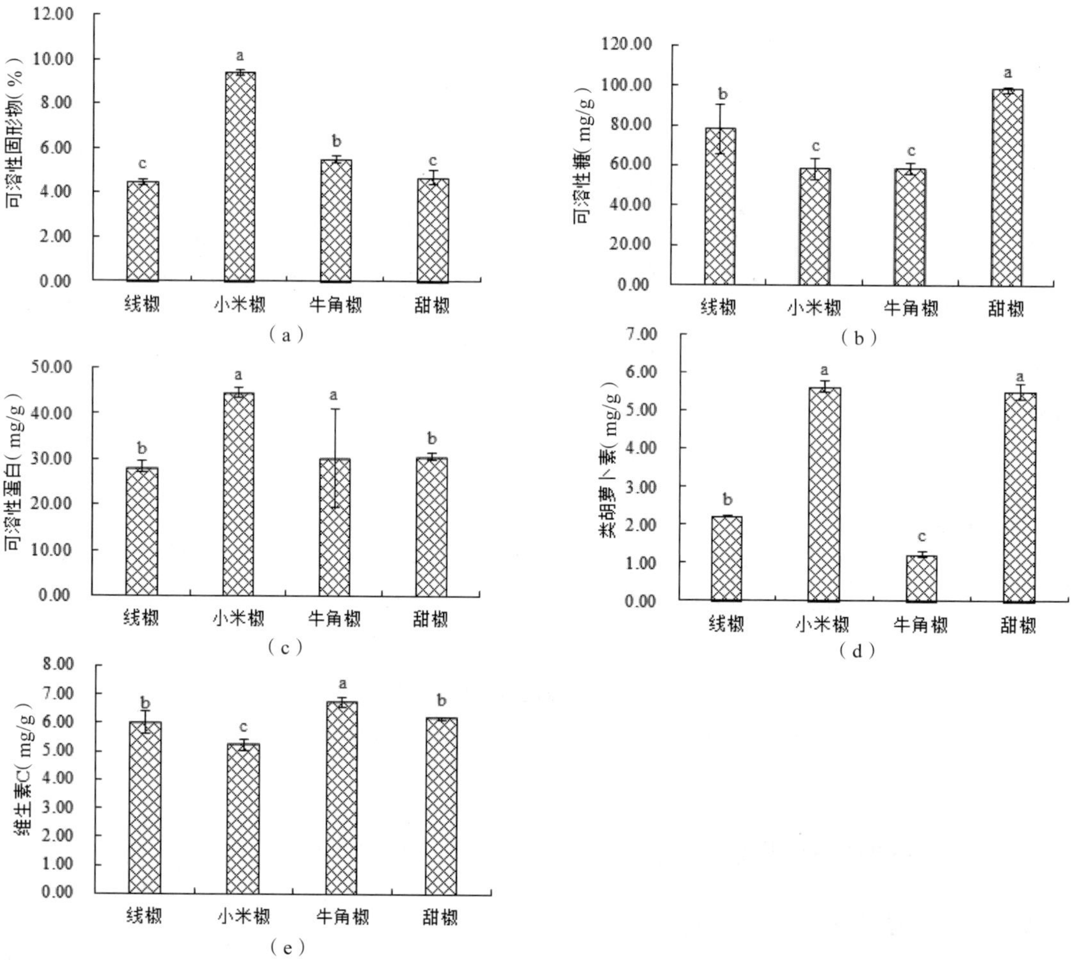

图 2　四种辣椒生理指标比较

(a)可溶性固形物;(b)可溶性糖;(c)可溶性蛋白;(d)类胡萝卜素;(e)维生素 C

注:小写字母表示 0.05 水平。

3.2.3　可溶性蛋白含量的比较

从图 2(c)可知,线椒、小米椒、牛角椒和甜椒中可溶性蛋白含量分别为 28.35 mg/g、44.71 mg/g、30.30 mg/g、30.71 mg/g。其中小米椒的可溶性蛋白含量最高,为 44.71 mg/g,线椒的含量最低,为 28.35 mg/g。小米椒与甜椒差异显著,小米椒中可溶性蛋白比甜椒高 46%;甜椒与牛角椒无显著差异,但甜椒中可溶性蛋白比牛角椒高 1.35%;牛角椒与线椒无显著差异,但牛角椒中可溶性蛋白比线椒高 6.87%。可溶性蛋白含量的高低顺序为:小米椒>甜椒>牛角椒>线椒。

3.2.4　类胡萝卜素含量的比较

从图 2(d)可知,线椒、小米椒、牛角椒和甜椒中类胡萝卜素含量平均值分别为 2.20 mg/g、5.62 mg/g、1.23 mg/g、5.49 mg/g。其中小米椒类胡萝卜素的含量最高,为

5.62 mg/g;线椒的含量次之,为 2.20 mg/g;牛角椒的含量最低,为 1.23 mg/g。小米椒和甜椒无显著差异,但小米椒中类胡萝卜素比甜椒高 2.33%;甜椒与线椒差异显著,甜椒中类胡萝卜素比线椒高 149.55%;线椒与牛角椒差异显著,线椒中类胡萝卜素比牛角椒高 78.35%。类胡萝卜素的含量高低顺序为:小米椒>甜椒>线椒>牛角椒。

3.2.5 维生素 C 含量的比较

从图 2(e)可知,线椒、小米椒、牛角椒和甜椒中维生素 C 含量分别为 6.00 mg/g、5.25 mg/g、6.75 mg/g、6.18 mg/g。其中牛角椒中维生素 C 的含量最高,为 6.75 mg/g;线椒和甜椒次之,分别为 6.00 mg/g 和 6.18 mg/g;小米椒中维生素 C 的含量最低,为 5.25 mg/g。牛角椒与甜椒差异显著,牛角椒中维生素 C 含量比甜椒高 9.3%;甜椒与线椒无显著差异,但甜椒中维生素 C 含量比线椒高 2.92%;线椒与小米椒差异显著,线椒中维生素 C 含量比小米椒高 14.45%。维生素 C 的含量高低顺序为:牛角椒>甜椒>线椒>小米椒。

3.3 四种辣椒中有机酸比较

3.3.1 苹果酸含量比较

从图 3(a)可知,线椒、小米椒、牛角椒和甜椒中的苹果酸含量分别为 2.52 mg/g、10.89 mg/g、3.28 mg/g、5.55 mg/g。其中小米椒的苹果酸含量最高,为 10.89 mg/g;线椒的苹果酸含量最低,为 2.52 mg/g;牛角椒和甜椒的苹果酸含量居中,分别为 3.28 mg/g 和 5.55 mg/g。小米椒与甜椒差异显著,小米椒中苹果酸含量比甜椒高 96.04%;甜椒与牛角椒无显著差异,但甜椒中的苹果酸含量比牛角椒高 69.31%;牛角椒与线椒差异显著,牛角椒中的苹果酸含量比线椒高 30.33%。苹果酸的含量高低顺序为:小米椒>甜椒>牛角椒>线椒。

3.3.2 草酸含量的比较

从图 3(b)可知,线椒、小米椒、牛角椒和甜椒中草酸含量分别为 0.10 mg/g、0.13 mg/g、0.02 mg/g、0.09 mg/g。其中小米椒中草酸含量最高,为 0.13 mg/g;牛角椒中草酸含量最低,为 0.02 mg/g;线椒和甜椒中草酸的含量分别为 0.10 mg/g 和 0.09 mg/g。小米椒与线椒无显著差异,但小米椒中的草酸含量比线椒高 30%;线椒与甜椒无显著差异,但线椒中的草酸含量比甜椒高 15.38%;甜椒与牛角椒无显著差异,但甜椒中的草酸含量比牛角椒高 420%。草酸含量高低顺序为:小米椒>线椒>甜椒>牛角椒。

3.3.3 柠檬酸含量的比较

从图 3(c)可知,线椒、小米椒、牛角椒和甜椒中柠檬酸含量分别为 2.35 mg/g、

21.07 mg/g、3.36 mg/g、7.01 mg/g。其中小米椒中柠檬酸含量最高，为 21.07 mg/g；线椒中柠檬酸含量最少，为 2.35 mg/g。小米椒与甜椒差异显著，小米椒中柠檬酸的含量比甜椒高 200.43%；甜椒与牛角椒无显著差异，但甜椒中的柠檬酸含量比牛角椒高 108.52%；牛角椒与线椒差异显著，牛角椒中的柠檬酸含量比线椒高 42.92%。柠檬酸含量高低顺序为：小米椒>甜椒>牛角椒>线椒。

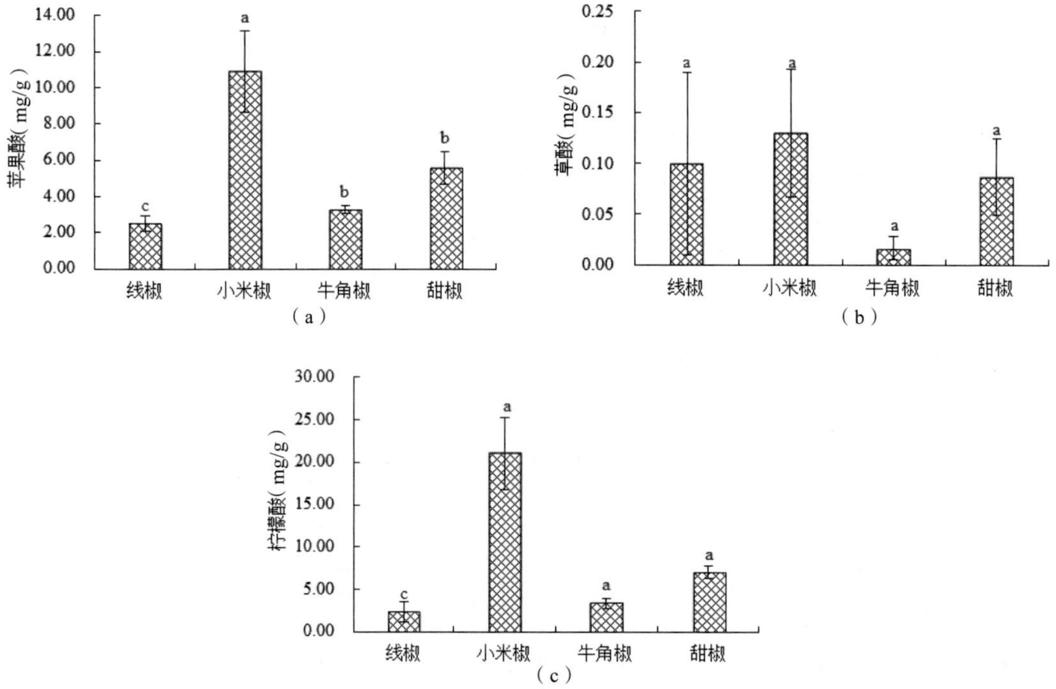

图 3 四种辣椒中有机酸比较

(a)苹果酸；(b)草酸；(c)柠檬酸

注：小写字母表示 0.05 水平。

4 讨论与结论

4.1 讨论

本研究中可溶性蛋白的高低顺序为：小米椒>甜椒>牛角椒>线椒，与王雪雅等人研究结果差异显著，导致的原因可能是凯里地区的气候不同和生长发育期的管理方法不一致所导致。本研究中小米椒的生理指标优于其他三种辣椒，与徐小燕等的研究结果一致。不同品种辣椒的综合营养品质，能够反映出品种间的品质差异，与胡会英的研究结果一致。

4.2 结论

本试验通过对线椒、小米椒、牛角椒和甜椒的营养成分和有机酸的含量进行测定分析,可溶性固形物含量的高低顺序为:小米椒>牛角椒>甜椒>线椒;可溶性糖含量的高低顺序为:甜椒>线椒>牛角椒>小米椒;可溶性蛋白含量的高低顺序为:小米椒>甜椒>牛角椒>线椒;类胡萝卜素的含量高低顺序为:小米椒>甜椒>线椒>牛角椒;维生素 C 的含量高低顺序为:牛角椒>甜椒>线椒>小米椒。综合比较小米椒的生理指标优于甜椒、牛角椒、线椒。苹果酸的含量高低顺序为:小米椒>甜椒>牛角椒>线椒;草酸含量高低顺序为:小米椒>线椒>甜椒>牛角椒;柠檬酸含量高低顺序为:小米椒>甜椒>牛角椒>线椒。综合对比得出小米椒的有机酸优于甜椒、牛角椒和线椒。

通过对四种辣椒的生理指标和有机酸的比较,小米椒均优于甜椒、牛角椒和线椒。综合得出,本研究中小米椒表现最好,可以作为高品质辣椒品种进行推广。

参考文献

[1] 张婷,刘慧琴,章心惠,等. 辣椒果实主要营养成分及测定方法评价[J]. 浙江农业科学,2016(9):1506-1510,1517.

[2] 程立坤,胡悦,张亚琨,等. 不同品种辣椒营养品质、辣椒红素含量的差异比较及聚类分析[J]. 中国调味品,2024(1):133-140.

[3] 全沁果,秦靖茹,张晴,等. 青椒类胡萝卜素的提取及纯化[J]. 中国食品添加剂,2022(11):27-33.

[4] 冯恩友,莫定鸣,冯晓赓,等. 三种辣椒品种的贮藏品质分析[J]. 热带农业科学,2023(8):33-36.

[5] 孟奇. 我国辣椒主产区生产成本收益分析:基于贵州、湖南等五省问卷调查[D]. 河北农业大学,2018.

[6] 徐小燕,谭澍,韩玉萍,等. 不同类型辣椒品种在宜昌地区的适应性试验[J]. 长江蔬菜,2020(6):72-74.

[7] 郭英. 辣椒种质资源的鉴定与评价[D]. 武汉:华中农业大学,2006.

[8] 王楠艺,付文婷,周鹏,等. 基于主成分分析的 30 个辣椒品种果实品质综合评价[J]. 中国瓜菜,2024,37(4):46-55.

[9] 伍翔. 辣椒果实与叶片 Vc、糖含量变化及相关酶活性的初步研究[D]. 长沙:湖南农业大学,2011.

[10] 齐芳芳. 蔬菜中维生素 C 含量测定方法的研究[J]. 现代食品,2023(16):206-208.

[11] 由继红,董春光,史晓昆. 小麦叶片可溶性糖含量测定方法的研究[J]. 试验室科学,2021(2):27-29,33.

[12] 方昭,迟志广,余赟,等. 离心机制备澄清待测液在测定香蕉可溶性固形物含量上的应用[J]. 中国南方果树,2016,45(1):74-76.

[13] 柳荫,吴凤智,陈龙,等. 考马斯亮蓝法测定核桃水溶性蛋白含量的研究[J]. 中国酿造,2013(12):131-133.

[14] 吕文超,周春红,沈莹萍,等.HPLC-UV 法同时测定胡萝卜中 5 种有机酸的含量[J]. 现代食品 2023(15):185-188.

[15] 秦立金,张林,许豪,等. 不同辣椒新品种生长及品质比较[J]. 赤峰学院学报(自然科学版),2019(2):30-33.

[16] 李晓娟. 不同抗重茬剂对大棚辣椒产量的影响[J]. 农业科技与信息, 2023(4):13-16.

[17] 贺子玉,黄娇丽,易有金,等. 低盐接种发酵辣椒对其风味品质的提升作用[J]. 现代食品科技,2024(2):273-283.

[18] 王雪雅,陆宽,孙小静,等. 贵州不同辣椒品种的品质及挥发性成分分析[J]. 食品科学:212-218.

[19] 胡会英. 辣椒不同品种的品质测定及初步评价[J]. 现代农业科技,2015(14):83,95.